強健的 Python
撰寫潔淨且可維護的程式碼

Robust Python
Write Clean and Maintainable Code

Patrick Viafore 著

黃銘偉 譯

目錄

前言

著名的軟體工程師和企業家 Marc Andreesen 曾宣稱「軟體正在吞噬世界（software is eating the world）」（*https://oreil.ly/tYaNz*）。這是 2011 年的事情了，而且這隨著時間的推移變得更加真實。軟體系統的複雜性繼續增長，並且在現代生活的所有面向都可以找到它們的蹤影。立足於這頭貪婪野獸中心的，正是 Python 語言。程式設計師們經常把 Python 列為最喜愛的語言（*https://oreil.ly/RUNNh*），它隨處可見：從 Web 應用，到機器學習，到開發者工具等等更多地方都可以看到它。

不過，並非所有會閃閃發光的東西都是金子。隨著我們的軟體系統變得越來越複雜，要理解我們的心智模型（mental models）是如何映射到現實世界的，變得越來越難。如果不加以控制，軟體系統就會膨脹變大並變得脆弱，從而獲得「舊有程式碼（legacy code）」這一可怕稱號。這些源碼庫（codebases）往往伴隨著這樣的警告：「不要碰這些檔案，我們不知道為什麼，但一碰就壞」，還有「哦，只有某某某懂這些程式碼，而且他們兩年前就為了矽谷的高薪工作離職了」。軟體開發是一個年輕的領域，但是這類陳述應該會讓開發人員和業務人士都感到害怕。

事實是，要想寫出能持續發揮作用的系統，你需要做出慎重的選擇。正如 Titus Winters、Tom Manshreck 和 Hyrum Wright 所說的：「軟體工程是隨著時間推移而整合的程式設計（Software engineering is programming integrated over time）」[1]。你的程式碼可能會存在很長的時間，我碰過的一些專案，其程式碼是在我上小學的那個年代寫的。你的程式碼會持續存在多久？它會比你在當前工作中的任期（或者你維護該專案的時期）更長嗎？幾年後，當有人用你的程式碼建置核心元件時，你希望你的程式碼如何被

---

[1] Titus Winters、Tom Manshreck 與 Hyrum Wright。*Software Engineering at Google: Lessons Learned from Programming over Time*。Sebastopol, CA: O'Reilly Media, Inc., 2020。

人看待？你希望你的繼任者感謝你的遠見卓識，還是喊著你的名字叫罵，因為你給這個世界帶來了麻煩的問題？

Python 是一個美好的語言，但它偶爾也會使未來的建設工作變得棘手。其他程式語言的一些支持者責難 Python「不是生產級（production-grade）的」或「只對原型設計（prototyping）有用」，但事實是，許多開發者只接觸到最表層，而沒有學習編寫強健 Python 程式所需的全部工具和技巧。在本書中，你將學習如何做得更好。你將經歷許多使 Python 變得潔淨且可維護的方式。你未來的維護者會很喜歡使用你的程式碼，因為它最初的設計就是為了讓事情變得簡單。所以，出發吧，閱讀這本書、展望未來，並建置出能長久使用的強大軟體。

誰應該閱讀本書

本書適用於任何希望能以永續且可維護的方式發展他們手頭程式碼的 Python 開發人員。本書並不打算成為你的第一本 Python 教材，我預期你以前寫過 Python。你應該對 Python 的流程控制（control flow）感到熟悉，並且曾經使用過類別（classes）。如果你想找一本更入門的書，我建議先讀 Mark Lutz（O'Reilly）所著的《*Learning Python*》（*https://oreil.ly/iIl2K*）。

雖然我會涵蓋許多進階的 Python 主題，但本書的目標並不是要成為如何使用 Python 所有功能的指南。取而代之，這些功能為更廣大的對話設置好了背景：關於強健性（robustness）和你的選擇將如何影響可維護性。有時，我會討論一些你應該很少使用的策略，如果真的要用的話。這是因為我想闡明強健性的首要原則；了解我們為什麼以及如何在程式碼中做出決定的歷程，比知道在最佳情況下要使用什麼工具更為重要。在實務上，最佳情況是很少發生的。使用本書介紹的原則，從你的源碼庫得出你自己的結論。

本書不是一本參考書。你可以說它是一本討論書。每一章都應該是你組織中開發人員的一個起點，讓他們一起討論如何最好地應用這些原則。發起讀書會、討論小組或餐會來學習，以促進交流。我在每一章中都提出了討論主題，以開啟對話。當你遇到這些話題，我鼓勵你停下來，反思一下你目前的源碼庫。與你的同儕交談，把這些話題當作討論你們程式碼、程序和工作流程狀態的跳板。如果你對 Python 語言的相關參考書感興趣，我衷心推薦 Luciano Ramalho 所著的《*Fluent Python*》（*https://oreil.ly/PVbON*，O'Reilly；第二版於 2021 年底已出版）。

一個系統可以透過許多不同方式變得強健。它可以是安全性強化過（security hardened）的、規模可擴充（scalable）的、容錯（fault-tolerant）的，或者不太可能引入新的錯誤。強健性的這每一個面向都值得寫一整本書來探討；本書的焦點放在如何避免繼承你程式碼的開發者在你的系統中製造出新的錯誤。我將告訴你如何與未來的開發者溝通，如何透過架構模式（architectural patterns）使他們的生活更輕鬆，以及如何在你源碼庫中的錯誤進入到生產環境之前抓住它們。本書將重點放在你 Python 源碼庫的強健性上，而非你系統整體的強健性。

我將涵蓋豐富的資訊，源於電腦軟體的許多不同領域，包括軟體工程、電腦科學、測試、函式型程式設計（functional programming）和物件導向程式設計（object-oriented programming，OOP）。我並不預期你有這些領域的背景。在某些章節中，我以初學者的水準來解釋事情；這通常是為了解構我們思考此語言核心基本原理的思維方式。也就是說，本書絕大部分都是中階水平的內容。

理想的讀者包括：

- 目前在大型源碼庫中工作的開發人員，希望找到更好的方法與同事交流
- 源碼庫的主要維護者，正在尋找可以幫忙減輕未來維護者負擔的方法
- 自學出身的開發者，他們可以把 Python 寫得非常好，但需要更深入了解為什麼我們要做這些事情
- 需要人提醒實用的開發建議的軟體工程畢業生
- 在找方法想要將他們設計背後的原由與強健性的第一原則聯繫起來的資深開發人員

本書的重點是撰寫會隨著時間推移而演進的軟體。如果你的很多程式碼都只是原型、用完即扔的，或以其他任何方式一次性使用的，那麼本書的建議最終會導致超出你專案原本所需的更多工作。如果你的專案很小，例如說，少於 100 行的 Python 程式碼，也會是如此。要讓程式碼變得可維護，確實會增加複雜性，這一點是毫無疑問的。然而，我將指引你把這種複雜性降到最低。如果你的程式碼壽命超過幾週，或者會增長到相當大的規模，你就得考量你源碼庫的永續性（sustainability）。

關於本書

本書涵蓋的知識面很廣,跨越許多章節。它被分成四個部分:

第一部,以型別注釋你的程式碼

我們將從 Python 中的型別(types)開始。型別是語言的基礎,但不常被詳細研究。你選擇的型別很重要,因為它們傳達了一個非常特定的意圖(intent)。我們將研究型別注釋(type annotations),以及特定的注釋向開發者傳達了什麼。我們還將討論型別檢查器(typecheckers),以及它們如何幫助早期捕獲錯誤。

第二部,定義你自己的型別

在介紹了如何思考 Python 的型別之後,我們將集中討論如何創建你自己的型別。我們將深入了解列舉(enumerations)、資料類別(data classes)和類別。我們將探討設計一個型別時所做出的某些設計抉擇,會如何增加或減低你程式碼的強健性。

第三部,可擴充的 *Python*

在學習了如何更好地表達你的意圖之後,我們將專注討論如何能讓開發者毫不費力地變更你的程式碼,在你強大的基礎上充滿信心地建置其他東西。我們將討論可擴充性(extensibility)、依賴關係(dependencies)和架構模式(architectural patterns),使你能修改你的系統並只帶來最小的影響。

第四部,構建安全網

最後,我們將探討如何建立一個安全網(safety net),這樣你就可以在你未來的合作者被絆倒時輕輕地拉住他們。他們的信心將會增加,因為他們知道自己有一個強大且健全的系統,可以無所畏懼地依據他們的使用案例做調整。最後,我們將介紹各種靜態分析(static analysis)和測試(testing)工具,這些工具將幫助你抓住反常行為。

每章基本上都是自成一體的,並在適當的地方引用其他章節的內容。你可以從頭到尾地閱讀這本書,或者跳到適合你目標的章節。被分組在每個部分中的章節是相互關聯的,但書中各部分之間的關聯性會比較少。

所有的程式碼範例都是使用 Python 3.9.0 執行的,若需要某個特定的 Python 版本或更高版本來執行範例時,我會試著特別標明(例如用於資料類別的 Python 3.7)。

在本書中，我將在命令列（command line）上完成大部分的工作。我在 Ubuntu 作業系統上執行所有的這些命令，但大多數工具在 Mac 或 Windows 系統上應該也能正常運作。在某些情況下，我將展示某些工具如何與整合式開發環境（integrated development environments，IDE）互動，例如 Visual Studio Code（VS Code）。大多數 IDE 在幕後都是使用命令列選項；你在命令列上學到的大部分內容將直接轉化為 IDE 選項。

本書會介紹許多不同的技術，可以提高你程式碼的強健性。然而，軟體開發中沒有一勞永逸的銀彈（silver bullets）。權衡取捨是堅實工程的核心，在我介紹的方法中也不例外。在討論這些話題時，我會清楚指出好處和壞處。你比我更了解你的系統，你最適合挑選哪種工具適合哪項工作。我所做的只是儲備、充實你的工具箱。

本書編排慣例

本書使用下列排版慣例：

斜體字（*Italic*）

> 代表新名詞、URL、電子郵件位址、檔名和延伸檔名。中文以楷體表示。

定寬字（`Constant width`）

> 用於程式碼列表，還有正文段落裡參照到程式元素的地方，例如變數或函式名稱、資料庫、資料型別、環境變數、述句和關鍵字。

定寬粗體字（**`Constant width bold`**）

> 顯示應該逐字由使用者輸入的命令或其他文字。

定寬斜體字（*`Constant width italic`*）

> 顯示應該以使用者所提供的值或由上下文決定的值來取代的文字。

> 這個元素代表訣竅或建議。

> 這個元素代表一般註記。

這個元素代表警告或注意事項。

範例程式碼的使用

本書的補充性素材（程式碼範例、習題等）可在此下載取用：

https://github.com/pviafore/RobustPython

如果你有技術性問題，或使用程式碼範例時遇到問題，請寄送 email 到

bookquestions@oreilly.com

這本書是為了協助你完成工作而存在。一般而言，若有提供範例程式碼，你可以在你的程式和說明文件中使用它們。

除非你要重製的程式碼量很可觀，否則無須聯絡我們取得許可。舉例來說，使用本書中幾個程式碼片段來寫程式並不需要取得許可。販賣或散布 O'Reilly 書籍的範例，就需要取得許可。引用本書的範例程式碼回答問題不需要取得許可。把本書大量的程式範例整合到你產品的說明文件中，則需要取得許可。

引用本書之時，若能註明出處，我們會很感謝，雖然一般來說這並非必須。出處的註明通常包括書名、作者、出版商以及 ISBN。例如：「*Robust Python* by Patrick Viafore (O'Reilly). Copyright 2021 Kudzera, LLC, 978-1-098-10066-7」。

如果覺得你對程式碼範例的使用方式有別於上述的許可情況，或超出合理使用的範圍，請不用客氣，儘管連絡我們：*permissions@oreilly.com*。

致謝

我想感謝我非凡的妻子 Kendall。她是我的支持者和共鳴板（sounding board），我感激她為確保我有時間和空間來撰寫此書所做的一切。

沒有一本書是獨力完成的，這本書也不例外。我站在軟體產業的巨人肩膀上，我感謝在我之前的所有人。

我還要感謝參與審閱本書的每個人，確保我所傳遞的訊息是一致的，而且我的範例是清楚的。感謝 Bruce G.、David K.、David P. 和 Don P. 提供的早期回饋意見，幫助我決定了本書的方向。感謝我的技術審閱者 Charles Givre、Drew Winstel、Jennifer Wilcox、Jordan Goldmeier、Nathan Stocks 和 Jess Males 所提供的寶貴意見，特別是當事情只在我腦海裡有意義而攤在紙上就非如此之時。最後，感謝所有讀過早期釋出的草稿並好心地把他們的想法發送到我電子信箱的人，特別是 Daniel C. 和 Francesco。

我想感謝幫助我將最後的草稿轉化為值得出版的東西的每一個人。感謝 Justin Billing 作為文字編輯深入研究並幫助完善我想法的呈現方式。感謝 Shannon Turlington 的校對，因為你，這本書變得更加精煉。還要感謝 Ellen Troutman-Zaig，她所編制的索引非常精彩，令我大開眼界。

最後，如果沒有 O'Reilly 公司的優秀團隊，我是無法做到這一點的。感謝 Amanda Quinn 在提案過程中的協助，並幫忙我確立了本書的焦點。感謝 Kristen Brown，讓我在製作階段變得格外輕鬆。感謝 Kate Dullea，她將我的微軟小畫家品質的草圖轉換為乾淨、清晰的插圖。此外，我還想對我的開發編輯 Sarah Grey 表示極大的感謝。當時我很期待我們每週的會議，她非常出色地幫助我製作出一本為廣大讀者群而寫的書籍，同時仍然讓我能夠深入研究技術細節。

## 第一章

強健的 Python 簡介

本書主題是如何使你的 Python 更容易管理。隨著你源碼庫成長，你需要一個由訣竅、技巧和策略所組成的特定工具箱，來構建可維護的程式碼。本書將指導你如何減少錯誤，成為更加快樂的開發者。你將認真審視自己的程式碼編寫方式，並了解你的決定所帶來的影響。討論如何編寫程式碼時，我想起了 C.A.R. Hoare 的這些至理名言：

> 建構軟體設計的方法有兩種：一種方法是使其簡單到一看就知道沒有缺陷，另一種方法是使其複雜到看不出有缺陷。第一種方法要難得多[1]。

本書談論的是如何用第一種方法開發系統。沒錯，這將會更困難的，但不要害怕。我是你提高 Python 水準旅程中的嚮導，會帶領你讓程式碼*一看就知道沒有缺陷*（*there are obviously no deficiencies*），正如 C.A.R. Hoare 在上面所述。歸根究柢，這就是一本關於如何撰寫**強健**（*robust*） Python 的書。

在這一章中，我們將討論**強健性**（*robustness*）的含義，以及為什麼你應該在意它。我們將討論你的溝通方式隱含著哪些好處和壞處，以及如何以最佳方式表達你的意圖。The Zen of Python（*https://oreil.ly/SHq8i*）指出，開發程式碼時「應該用一種明顯的方式來進行，而且最好只用一種」。你將學會如何評估你的程式碼是否以明顯的方式編寫，以及你可以做什麼來修補它。首先，我們需要解決一些基本問題。那麼，什麼是**強健性**呢？

---

1 Charles Antony Richard Hoare. "The Emperor's Old Clothes." *Commun. ACM* 24, 2 (Feb. 1981), 75–83. *https://doi.org/10.1145/358549.358561.*

強健性

每本書都至少需要一個字典定義，所以我要及早將之清楚列出。Merriam-Webster 字典為 *robustness*（*https://oreil.ly/2skKO*）提供了許多定義：

1. 具有或展現出強度或生機勃勃的健康狀態

2. 具有或表現出活力、強度或堅實度

3. 牢固地被建構出來或形成

4. 能夠在廣泛的條件範圍之下正常工作而不發生故障

這些都是對我們應該追求的目標之精彩描述。我們希望有一個健康的系統，一個歷經多年都還是能符合期待的系統。我們希望我們的軟體展現出強度，而且很明顯地，這種程式碼應該要經得起時間的考驗。我們希望有一個結構強大的系統，一個建立在堅實基礎上的系統。最重要的是，我們想要一個能夠順利運行，不會有故障的系統，這種系統不應該因為引入變化而變得脆弱。

人們通常認為軟體就像一座摩天大樓，有一些宏偉的結構作為堡壘，抵禦一切變化，是不朽的楷模。遺憾的是，事實是更加混亂的。軟體系統不斷演進。修補漏洞、調整使用者介面，功能新增又刪除，然後重新添加。框架變遷、元件過時了，安全性臭蟲也出現了。軟體會改變。軟體開發更類似於處理城市規劃中的無序擴張，而不是建造一座靜態的建築物。在不斷變化的源碼庫中，如何能使你的程式碼更強健呢？你怎樣才能建立一個對臭蟲有抵抗力的強大基礎呢？

事實是，你必須接受變化。你的程式碼會被拆開、縫合，並重新加工。新的用例會改變大量的程式碼，而這都沒有問題，擁抱它吧。要明白，你的程式碼光是容易修改是不夠的，在它過時之後，它最好能被刪除和重寫。這並不會削弱它的價值；它仍然會在聚光燈下存活很長一段時間。你的工作是使改寫系統的部分內容變得容易。一旦你開始接受你程式碼的短暫性，你就會開始意識到，僅僅為現在編寫無缺陷的程式碼是不夠的，你還得讓源碼庫的未來擁有者能夠放心地變更你的程式碼。這就是本書主旨所在。

你將學習如何建置強大的系統。這種力量並非來自於剛性（rigidity），就像鐵條所表現出來的那樣。相反地，這源於彈性（flexibility）。你的程式碼需要像一棵高聳的柳樹一樣強大，在風中搖曳，彎曲但不斷裂。你的軟體將會需要處理你做夢也想不到的狀況。你的源碼庫需要能夠適應新的環境，因為負責維護它的不會永遠都是你。那些未來的維護者需要知道他們是在一個健康的源碼庫中工作。

你的源碼庫需要傳達它的力量。你必須以一種能夠減少失誤的方式來編寫 Python 程式碼，即使是在未來維護者將其拆開並重新構建它的過程中也是如此。

編寫強健的程式碼意味著要刻意考慮到未來。你會希望未來的維護者看到你的程式碼時，能輕鬆理解你的意圖，而不是在深夜的除錯過程中咒罵你的名字。你必須傳達你的想法、推理和警告。未來的開發者需要把你的程式碼變成新的形狀，而且他們希望這樣做的時候，不用去擔心每一次的修改是否會使它像一座搖搖欲墜的紙牌屋一樣坍塌。

簡單地說，你不希望你的系統失敗，特別是在意外發生時。測試（testing）和品質保證（quality assurance）是其中的重要部分，但這兩者都無法完全烘培出高品質，它們更適合用來揭示與期望的差距，並提供一個安全網。因此，你必須使你的軟體經得起時間的考驗。為了做到這一點，你必須編寫潔淨且可維護（*clean and maintainable*）的程式碼。

潔淨程式碼（clean code）能清晰並簡潔地表達其意圖，並依照先清晰再簡潔的順序進行。當你看著一行程式碼時，會對自己說：「啊，這完全合理」，那就是潔淨程式碼的標誌。你越是需要透過除錯器逐步追蹤，越是需要看很多其他的程式碼來弄清楚發生了什麼事，越是需要停下來盯著程式碼思考，它就越是不潔淨。如果那會使其他開發者難以閱讀，那麼潔淨程式碼就不會採用聰明的技巧。就像 C.A.R. Hoare 之前說的那樣，你不會想讓你的程式碼變得如此晦澀難懂，到了實際查看時難以理解的程度。

潔淨程式碼的重要性

擁有潔淨的程式碼對於擁有強健的程式碼而言至關緊要，對於任何實質的專案來說，這都是一個不可或缺的要素。通常會有一些特定的實務做法與編寫潔淨的程式碼相關，包括：

- 以適當的單元組織你的程式碼

- 提供良好的說明文件

- 妥善命名你的變數 / 函式 / 型別

- 保持函式的簡短和單純

雖然潔淨程式碼的主題貫穿本書，但我不會用很多的時間來討論這些特定的實務做法。有一些其他的書籍可以更好地掌握潔淨程式碼的實踐方式。我推薦 Robert C. Martin 所著的《Clean Code》（Prentice Hall）、Andy Hunt 和 Dave Thomas 的《The Pragmatic Programmer》（Addison-Wesley），以及 Steve McConnell 的《Code Complete》（Microsoft Press）。這三本書都大幅提高了我作為一名開發者的技能，對任何希望成長的人來說，都是很好的資源。

雖然你絕對應該努力寫出潔淨的程式碼，但你必須準備好在那些並不是潔淨性之光榮典範的源碼庫中工作。軟體開發是一種雜亂的事業，有時會因為各種原因（包括商業和技術原因）而犧牲潔淨程式碼的純度。利用本書給出的建議，藉由討論可維護性來幫助推動程式碼的清潔。

可維護的程式碼（maintainable code）是指…嗯，沒錯，就是可以輕鬆維護的程式碼。維護工作從第一次提交（commit）後立即開始，一直持續到沒有任何開發人員還在關注該專案為止。開發人員會修復錯誤、新增功能、閱讀程式碼，提取出程式碼用於其他程式庫，諸如此類的。可維護的程式碼使這些任務變得毫無障礙。軟體的壽命長達數年，甚至數十年。現在就要關注你的可維護性（maintainability）。

你不希望成為系統失敗的原因，無論你是否仍然活躍地在它們底下作業。你需要積極主動地使你的系統經得起時間的考驗。你需要一個測試策略來作為你的安全網，但你也必須能在一開始就避免跌倒。因此，考慮到所有的這些，我提供了我對源碼庫強健性的定義：

> 強健的源碼庫（robust codebase）即使是在持續不斷的變化之下，都是有彈性（resilient）且無失誤（error-free）的。

為什麼強健性很重要？

為了讓軟體完成它應該做的事情，我們花費了很多精力，但要知道什麼時候算完成了，並不容易。開發的里程碑並不容易預測。人為因素，如 UX（使用者體驗）、無障礙輔助（accessibility）和說明文件，只會增加複雜性而已。現在再加上測試，以確保你已經涵蓋了已知和未知行為的一小部分，你就會看到漫長的開發週期。

軟體的目的是為了提供價值。如何儘早提供全部的價值是每個利害關係者最在意的事情。鑑於開發時間表的不確定性，通常會有額外的壓力來促使期望被滿足。我們都曾背負過不實際的時間表或最後期限。遺憾的是，許多能使軟體難以置信地強健的工具，在短期內只會增加我們的開發週期。

誠然，在立即交付價值和使程式碼強健之間存在著固有的緊張關係。如果你的軟體已經「夠好」，為什麼還要增加更多的複雜性呢？要回答這個問題，請考量該軟體被反覆修訂的頻率。交付軟體價值通常不是一種靜態的工作，很少有一個系統在提供價值後不再需要被修改的情況。軟體就其本質而言就是不斷演進的。源碼庫需要做好準備，以便頻繁且長期地提供價值。這就是強健的軟體工程實務做法發揮作用的地方。如果你無法在不影響品質的情況下輕鬆且快速地交付功能，你就需要重新評估所用的技巧，以使你的程式碼更容易維護。

如果你延遲交付你的系統，或者交出沒辦法順利運作的系統，你就會招致即時的成本。仔細考量你的源碼庫。問問你自己，如果你的程式碼在一年後因為有人無法理解而導致損壞，會發生什麼事？你會損失多少價值？你的價值可以用金錢、時間、甚至生命來衡量。問問自己，如果價值沒有準時交付會怎樣？會有什麼反響？如果這些問題的答案很可怕，那麼好消息是，你正在做的工作是有價值的。但這也強調了為何消除未來的錯誤是如此的重要。

多名開發人員同時在同一個源碼庫上工作。許多軟體專案會比這些開發人員中的大多數人都還要長壽。你需要找到一種方法來與現在和未來的開發者溝通，因為你沒辦法親自到場解釋。未來的開發者將以你的決定為基礎。每一條走錯的路、每一個難以捉摸的舉措和每一次令人分心的冒險（yak-shaving[2] adventure）都會拖慢他們的速度，這就阻礙了價值的實現。你需要同理那些在你之後的人，你需要站在他們的角度思考。這本書是讓你開始思考你的協作者和維護者的入口。你需要考慮永續性的工程實務。你需要寫出能持續存在的程式碼。編寫長壽程式碼的第一步是能夠透過你的程式碼進行交流。你需要確保未來的開發者可以理解你的意圖。

2　Yak-shaving（犛牛剃鬚）描述了一種情況，即你經常需要解決不相關的問題，然後才能開始解決原來的問題。你可以在 *https://oreil.ly/4iZm7* 了解這個術語的起源。

你的意圖是什麼？

你為什麼要努力編寫潔淨和可維護的程式碼？為什麼你要如此關心強健性？這些答案的核心在於溝通（communication）。你不是在交付靜態系統。程式碼會不斷地變化。你還必須考慮到維護者也會隨著時間的推移而交替。在編寫程式碼時，你的目標就是提供價值。同時還要把你的程式碼寫得能讓其他開發者也能同樣快速地提供價值。為了做到這一點，你需要在見不到你未來的維護者的情況下，傳達你的推理過程和意圖。

讓我們來看看一個假想的舊有系統（legacy system）中的程式碼區塊。我想讓你估計一下，你要花多長時間才能理解這段程式碼在做什麼。如果你不熟悉這裡的所有概念，或者你認為這段程式碼很複雜（這是故意的！），也沒關係。

```python
# 接受一個膳食食譜並透過
# 調整每種成分來改變份量
# 一個 recipe（食譜）的第一個元素是份數，而剩餘
# 的元素是（名稱，數量，單位），例如 ("flour", 1.5, "cup")
def adjust_recipe(recipe, servings):
    new_recipe = [servings]
    old_servings = recipe[0]
    factor = servings / old_servings
    recipe.pop(0)
    while recipe:
        ingredient, amount, unit = recipe.pop(0)
        # 請只使用易於測量的數字
        new_recipe.append((ingredient, amount * factor, unit))
    return new_recipe
```

這個函式接受一個食譜（recipe），並調整每一種成分（ingredient）以應付新的份數（number of servings）。然而，這段程式碼喚起了許多問題。

- pop 的用處是什麼？

- recipe[0] 代表什麼？為什麼那是舊的份數（old servings）？

- 為什麼我需要為可以輕易測量的數字提供一個註解？

這肯定是有點問題的 Python 程式碼。如果你覺得有必要重寫它，我不會怪你。像這樣寫看起來會好得多：

```python
def adjust_recipe(recipe, servings):
    old_servings = recipe.pop(0)
    factor = servings / old_servings
    new_recipe = {ingredient: (amount*factor, unit)
```

```
                for ingredient, amount, unit in recipe}
    new_recipe["servings"] = servings
    return new_recipe
```

那些喜歡潔淨程式碼的人可能更喜歡第二個版本（我當然喜歡）。沒有明顯的迴圈、變數不會變動（mutate）。我回傳一個字典（dictionary），而不是由元組（tuple）所成的一個串列（list）。取決於周遭情況，所有的這些變更都可以被看作是正面的。但是我剛才可能引入了三個細微難察的錯誤。

- 在最初的程式碼片段中，我有清除原本的食譜，而現在我沒有那麼做。即使呼叫端程式碼只有一個區域仰賴這種行為，我還是打破了那段呼叫端程式碼的假設。

- 由於回傳的是一個字典，我移除了在串列中能夠擁有重複成分的能力。這可能會對有多個部分（如一道主菜和一個醬汁）的食譜產生影響，因為這些部分都使用相同的原料。

- 若有任何成分被命名為「servings」，那我就引入了一個衝突的名稱。

這些是否為錯誤取決於兩個相互關聯的東西：原作者的意圖和呼叫端程式碼。作者打算解決一個問題，但我不確定他們為什麼要以這種方式撰寫程式碼。為什麼他們要 pop 出元素？為什麼「servings」是串列裡的一個元組？為何要用串列？據推測，原作者應該知道原因，並在當時當地與他們的同儕進行了交流。他們的同儕基於這些假設編寫了呼叫端程式碼，但隨著時間的推移，這個意圖變得越來越模糊。若沒有傳達到未來的訊息，我在維護這段程式碼時就只有兩種選擇：

- 在實作之前，查看所有的呼叫端程式碼，先確認這種行為沒有被依存。如果這是有外部呼叫者的程式庫的公開 API，那只能祝我好運了。我可能要花很多時間來做這件事，這將使我感到沮喪。

- 做出變更，然後等著看後果是什麼（客戶投訴、壞掉的測試等等）。如果我運氣好，可能不會發生什麼壞事。若非如此，我就得花很多時間來修復用例，這同樣會讓我感到沮喪。

在維護的情境之下，這兩種選擇感覺起來都不怎麼有成效（尤其是當我必須修改這段程式碼時）。我不想浪費時間；我想迅速處理好當前的任務，然後繼續下一個任務。如果我考慮到如何呼叫這段程式碼，情況會變得更糟。想一想你是如何與前所未見的程式碼互動的。你可能是看到其他呼叫端程式碼的例子，複製它們並調整以適應你的用例，卻從未意識到你需要傳遞一個叫作「servings」的特定字串來作為你串列的第一個元素。

這些都是會讓你大感不解的決定。我們都在較大型的源碼庫中見過它們。它們並不是惡意編寫的，而是隨著時間的推移，在最好的意圖之下，隨機應變寫出來的。函式一開始都很簡單，但隨著用例的增加和多名開發人員的貢獻，這些程式碼往往會變形並掩蓋住最初的意圖。這是可維護性正受到不良影響的明顯跡象。在你的程式碼中，你一開始就要先表達意圖。

那麼，如果原作者使用了更好的命名模式和較佳的型別用法呢？這段程式碼會是什麼樣子呢？

```
def adjust_recipe(recipe, servings):
    """
    接受一個膳食食譜並變更份數
    :參數 recipe：一個 `Recipe`，指出什麼需要做調整
    :參數 servings：份數
    :回傳 Recipe：份量跟成分根據新的份數
                  調整過的一個食譜
    """
    # 建立成分（ingredients）的一個拷貝
    new_ingredients = list(recipe.get_ingredients())
    recipe.clear_ingredients()

    for ingredient in new_ingredients:
            ingredient.adjust_proportion(Fraction(servings, recipe.servings))
    return Recipe(servings, new_ingredients)
```

這看起來要好得多，有更好的說明，並且清楚地表達了原本的意圖。原開發者將他們的想法直接編碼到程式碼中。從這個片段中，你能知道下列為真：

- 我使用一個 Recipe 類別。這使得我可以取出某些運算作為抽象層。可想而知，在類別本身之中，有一個允許重複成分的不變式（invariant）存在（我將在第 10 章中更詳細談論類別和不變式）。這提供了一個共通的詞彙，使函式的行為更加明確。

- 食材（servings）現在是 Recipe 類別的一個明確的部分，而不需要成為串列的第一個元素，作為一種特殊情況處理。這大大簡化了呼叫端的程式碼，並防止了不經意的名稱碰撞。

- 很明顯，我想清除舊食譜上的成分。沒有模棱兩可的理由需要我去做一次 .pop(0)。

- 成分（ingredients）是一個單獨的類別，並負責處理分數（fractions，*https://oreil.ly/YxUHK*），而不是一個明確的 float。對所有參與的人來說，都可以更清楚看到，我處理的是分數單位（fractional units），而且可以很容易地做一些事情，例如 limit_denominator()，當人們想限制測量的單位時，就能呼叫它（而非仰賴註解）。

我使用型別取代了變數，例如一個食譜（recipe）型別和成分（ingredient）型別。我還定義了一些運算（`clear_ingredients`、`adjust_proportion`）來表達我的意圖。透過這些改變，我已經讓程式碼的行為對未來的讀者而言，變得非常清楚。他們不再需要和我討論才能理解這些程式碼。取而代之，他們甚至不用跟我交談就能理解我在做什麼。這就是非同步通訊（*asynchronous communication*）的精華所在。

非同步通訊

在一本 Python 書中寫到非同步通訊而不提及 async 和 await 是很奇怪的事情。但我恐怕得在一個更複雜的地方討論非同步通訊：現實世界。

非同步通訊意味著資訊的生產（production）和消耗（consumption）是相互獨立的。生產和消耗之間有一個時間差存在。這可能是幾個小時，如不同時區的協作者的情況。也可能是幾年，例如未來的維護者試圖對程式碼的內部運作進行深入研究之時。你無法預測什麼時候會有人需要了解你的邏輯。他們消耗你所產生的資訊時，你甚至可能已經不在那個源碼庫上工作（或為那個公司工作）。

這與同步通訊（*synchronous communication*）形成鮮明對比。同步通訊是現場（即時）交流思想。這種形式的直接溝通是表達你的想法的最好方式之一，但不幸的是，它沒有規模擴充性，你不會總是在身邊回答問題。

為了估算每一種溝通方式在試圖理解意圖時有多合適，讓我們看看兩個軸線：接近度（proximity）和成本（cost）。

接近度是指溝通者需要在多接近的時間內進行交流，以取得溝通成效。有些溝通方式在即時（real-time）資訊傳遞方面表現出色。其他溝通方式則擅長處理在多年後的交流。

成本衡量溝通的努力程度。你必須權衡為溝通所花費的時間和金錢，以及所提供的價值。然後，你未來的消費者必須權衡消耗資訊的成本和他們試著提供的價值。編寫程式碼並不提供任何其他溝通管道是你的基線（baseline），你必須這樣做才能產生價值。為了評估其他溝通管道的成本，這裡列出我會考量的因素：

可發現性（*Discoverability*）

在正常工作流程之外找到這些資訊有多容易？這些知識的存在時間有多短暫？搜尋資訊是否容易？

維護成本（*Maintenance cost*）

　　資訊的準確度如何？需要多久更新一次？如果這些資訊過時了，會出什麼問題？

生產成本（*Production cost*）

　　達成這種溝通要投入多少時間和金錢？

在圖 1-1 中，我根據自己的經驗，繪製了一些常見溝通方式的成本和所需的接近度。

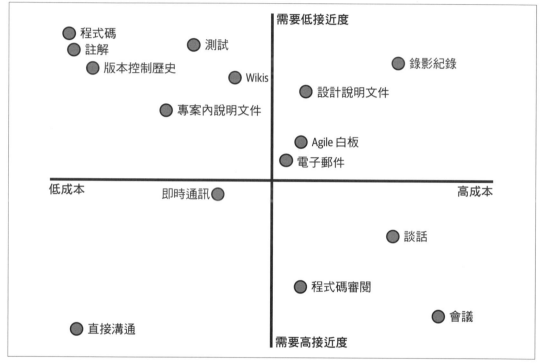

圖 1-1　繪製出溝通方式的成本與接近度

有四個象限構成了成本／接近度（cost/proximity）圖。

低成本、所需接近度高

　　這類方法的生產和消耗都很便宜，但不能跨越時間擴充規模。直接溝通和即時通訊是這些方法很好的例子。把這些當作資訊在某個時間點上的快照（snapshots）；它們只有在使用者主動傾聽時才有價值。不要依靠這些方法來與未來溝通。

高成本、所需接近度高

這些都是昂貴的事件，而且往往只發生一次（如會議或研討會）。這些事件應該在交流時提供大量的價值，因為它們對未來沒有提供多少價值。有多少次你參加了一個感覺是浪費時間的會議？你所感受到的就是價值的直接損失。談話需要每個與會者付出倍數型的成本（花費的時間、舉行的空間、交通物流等等）。程式碼審查一旦完成，就很少有人回顧了。

高成本、所需接近度低

這些都是昂貴的，但由於所需的接近性較低，這種成本可以透過所交付的價值隨著時間得到回報。電子郵件和敏捷白板（agile boards）包含豐富的資訊，但不是其他人可以發現的。這對於不需要經常更新的大概念來說是很好的。但若是得從那所有的雜訊中篩選出你要找的一小塊資訊，這就成了一場噩夢。錄影紀錄和設計說明文件（design documentation）對於理解時間點的快照而言是很好的，但維持最新資訊的成本很高。不要仰賴這些溝通方式來了解日常的決策。

低成本，所需接近度低

這些東西建立起來很便宜，而且可以輕鬆消耗。程式碼註解、版本控制歷史和專案的 README 都屬於這一類，因為它們與我們編寫的原始碼放在一起。使用者可以在這些交流產生的數年後查閱它們。開發人員在其日常工作流程中會遇到的任何東西都是本質上可發現的。這些溝通方式自然適合用在有人會關注原始碼的第一個地方。然而，你的程式碼是你最好的說明工具之一，因為它是你系統的生動紀錄，而且是唯一的真相來源。

討論主題

圖 1-1 中的這個圖是根據一般化的用例所繪製的。想一想你和你的組織所使用的溝通途徑，你會把它們畫在圖的什麼地方呢？消耗準確的資訊有多容易？生產資訊的成本有多高？你對這些問題的答案可能會導致一個稍有不同的圖表，但真理的唯一來源將存在於你所交付的可執行軟體中。

低成本、低接近度的溝通方式是傳達資訊到未來的最佳工具。你應該努力使溝通的生產成本和消耗成本最小化。無論如何，你都得編寫軟體來傳遞價值，所以最低成本的選擇就是使你的程式碼成為你的主要溝通工具。你的源碼庫成為清楚表達你決定、意見和變通方法的最佳選擇。

然而，為了使這一論斷成立，程式碼也必須是消耗起來成本低廉的。你的意圖必須清楚地體現在你的程式碼中。你的目標是儘量減少讀者理解你程式碼所需的時間。理想情況下，讀者沒必要細讀你的實作，只需要閱讀你的函式特徵式（function signature）。透過使用好的型別、註解和變數名稱，你的程式碼做了什麼事，應該是清楚易懂的。

自我說明的程式碼（Self-Documenting Code）

對圖 1-1 的錯誤反應是「自我說明的程式碼就是我所需要的一切！」。程式碼絕對應該自我說明做了什麼事，但這無法涵蓋每一種溝通的用例。舉例來說，版本控制會給你變更的歷史。設計說明文件討論的是整體的理想，並不單屬於任何一個程式碼檔案。會議（如果做得好的話）可以成為同步計畫執行的一個重要事件。談話是與眾多聽眾同時分享想法的好辦法。雖然本書的重點是你可以在你的程式碼中做到什麼，但可別捨棄任何其他有價值的交流手段。

Python 中意圖的例子

現在我已經談過什麼是意圖以及它的重要性，讓我們透過 Python 的視角來看看實際例子。如何確保你有正確表達你的意圖呢？我會帶你看一下決策如何影響意圖的兩個不同例子：群集（collections）和迭代（iteration）。

群集

挑選一個群集時，你就是在傳達特定的訊息。你必須為手頭的任務選出適當的群集。否則，維護者會從你的程式碼中推斷出錯誤的意圖。

考慮一下這段程式碼，它接受烹飪書（cookbooks）的一個串列，並提供了作者和所寫書籍數量之間的一個映射（mapping）。

```python
def create_author_count_mapping(cookbooks: list[Cookbook]):
    counter = {}
    for cookbook in cookbooks:
        if cookbook.author not in counter:
            counter[cookbook.author] = 0
        counter[cookbook.author] += 1
    return counter
```

我所用的群集告訴了你什麼呢？為什麼我沒有傳入一個字典（dictionary）或一個集合（set）呢？為什麼我不是回傳一個串列（list）呢？根據我目前對群集的使用，你可以這樣假設：

- 我傳入由烹飪書組成的一個串列。這個串列中可能有重複的烹飪書（我可能是在書店裡計算書架上有多本重複的烹飪書）。

- 我回傳的是一個字典。使用者可以查找（look up）一名特定的作者，或者迭代過（iterate over）整個字典。我不用擔心回傳的群集中會有重複的作者。

如果我想表達的是傳入這個函式中的東西不應該有重複（no duplicates），要怎麼辦呢？串列傳達了錯誤的意圖。取而代之，我應該選擇一個集合（set）來表達這段程式碼絕對不會處理重複的內容。

挑選一種群集（collection）告訴了讀者你的具體意圖。下面列出了常見的群集型別，以及它們所傳達的意圖：

List（串列）

這是一種要被迭代過（iterated over）的群集。它是**可變**（*mutable*）的：任何時候都能被變更。你很少會想從串列的中間位置取回特定的元素（使用一個靜態的串列索引）。可能會有重複的元素（duplicate elements）。書店書架上的烹飪書就可以被儲存在一個串列中。

String（字串）

一種不可變（immutable）的字元群集。烹飪書的書名就會是一個字串。

Generator（產生器）

要被迭代過而且永遠都不會被索引的一種群集。每個元素的存取都是惰性（lazily）進行的，所以每次迴圈的迭代可能都需要花費時間或資源。它們很適合用於計算成本昂貴或無限的群集。一個線上食譜資料庫就可以回傳作為一個產生器。當使用者只想看搜尋到的前 10 筆結果時，你不會希望還得先擷取世界上所有食譜才行。

Tuple（元組）

一種不可變的群集。你不預期它發生變動，所以更可能是從元組中間提取特定的元素（透過索引或拆分動作）。它極少被迭代。關於特定一本烹飪書的資訊可能被表示為一個元組，例如 (cookbook_name, author, pagecount)。

Set（集合）

一種可迭代（iterable）的群集，不包含重複的內容。你不能仰賴其中元素的順序。烹飪書中的成分可能被儲存為一個集合。

Dictionary（字典）

從鍵值到值（keys to values）的一種映射（mapping）。鍵值在整個字典中是唯一（unique）的。字典通常會被迭代，或使用動態鍵值進行索引。烹飪書的書籍索引就是從鍵值到值（從主題到頁碼）映射的一個好例子。

不要為你的目的用錯了群集。我遇過不應該有重複的串列太多次了，或是實際上並沒有被用來映射鍵值到值的字典。每當你的意圖與程式碼中的內容脫節時，就會造成維護的負擔。維護者必須暫停工作，找出你真正的意思，然後才能為他們錯誤的假設（也包括你的錯誤假設）找出變通之道。

動態索引 vs. 靜態索引

取決於你所用的群集型別，你可能會想要使用**靜態索引**（*static index*）。靜態索引就是當你使用一個常數字面值（constant literal）來索引群集時，會得到的東西，例如 my_list[4] 或 my_dict["Python"]。一般來說，串列和字典通常不會這樣被使用。由於它們的動態特性，你不能保證這種群集在那個索引上有你要找的元素。如果你在這些型別的群集中尋找特定的欄位（fields），那就是很好的跡象，指出你需要一個使用者定義的型別（user-defined type，會在第 8、9、10 章中探討）。對元組進行靜態索引是安全的，因為它們的大小是固定的。集合和產生器則永遠不會被索引。

這一規則的例外情況包括：

- 取得一個序列（sequence）的第一個或最後一個元素（my_list[0] 或 my_list[-1]）

- 使用字典作為一種中介的資料型別（intermediate data type），如讀取 JSON 或 YAML 時

- 在一個序列上進行的運算，特別是處理固定的區塊時（例如，總是在第三個元素之後分割，或者在一個格式固定的字串中檢查某個特定的字元）

- 特定群集型別的效能因素

相較之下，每當你使用一個執行時期（runtime）才會知道其值的變數對一個群集進行索引，就會發生*動態索引動作*（*dynamic indexing*）。這是選用串列和字典最合適的時機。在對群集進行迭代或用 index() 函式搜尋一個特定的元素時，你就會看到這種情況。

這些是基本的群集，但要表達意圖，還有更多的方式可用。這裡有一些特殊的群集型別，它們在與未來的溝通中更具有表達力：

frozenset

一種不可變的集合（set）。

OrderedDict

會依據插入時間（insertion time）保留元素順序的一種字典（dictionary）。從 CPython 3.6 和 Python 3.7 開始，內建的字典也會依據插入時間保留元素的順序。

defaultdict

欠缺鍵值（key）時會提供一個預設值（default value）的一種字典。舉例來說，我可以把前面的例子改寫為：

```
from collections import defaultdict
def create_author_count_mapping(cookbooks: list[Cookbook]):
    counter = defaultdict(lambda: 0)
    for cookbook in cookbooks:
        counter[cookbook.author] += 1
    return counter
```

這為終端使用者引入了一種新的行為：如果他們在字典中查詢一個不存在的值，就會得到一個 0。這在某些用例中可能是有益的，如果沒有，你大可改為單純回傳 dict(counter)。

Counter

用來計數（counting）一個元素出現多少次的一種特殊的字典型別。這能大幅簡化上面的程式碼為這樣：

```
from collections import Counter
def create_author_count_mapping(cookbooks: list[Cookbook]):
    return Counter(book.author for book in cookbooks)
```

花點時間思考一下那最後一個例子。注意到,在不犧牲可讀性的前提之下,使用 Counter 如何讓我們的程式碼更加簡明。如果你的讀者熟悉 Counter,那麼這個函式的含義(以及該實作的運作方式)就會立即顯現出來。這是透過群集型別更妥善的選擇來向未來傳達意圖的好例子。我將在第 5 章進一步探討群集。

還有很多其他的型別可以探索,包括 array、bytes 與 range。每當你遇到一種新的群集型別,不管是內建的還是其他,問問自己它與其他群集有何不同,以及它向未來的讀者傳達了什麼。

迭代

迭代(iteration)是「你所選的抽象層(abstraction)決定了你傳達的意圖」的另一個例子。

你見過多少次這樣的程式碼?

```
text = "This is some generic text"
index = 0
while index < len(text):
    print(text[index])
    index += 1
```

這段簡單的程式碼將每個字元列印在單獨的一行。這對於第一次使用 Python 解決這種問題來說是完全沒問題的,但是這個解決方案很快就演變成了更 *Pythonic*(以一種慣用風格撰寫的程式碼,目的是強調簡單性,對大多數 Python 開發者來說都很容易識別)的形式:

```
for character in text:
    print(character)
```

花點時間反思一下,為什麼這種選項更合適。for 迴圈是一個更恰當的選擇,它更清楚地傳達了意圖。就像群集型別一樣,你挑選的迴圈構造(looping construct)明確地傳達了不同的概念。這裡列出了一些常見的迴圈構造和它們所傳達的意義:

for 迴圈

for 迴圈用來迭代過(iterating over)一個群集或範圍(range)的每個元素,並進行某個動作或產生某種副作用(side effect)。

```
for cookbook in cookbooks:
    print(cookbook)
```

while 迴圈

若要在某個特定條件為真的情況下都持續迭代，就使用 while 迴圈。

```
while is_cookbook_open(cookbook):
    narrate(cookbook)
```

概括式（*Comprehensions*）

概括式被用來把一個群集變換（transforming）為另一個（正常來說，這不會有副作用，特別是在概括式是惰性的時候）。

```
authors = [cookbook.author for cookbook in cookbooks]
```

遞迴（*Recursion*）

遞迴用在一個群集的子結構（substructure）與該群集本身的結構完全相同之時（舉例來說，一個樹狀結構的每個子節點也是樹狀結構）。

```
def list_ingredients(item):
    if isinstance(item, PreparedIngredient):
        list_ingredients(item)
    else:
        print(ingredient)
```

你希望你源碼庫的每一行都能提供價值。此外，你希望每一行都能向未來的開發者清楚傳達那個價值是什麼。這促使我們要儘量減少樣板程式碼（boilerplate）、鷹架（scaffolding）和多餘程式碼的數量。在上面的例子中，我迭代過每個元素，並產生一個副作用（印出一個元素），這使得 for 迴圈成為理想的迴圈構造。我沒有浪費程式碼。相較之下，while 迴圈要求我們明確地追蹤迴圈動作，直到某個條件發生為止。換句話說，我得追蹤一個特定的條件，並在每次迭代中變動一個變數。這分散了迴圈所提供的價值，並帶來了沒必要的認知負擔。

最不意外法則

分散對於意圖的注意力是不好的，但有一類溝通更糟糕：當程式碼不斷讓你未來的協作者感到意外。你會想要遵守最不意外法則（*Law of Least Surprise*）。有人讀過源碼庫時，他們幾乎永遠都不應該對行為或實作感到意外（而當他們感到意外時，在程式碼的附近應該要有很好的註解來解釋為什麼是如此）。這就是為什麼傳達意圖是最重要的。清晰、潔淨的程式碼可以降低溝通不良的可能性。

最不意外法則（*Law Of Least Surprise*），也被稱為最小驚奇法則（*Law of Least Astonishment*），指出程式應該總是以讓使用者最不驚訝[3]的方式來回應他們。意外的行為導致困惑，困惑會導致錯置的假設，而錯置的假設導致了臭蟲的產生，你就是這樣得到不可靠的軟體的。

請記住，你可以寫出完全正確的程式碼，但在未來還是讓人感到驚訝。在我職業生涯的早期，我追查過一個討厭的臭蟲，因為記憶體的毀損而導致當機。把程式碼放在除錯器底下執行，或是放入過多的列印述句，都會影響到時機，使錯誤無法顯現（一個真正的「海森堡（heisenbug）」）[4]。

因此，我不得不手動平分，把程式碼分成兩半，藉由移除另一半程式碼來查看到底是哪一半的程式碼導致了崩潰，然後在那一半的程式碼中重新再做一遍同樣的事。抓頭苦思兩個星期之後，我最後決定去檢查一個聽起來無害的函式，叫作 getEvent。結果發現，這個函式實際上會設定（*setting*）帶有無效的資料的一個事件。不用說，我感到非常意外。就它所做的事情而言，這個函式是完全正確的，但由於我搞錯了程式碼的意圖，我至少有三天的時間都漏看了那個臭蟲。讓你的協作者感到驚訝會導致他們時間的損失。

很多的這種意外，最終都來自於複雜性。有兩種類型的複雜性：必要的複雜性（*necessary complexity*）和意外的複雜性（*accidental complexity*）。必要的複雜性是你領域中固有的複雜性。深度學習模型（deep learning models）必然是複雜的，它們不是你瀏覽一下內部工作原理，在幾分鐘就能理解的東西。物件關聯映射（object–relational mapping，ORM）的最佳化必然是複雜的，有大量可能的使用者輸入要被考慮在內。你無法消除必要的複雜性，所以你最好的選擇是試圖控制它，以免它在你的源碼庫中蔓延，最後反而成為意外的複雜性。

相較之下，意外的複雜性是指會在程式碼中產生多餘的、浪費的或令人困惑的述句（statements）的那種複雜性。當一個系統隨著時間的推移不斷發展，而開發人員沒有重新評估舊程式碼以確定他們原來的假設是否依然成立，就把功能塞進去，那時就會發生這種狀況。我曾經參與過的一個專案，在其中，增加單一個命令列選項（以及設定它的相關程式化方法）所涉及的檔案，不會少於 10 個。為什麼增加一個簡單的值就得在整個源碼庫中修改那麼多地方呢？

3　Geoffrey James. *The Tao of Programming*. *https://oreil.ly/NcKNK*。

4　被觀察時會顯現不同行為的臭蟲。*SIGSOFT '83: Proceedings of the ACM SIGSOFT/SIGPLAN software engineering symposium on High-level debugging*。

如果你有過以下經歷，你就知道有意外的複雜性存在：

- 聽起來很簡單的事情（新增使用者、改變 UI 控制項等）卻不容易實作。

- 很難讓新的開發人員了解你的源碼庫。一個專案的新開發者是你程式碼可維護性的最佳指標，不需要等待多年就可以知道。

- 增加功能性的預估時間總是很長，但你依然趕不上既定時程表。

盡可能消除意外複雜性並分離出必要複雜性。這些會是你未來協作者的絆腳石。這些複雜性來源使溝通不良的情況更加惡化，因為它們使整個源碼庫中各處的意圖都變得模糊和分散。

討論主題

你的源碼庫中有哪些意外的複雜性？如果你被丟到源碼庫中，而且沒有與其他開發者交流，要理解其中簡單的概念會是多大的挑戰？你可以做些什麼來簡化在這個練習中所識別出來的複雜性呢（尤其是在經常變化的程式碼中）？

在本書的其餘部分，我將研究在 Python 中溝通意圖的不同訣竅。

結語

強健的程式碼很重要。潔淨的程式碼也很重要。你的程式碼需要在源碼庫的整個生命週期內都是可維護的，而為了確保這一結果，你需要對你所傳達的內容和方式有實質的遠見。你得在盡可能靠近程式碼的地方清楚地體現你的知識。不斷地展望未來感覺像是一種負擔，但只要多練習，那就會變得很自然，而你維護自己源碼庫的過程中，就會開始收穫好處。

每次你把一個現實世界的概念映射到程式碼中時，你就是在創造一個抽象層（abstraction），不管是透過群集的使用，還是你把函式分離的決定。每一個抽象層都是一種選擇，而每個選擇都傳達了一些東西，不管是有意還是無意。我鼓勵你思考你所寫的每一行程式碼，並問自己：「未來的開發者會從這裡學到什麼？」。為了未來的維護者，你有責任讓他們能夠以與你當下相同的速度提供價值。否則，你的源碼庫會變得臃腫，進度會推遲，複雜性也會增長。作為一名開發者，你的工作就是要緩解這種風險。

尋找潛在的熱點，如不正確的抽象層（例如群集或迭代）或意外的複雜性。這些都是溝通可能隨著時間的推移而中斷的主要區域。如果這些類型的熱點出現在經常變化的地方，那麼它們就是現在要優先解決的問題。

在下一章中，你會把從本章學到的東西應用於一個基本的 Python 概念：型別（types）。你所選的型別向未來的開發者表達了你的意圖，選擇正確的型別將促成更好的可維護性。

以型別注釋你的程式碼

歡迎來到第一部，在這裡我將重點介紹 Python 中的**型別**（*types*）。型別為你程式的行為建立出模型（model）。程式設計新手知道 Python 中有不同的型別，例如 float 或 str。但什麼是型別呢？掌握型別如何能使你的源碼庫更強大呢？型別是程式語言的基礎，但遺憾的是，大多數入門書籍都忽略了型別如何使你源碼庫受益（或者如果使用不當，這些型別會增加複雜性）的說明。

告訴我你是否見過這種情況：

```
>>>type(3.14)
<class 'float'>

>>>type("This is another boring example")
<class 'str'>

>>> type(["Even", "more", "boring", "examples"])
<class 'list'>
```

這幾乎可在任何 Python 初學者指南中找到。你會學到 int、str、float 和 bool 資料型別，以及該語言所提供的其他各種東西。然後，很快地，你就繼續前進了，因為讓我們面對現實吧，Python 的這個部分並不特別引人注目。你想要深入研究那些很酷的東西，例如函式、迴圈或字典，我不會怪你。但令人遺憾的是，許多教程從來沒有再回頭討論型別，也沒有賦予它們應有的地位。隨著使用者深入挖掘，他們可能會發現型別注釋（type annotations，這在下一章會講到）或開始編寫類別，但往往錯過了何時可以適當使用型別的基本討論。

我們就從那裡開始。

## 第二章

Python 型別簡介

為了寫出叮維護的 **Python**，你必須意識到型別的本質，並慎重地運用它們。首先我會討論型別實際上到底是什麼，以及為什麼這很重要。然後我將繼續討論 Python 語言對其型別系統所做下的決策如何影響你源碼庫的強健性。

一個型別裡有什麼？

我想讓你停下來回答一個問題：如果不提到數字（numbers）、字串（strings）、文字（text）或 Booleans（布林值），你將如何解釋什麼是型別？

這對每個人來說都不會是一個簡單的答案。要解釋其好處更是難上加難，尤其是在像 Python 這樣不必明確宣告變數型別的語言中。

我認為型別有一個非常簡單的定義：一種溝通方法（communication method）。型別傳達資訊。它們提供了使用者和電腦可以推理的表徵（representation）。我把這種表徵分成兩個不同面向來討論：

機械表徵（*Mechanical representation*）

　　型別向 Python 語言本身傳達行為（behaviors）和約束（constraints）。

語意表徵（*Semantic representation*）

　　型別向其他開發人員傳達行為和約束。

讓我們更進一步認識這每個表徵。

機械表徵

就其核心而言,電腦所涉及的都是二進位碼(binary code)。你的處理器(processor)並不會說 Python 語言,它所看到的,只是通過它的電路上的電流存在與否。你電腦記憶體中的內容也是如此。

假設你的記憶體看起來像下面這樣:

```
00110010100010010001010010010001001000010000010101
00101010101010000011111111001001010011110100100
01001000100101001010111011110110101010101010101
```

```
0101000001000001010101010100
```

```
1010010010010001010100001010010010101010010010010001
000111101010110101101001010111000000000000000000111
```

看起來像一堆胡言亂語。讓我們放大中間的部分:

```
01010000 01000001 01010100
```

我們沒有辦法確切判斷這個數字本身是什麼意思。取決於電腦的架構(computer architecture),那可能代表數字 5259604 或 5521744,這是看似合理的判斷。它也可能是字串 "PAT"。若沒有任何情境脈絡,你就無法確定。這就是 Python 需要型別的原因了。型別資訊為 Python 提供了它需要知道的東西,以使所有的 0 和 1 有意義可循。讓我們看看實際動起來的樣子:

```python
from ctypes import string_at
from sys import getsizeof
from binascii import hexlify


a = 0b01010000_01000001_01010100
print(a)
>>> 5259604

# 印出該變數的記憶體
print(hexlify(string_at(id(a), getsizeof(a))))
>>> b'010000000000000607c0549955500001000000000000054415000'

text = "PAT"
print(hexlify(string_at(id(text), getsizeof(text))))
>>>b'0100000000000000a00f06499555000003000000000000375c9f1f02'
   b'acdbe4e5379218b77f00000000000000000050415400'
```

我在一部位元組序為小端序（little-endian）的機器上執行 CPython 3.9.0，所以如果你看到不同的結果，不要擔心，有一些細微的東西可能改變你的答案（這段程式碼不保證能在其他 Python 實作上執行，如 Jython 或 PyPy）。

這些十六進位字串（hex strings）顯示了包含某個 Python 物件的記憶體內容。你會找到一個鏈結串列（linked list）中指向下一個和前一個物件的指標（pointers，用於垃圾回收）、一個參考計數（reference count）、一個型別，以及實際的資料本身。你可以看看每個回傳值末端的位元組，以檢視該數字或字串（尋找位元組 0x544150 或 0x504154）。在此，重要的部分是，有一個型別被編碼到那段記憶體中。當 Python 查看變數時，它會清楚知道所有的東西在執行時期（runtime）是什麼型別（就像你使用 type() 函式時一樣）。

我們很容易會認為這就是型別存在的唯一原因，也就是電腦需要知道如何解讀記憶體的各種區塊。意識到 Python 如何使用型別是很重要的，因為這對編寫強健的程式碼有一些影響，但更重要的是第二種表徵：語意表徵。

語意表徵

雖然型別的第一個定義對於低階程式設計（lower-level programming）來說是很好的，但是第二個定義才是每一名開發者都適用的。型別，除了具有機械表徵外，還能以語意表徵呈現。語意表徵是一種交流工具，你所選擇的型別可以跨越時間和空間向未來的開發者傳遞訊息。

型別告訴使用者，當他們與該實體進行互動時，可以預期什麼行為。在此情境下，「行為」是你關聯至該型別的運算（加上任何的先決條件或後置條件）。它們是使用者在運用該型別時，會與之互動的邊界、約束和自由。正確使用的型別在理解上會有較低的障礙，它們在使用上變得自然。反之，用得不好的型別會是一種阻礙。

考慮一下平凡的 int。花點時間想想整數（integer）在 Python 中有哪些行為存在。這是我所想出的一個簡短（不全面的）列表：

- 可從整數、浮點數（floats）或字串建構出來
- 數學運算，如加法、減法、除法、乘法、指數化（exponentiation）和否定（negation）
- 關係比較，例如 <、>、== 和 !=

- 位元運算（bitwise operations，操作一個數字的個別位元），例如 &、|、^、~ 和移位（shifting）

- 可使用 str 或 repr 函式轉換為字串

- 能夠透過 ceil、floor 和 round 方法進行捨入（rounding）運算（儘管它們回傳的是整數本身，但這些方法是有支援的）

一個 int 有許多行為。如果你在互動式 Python 主控台（console）中輸入 help(int)，你就可以看到完整的清單。

現在考慮一個 datetime：

```
>>>import datetime
>>>datetime.datetime.now()
datetime.datetime(2020, 9, 8, 22, 19, 28, 838667)
```

一個 datetime 與一個 int 沒有什麼不同。典型情況下，它被表示為從某個時間紀元（epoch，如 1970 年 1 月 1 日）開始的秒數或毫秒數。但是，請思考一下 datetime 具備的行為（我用斜體字標出了與整數的行為差異）：

- 可以從代表日／月／年（*day/month/year*）等等的一個字串或一組整數建構出來

- 數學運算，例如時間差（*time deltas*）的加減法

- 關係比較

- *沒有位元運算可用*

- 可以使用 str 或 repr 函式轉為字串

- *不能透過 ceil、floor 或 round 方法進行捨入運算*

一個 datetime 支援加法和減法，但不支援和其他 datetime 這樣做。我們只會加上時間差（如增加一天或減去一年）。乘法和除法對 datetime 來說真的沒有意義。同樣地，捨入日期也不是標準程式庫中支援的運算。不過 datetime 確實提供了與整數有類似語意的比較和字串格式化（string formatting）運算。因此，儘管 datetime 本質上是一個整數，但它所包含的運算是一個受限制的子集。

 語意（*semantics*）指的是運算的意義（*meaning*）。雖然 str(int) 和 str(datetime.datetime.now()) 會回傳不同格式的字串，但其含義是一樣的：我正在從一個值創建出一個字串。

datetime 也支援它們自己的行為，以進一步區分它們與整數。這些行為包括：

- 根據時區改變其值

- 能夠控制字串的格式

- 找出現在星期（weekday）

同樣地，如果你想獲得完整的行為清單，請在你的 REPL 中輸入 import datetime;
help(datetime.datetime)。

datetime 比 int 更特殊。比起普通的數字，它傳達了一個更特定的用例。當你選擇使用一個更特定的型別，你就是在告訴未來的貢獻者，有些運算是可能的，而有些約束是需要注意的，因為那在較不特定的型別中是不存在的。

讓我們深入了解一下這與強健程式碼有什麼關係。假設你繼承了一個源碼庫，處理一個完全自動化的廚房的開放和關閉。你需要加入能夠改變關閉時間的功能（例如，在節假日延長廚房的工作時間）。

```
def close_kitchen_if_past_cutoff_time(point_in_time):
    if point_in_time >= closing_time():
        close_kitchen()
        log_time_closed(point_in_time)
```

你知道你需要在 point_in_time 上作業，但如何開始呢？你要處理的是什麼型別呢？是 str、int、datetime，還是一些自訂的類別？你可以對 point_in_time 進行哪些運算呢？這段程式碼不是你寫的，你也沒有它的歷史紀錄。如果你想呼叫這段程式碼，也存在同樣的問題。你不知道傳入什麼給這個函式是合法的。

如果你做了一個不正確的假設，而那段程式碼又被用於生產，你就會使程式碼變得不那麼強健。也許那段程式碼並不在經常執行的程式碼路徑上。也許有一些其他隱藏的臭蟲使得這段程式碼無法執行。也許這段程式碼沒有經過大量的測試，而這以後成了一個執行時期錯誤。不管怎麼說，程式碼中潛伏著臭蟲，你的可維護性也就降低了。

負責任的開發者會盡最大努力不使臭蟲影響生產。他們會搜尋測試、說明文件（當然要抱持懷疑態度，因為說明文件可能很快就過時了），或者呼叫端的程式碼。他們會查看 closing_time() 和 log_time_closed()，來看看他們預期或提供什麼型別，並據此制定相應計畫。在此情況下，這是一條正確的路徑，但我仍然認為這是一條次優的路徑。雖然錯誤不會溜進生產現場，但他們仍要花費時間查看程式碼，這使得價值無法盡快交付。在這樣一個小例子中，你可能會認為，若只發生一次，這就不是什麼大問題，不會被怪罪的。但是要小心千刀萬剮之刑加身：任何一個片段本身並不太有害，但若成千上萬的片段堆積在一起，分散在源碼庫中，會讓你在試著交付程式碼時舉步維艱、進展緩慢。

根本的原因是參數的語意表徵不清楚。撰寫程式碼時，請盡你所能透過型別來表達你的意圖。你可以在需要時以註解（comment）來達成這點，但我建議使用型別注釋（type annotations，在 Python 3.5 以上的版本中有支援）來解釋你程式碼的各部分。

```python
def close_kitchen_if_past_cutoff_time(point_in_time: datetime.datetime):
    if point_in_time >= closing_time():
        close_kitchen()
        log_time_closed(point_in_time)
```

我所需要做的只是在我的參數後面放上一個： <type>。本書中的大多數程式碼範例都會運用型別注釋來清楚表明該程式碼預期什麼型別。

現在，當開發人員遇到這段程式碼，他會知道 point_in_time 預期什麼。他們不需要看過其他方法、測試或說明文件，就能知道如何操作該變數。他們有非常清楚的線索告知他們要做什麼，而他們可以馬上動手進行必要的修改。你正在向未來的開發人員傳達語意表徵，而且不需要直接與他們交談。

此外，隨著開發者越來越常使用一個型別，他們會變得更加熟悉它。他們不會需要去查找說明文件或 help() 來使用碰到的型別。你開始建立出整個源碼庫的常見型別詞彙表。這減輕了維護的負擔。若有開發人員修改既有程式碼，他們會想要專注在需要的變更上，而不陷入困境。

型別的語意表徵非常重要，而第一部的其餘部份會專門討論如何以有利於你的方式來運用型別。不過在我繼續之前，我得先介紹 Python 作為一個語言的一些基本結構元素，以及它們會如何影響源碼庫強健性。

討論主題

想一想在你源碼庫中使用的型別。挑出幾個並自問它們的語意表徵是什麼。列出它們的約束、用例和型別。你可以在更多地方使用這些型別嗎？你有什麼地方誤用了型別嗎？

定型系統

如本章前面所討論的，一個型別系統（type system）的目標是賦予使用者某種方式，透過該語言來建立行為與約束的模型。不同程式語言為它們特定的型別系統之運作方式設下了期望，包括程式碼建構時期，以及執行時期。

強 vs. 弱

定型系統（typing systems）是以從弱（weak）到強（strong）在一個頻譜（spectrum）上分布的方式來分類的。在頻譜上靠近強那邊的語言，傾向於將運算的使用限制在支援它們的型別之上。換句話說，如果你違背了該型別的語意表徵，你會透過編譯器錯誤（compiler error）或執行期錯誤（runtime error）的形式被告知（有時是相當震撼的）。像是 Haskell、TypeScript 與 Rust 這類的語言全都被視為是強定型（strongly typed）的。支持者擁護強定型語言，是因為建置或執行程式碼的時候，錯誤更容易被發現。

對比之下，靠近頻譜較弱那一邊的語言，不會把運算的使用限制在支援它們的型別之上。型別經常會被強制轉型（coerced）為不同的型別，以合理化一個運算。像是 JavaScript、Perl 和較舊版本的 C 就是弱定型（weakly typed）的。其支持者擁護的是開發人員可以快速反覆修訂程式碼的速度，而不用一路上和語言鬥爭。

Python 落在頻譜上較靠近強的那一邊。型別之間很少有隱含的轉換（implicit conversions）發生。你會注意到你進行了非法運算：

```
>>>[] + {}
TypeError: can only concatenate list (not "dict") to list

>>> {} + []
TypeError: unsupported operand type(s) for +: 'dict' and list
```

將此與弱定型語言（例如 JavaScript）相比：

```
>>> [] + {}
"[object Object]"

>>> {} + []
0
```

就強建性而言，像 Python 這樣的強定型語言顯然對我們有所幫助。雖然錯誤仍然會在執行時期出現，而非在開發時期就出現，它們會以很明顯的 `TypeError` 例外形式現身。這大幅降低了除錯所需的時間，同樣能幫助你更快交付遞增的價值（incremental value）。

弱定型語言本質上是不強健的嗎？

弱定型語言所撰寫的源碼庫絕對可以很強健，我絕不是在貶低這些語言。想一想世界賴以運轉的大量生產級 JavaScript 程式碼就知道了。然而，弱定型語言需要格外小心才能做到強健。變數的型別很容易認錯，並做出不正確的假設。開發人員變得在很大程度上要仰賴 linters、測試和其他工具來提高可維護性。

動態 vs. 靜態

我還需要討論另一個定型頻譜：靜態定型（static typing）與動態定型（dynamic typing）。這基本上是處理型別機械表徵的一種差異。

提供靜態定型的語言在建置時期（build time）將其型別資訊嵌入到變數（variable）中。開發者可以明確地將型別資訊添加到變數中，或有一些工具（如編譯器）為開發者推斷出型別。變數在執行時期不會改變其型別（因此稱為「靜態」）。靜態定型的支持者極力稱讚一開始就寫出安全程式碼的能力，並能從一個強大的安全網中受益。

另一方面，動態定型將型別資訊與變數本身的值（value）內嵌在一起。變數在執行時可以輕易改變型別，因為沒有型別資訊被綁定到該變數。動態定型的擁護者提倡它的靈活性和開發速度，而與編譯器的爭鬥也少了很多。

Python 是一種動態定型的語言。正如你在討論機械表徵時看到的，變數的值裡嵌入了型別資訊。對於在執行時更改變數的型別，Python 不會有任何疑慮：

```
>>> a = 5
>>> a = "string"
>>> a
"string"

>>> a = tuple()
>>> a
()
```

遺憾的是，在執行時改變型別的能力，在許多情況下是對強健程式碼的阻礙。你沒辦法在變數的整個生命週期內對其做出強而有力的假設。若是假設被打破，就很容易在上面寫出不穩定的程式碼，從而導致你的程式碼中出現一個定時的邏輯炸彈。

動態定型語言本質上就是不強健的嗎？

就像弱定型語言一樣，在動態定型語言中編寫強健的程式碼也是絕對可能的。只是你要為此付出更多的努力。你必須做出更慎重的決定來使你的源碼庫更容易維護。反過來說，靜態定型也不能保證強健性，人們能以型別做最基本的事情，但卻看不到有什麼好處。

更糟的是，我前面展示過的型別注釋對於執行時期的這種行為沒有任何效果：

```
>>> a: int = 5
>>> a = "string"
>>> a
"string"
```

沒有錯誤、沒有警告，什麼都沒有。但我們並沒有失去希望，你還有很多策略可以使程式碼更強建（要不然這本書的篇幅就會短很多）。我們會討論作為強建程式碼促成要素的最後一件事，然後就開始深入探討如何改善我們的源碼庫。

鴨子定型法

這也許是一條不成文的定律，每當有人提到鴨子定型法（duck typing），就必須有人回答說：

> 如果它走起路來像鴨子，叫聲也像鴨子，那麼它就一定是隻鴨子。

我對這句話的意見是，我發現它對解釋什麼是鴨子定型法完全沒有幫助。它朗朗上口、簡明扼要沒錯，但關鍵是只有那些已經了解鴨子定型法的人才能理解它。年輕的我聽到時，我只是禮貌性點點頭，害怕我錯過了這個簡短話語中的一些深刻的東西。要到了後來，我才真正理解鴨子定型法的力量。

鴨子定型法指的是，只要程式語言中的物件和實體有遵循某種介面，我們就能夠使用它們。在 Python 中，它是很美好的東西，大多數人在使用它時甚至都不知情。讓我們看一個簡單的例子，來闡明我所說的事情：

```
from typing import Iterable
def print_items(items: Iterable):
    for item in items:
        print(item)

print_items([1,2,3])
print_items({4, 5, 6})
print_items({"A": 1, "B": 2, "C": 3})
```

在 print_items 所有的三次調用（invocations）中，我們以迴圈跑過該群集並印出（print）每個項目（item）。思考一下這是如何運作的。print_items 完全不知道它會收到什麼型別。它單純是在執行時期接收一個型別，並在其上進行運算。它並沒有仔細檢視每個參數，並根據型別決定做不同的事情。事實要簡單得多。取而代之，print_items 所做的是檢查傳入的東西是否可以被迭代（藉由呼叫 __iter__ 方法）。如果屬性 __iter__ 存在，它就會被呼叫，然後迴圈會跑過它所回傳的迭代器（iterator）。

我們能以一個簡單的程式碼範例來驗證這點：

```
>>> print_items(5)

Traceback (most recent call last):
  File "<stdin>", line 1, in <module>
  File "<stdin>", line 2, in print_items
TypeError: 'int' object is not iterable

>>> '__iter__' in dir(int)
False
>>> '__iter__' in dir(list)
True
```

就是鴨子定型法使這變為可能。只要一個型別支援一個函式所使用的變數和方法，你就能自由地在那個函式中運用該型別。

這裡是另一個例子：

```
>>>def double_value(value):
>>>    return value + value

>>>double_value(5)
10

>>>double_value("abc")
"abcabc"
```

我們在某處傳入一個整數，而在另一個地方卻傳入字串，這並沒有關係，因為兩者都支援 + 運算子，所以任一邊都行得通。支援 + 運算子的任何物件都可以傳入。我們甚至能使用一個串列（list）：

```
>>>double_value([1, 2, 3])
[1, 2, 3, 1, 2, 3]
```

那麼，這在強建性方面是如何發揮的呢？事實證明，鴨子定型法是一把雙刃劍。它可以提高強健性，因為它增加了可組合性（composability，我們將在第 17 章中進一步了解可組合性）。建立能夠處理多種型別的一個堅實的抽象程式庫，可以減少對複雜特例的需求。然而，如果鴨子定型法被過度使用，你就會開始打破開發者可以仰賴的假設。更新程式碼時，僅僅進行修改是不夠簡單的，你還必須查看所有的呼叫端程式碼，並確保傳入你函式的型別也滿足你新的修改。

考慮到所有的這些，最好將本節前面的慣用語重新措辭如下：

> 如果它走起路來像鴨子，叫起來也像鴨子，而你正在尋找走路和叫聲都像鴨子的東西，那麼你就可以把它當作鴨子來對待。

這句話講起來就沒那麼順口了，對吧？

討論主題

你有在你源碼庫中使用鴨子定型法嗎？是否有一些地方，你可以傳入與程式碼所要的不吻合的型別，但仍然行得通？你認為這會增加或減少你用例的強健性嗎？

結語

型別是潔淨、可維護程式碼的支柱，是與其他開發者溝通的工具。如果你審慎使用型別，你就能進行大量的交流，為未來的維護者帶來更少的負擔。第一部的其餘部分將告訴你如何使用型別來增強源碼庫的強健性。

記住，Python 是動態且強定型的。其強定型的本質對我們來說是個福音，當我們使用不相容的型別時，Python 會告知我們出錯了。但是它的動態定型本質是我們必須克服的，以便寫出更好的程式碼。這些語言決策塑造了 Python 程式碼的編寫方式，撰寫程式碼時，你應該牢牢記住它們。

在下一章，我們將討論型別注釋，那是我們明確表達所用型別的方式。型別注釋起了至關緊要的作用：我們與未來開發者溝通行為的主要方法。它們有助於克服動態定型語言的限制，並能讓你在整個源碼庫中強制施加意圖。

## 第三章

型別注釋

Python 是一種動態定型（dynamically typed）的語言，型別要等到執行時期才知道是什麼。試圖編寫強健程式碼時，這會是一種障礙。由於型別被嵌入到值（value）本身，開發者很難知道他們正在處理的是什麼型別。是啊，那個名字今天看起來像一個 str，但如果有人把它變成 bytes 會發生什麼事呢？在動態定型的語言中，關於型別的假設建立在不穩定的基礎上。不過，我們並沒有失去希望，在 Python 3.5 中，引入了一個全新的功能：型別注釋（type annotations）。

型別注釋將你編寫強健程式碼的能力提升到一個全新的水平。Python 的創造者 Guido van Rossum 把這描述得最好：

> 我學到了一個痛苦的教訓：對於小程式來說，動態定型是很好的。對於大型程式，你必須要有一種更有紀律的做法，如果語言實際上能賦予你那種紀律，而不是告訴你「好吧，你可以做任何你想做的事情」，那就會有所幫助[1]。

型別注釋是一種更有紀律的做法，是你處理大型源碼庫所需的那一點額外關懷。在這一章中，你將學習如何使用型別注釋、為什麼它們如此重要，以及如何利用一種叫作型別檢查器（typechecker）的工具在整個源碼庫中強制施加你的意圖。

---

1 Guido van Rossum. "A Language Creators' Conversation." PuPPy (Puget Sound Programming Python) Annual Benefit 2019. *https://oreil.ly/1xf01*.

什麼是型別注釋？

在第 2 章中，你第一次看到了所謂的型別注釋：

```
def close_kitchen_if_past_close(point_in_time: datetime.datetime): ❶
    if point_in_time >= closing_time():
        close_kitchen()
        log_time_closed(point_in_time)
```

❶ 這裡的型別注釋是：datetime.datetime

型別注釋是一種額外的語法，它告訴使用者你變數的預期型別。這些注釋起到了**型別提示**（*type hints*）的作用，它們向讀者提供了線索，但實際上，它們在執行時不會被 Python 語言所用。事實上，你可以完全自由地忽略這些提示。考慮下面這段程式碼，以及開發者所寫的註解（comment）：

```
# CustomDateTime 所提供的功能與
# datetime.datetime 相同。在此我使用它，
# 是因為它有比較好的記錄（logging）設施。
close_kitchen_if_past_close(CustomDateTime("now")) # 沒有錯誤
```

你違背型別提示應該要是罕見情況才行。作者非常清楚地表明一個特定的用例。如果你不打算遵循型別注釋，那麼若原本的程式碼以與你所用型別不相容的方式發生了變化（比如預期某個函式能處理該型別），你就為自己設下了陷阱。

在這種情況下，Python 將不會在執行時擲出任何錯誤。事實上，它在執行時根本就不會用到型別注釋。Python 執行時，並沒有檢查或使用這些東西的成本。這些型別注釋仍然有一個重要的作用：告知你讀者預期的型別。程式碼的維護者在變更你的實作時，將會知道他們被允許使用什麼型別。呼叫端的程式碼也將受益，因為開發人員將確切地知道要傳入什麼型別。藉由實作型別注釋，你降低了阻力。

設身處地為你未來的維護者著想。如果你遇到的程式碼是直觀易用的，那不是很好嗎？你不必讀過一個又一個的函式來判斷用法。你也不會假設一個錯誤的型別，然後必須得處理例外和錯誤行為的後果。

考慮另一段程式碼，它把員工可以上班的時間，以及餐廳的開業時間納入考量，然後安排當天有空的員工。你想使用這段程式碼，而你看到以下情況：

```
def schedule_restaurant_open(open_time, workers_needed):
```

讓我們暫時忽略實作，因為我想把注意力放在第一印象上。你認為可以傳入什麼？停下來，閉上眼睛，在繼續閱讀之前問問自己，哪些是可以傳入的合理型別？open_time 是一個 datetime？是自紀元（epoch）以來的秒數？或是包含某個小時的字串？workers_needed 是名稱構成的一個串列、Worker 物件的一個串列，還是其他的什麼東西？如果你猜錯了，或者不確定，你就得去看一下實作或呼叫端的程式碼，我很確定那需要時間，而且令人感到挫折。

讓我提供一個實作，你可以看看你有多接近。

```
import datetime
import random

def schedule_restaurant_open(open_time: datetime.datetime,
                             workers_needed: int):
    workers = find_workers_available_for_time(open_time)
    # 使用 random.sample 來挑選 X 個可以上班的員工
    # 其中 X 是所需的員工數。
    for worker in random.sample(workers, workers_needed):
        worker.schedule(open_time)
```

你可能猜到 open_time 是一個 datetime，但你是否考慮到 workers_needed 也可能是一個 int？只要你看到型別注釋，你就會對正在發生的事情有一個更好的了解。這減少了認知上的額外負擔，並減少了維護者面對的阻力。

這當然是朝著正確的方向邁出的一步，但不要止步於此。如果你看到這樣的程式碼，可以考慮把這個變數改名為 number_of_workers_needed，以反映這個整數的含義。在下一章中，我還將探討型別別名（type aliases），它提供了表達自己的另一種方式。

到目前為止，我展示的所有例子都聚焦在參數上，其實你也能夠注釋回傳型別（*return types*）。

考慮一下 schedule_restaurant_open 函式。在該片段的中間，我呼叫了 find_workers_available_for_time。這回傳到一個名為 workers 的變數。假設你想修改程式碼，改挑選最長時間沒上班的那些工人，而不是隨機選取呢？你有什麼跡象表明 workers 是什麼型別嗎？

如果你只是看一下函式特徵式（function signature），你會看到以下內容：

```
def find_workers_available_for_time(open_time: datetime.datetime):
```

這裡沒有任何東西能幫助我們更快完成工作。你可以猜，而測試會告訴我們，對嗎？也許這是一個名稱串列？與其讓測試失敗，或許你應該去查看實作。

```python
def find_workers_available_for_time(open_time: datetime.datetime):
    workers = worker_database.get_all_workers()
    available_workers = [worker for worker in workers
                                if is_available(worker)]
    if available_workers:
        return available_workers

    # 緊急之時，退回去找
    # 列出他們有空的員工
    emergency_workers = [worker for worker in get_emergency_workers()
                                if is_available(worker)]

    if emergency_workers:
        return emergency_workers

    # 排班店主來開店，他們就會找其他人
    return [OWNER]
```

哦，不！這裡沒有任何東西告訴你應該預期什麼型別。在這段程式碼中，有三個不同的回傳述句（return statements），而你希望它們全都回傳相同的型別。（當然，每個 if 述句都有透過單元測試來確保它們是一致的，對吧？對吧？）你需要挖得更深一點。你得看一下 worker_database。你需要看看 is_available 和 get_emergency_workers。你得查看 OWNER 變數。這些每一個都需要保持一致，否則你就得在你原本程式碼中處理特例。

而且，如果這些函式也無法告訴你到底需要什麼東西呢？如果你必須更深入追蹤多個函式呼叫呢？你所要經歷的每一層都是你需要在大腦中保留的另一層抽象概念。每一段資訊都會增加認知負載。你認知超載的情況越嚴重，就越有可能發生錯誤。

所有的這些都可以透過注釋回傳型別來避免。回傳型別的注釋是在函式宣告的尾端加上 -> <type>。假設你遇到這個函式特徵式：

```python
def find_workers_available_for_time(open_time: datetime.datetime) -> list[str]:
```

你現在知道了，確實應該把 workers 當作字串組成的一個串列。不需要去挖掘資料庫、函式呼叫或模組。

在 Python 3.8 和之前版本中，內建的群集型別（例如 list）、dict 與 set，並不允許像是 list[Cookbook] 或 dict[str,int] 這樣的方括號語法（bracket syntax）。取而代之，你需要使用來自定型模組（typing module）的型別注釋：

```
from typing import Dict,List
AuthorToCountMapping = Dict[str, int]
def count_authors(
                cookbooks: List[Cookbook]
            ) -> AuthorToCountMapping:
    # ...
```

你也可以在必要時注釋變數：

```
workers: list[str] = find_workers_available_for_time(open_time)
numbers: list[int] - []
ratio: float = get_ratio(5,3)
```

雖然我會注釋我所有的函式，但除非我有特別想要在程式碼中傳達的事情（例如與預期不同的一個型別），否則我通常不會注釋變數。我不想要太過深入「所有的東西都放上型別注釋」的領域，那不囉嗦的特點，正是一開始吸引許多開發人員來到 Python 的原因。這些型別可能使你的程式碼變得雜亂，特別是在很清楚就能看出型別為何的地方。

```
number: int = 0
text: str = "useless"
values: list[float] = [1.2, 3.4, 6.0]
worker: Worker = Worker()
```

這些型別注釋所提供的價值都沒有超越 Python 本身就有提供的。這段程式碼的讀者知道 "useless" 是一個 str。記得，型別注釋是作為型別提示（type hinting）之用，你是在為未來提供備註，以增進溝通成效。你不需要在每個地方都指出本來就很明顯的事情。

Python 3.5 之前的型別注釋

如果你運氣不好，不能使用之後版本的 Python，也別絕望。型別注釋有一種替代語法可用，甚至 Python 2.7 都有。

要撰寫這種注釋（annotations），你需要在註解（comment）中進行：

```
ratio = get_ratio(5,3) # type: float
def get_workers(open): # type: (datetime.datetime) -> List[str]
```

> 這很容易漏看，因為型別跟變數本身在視覺上並沒有很靠近。如果你有能力升級
> 到 Python 3.5，請考慮那麼做，並使用較新的型別注釋方法。

型別注釋的好處

就像你做的每一個決定一樣，你需要權衡成本和收益。事先考慮到型別有助於你審慎的
設計過程，但型別注釋是否提供了其他好處呢？我將向你展示型別注釋是如何透過工具
化（tooling）來真正發揮其作用的。

自動完成

我談的主要是與其他開發者的溝通，但是你的 Python 環境也能從型別注釋中受益。
由於 Python 是動態定型的，所以很難知道有哪些運算是可用的。有了型別注釋，許
多具有 Python 識別能力的程式碼編輯器（Python-aware code editors）就會自動完成
（autocomplete）你的變數的運算。

在圖 3-1 中，你看到的截圖展示熱門的程式碼編輯器 VS Code，偵測到一個 datetime 並
提供自動完成變數的功能。

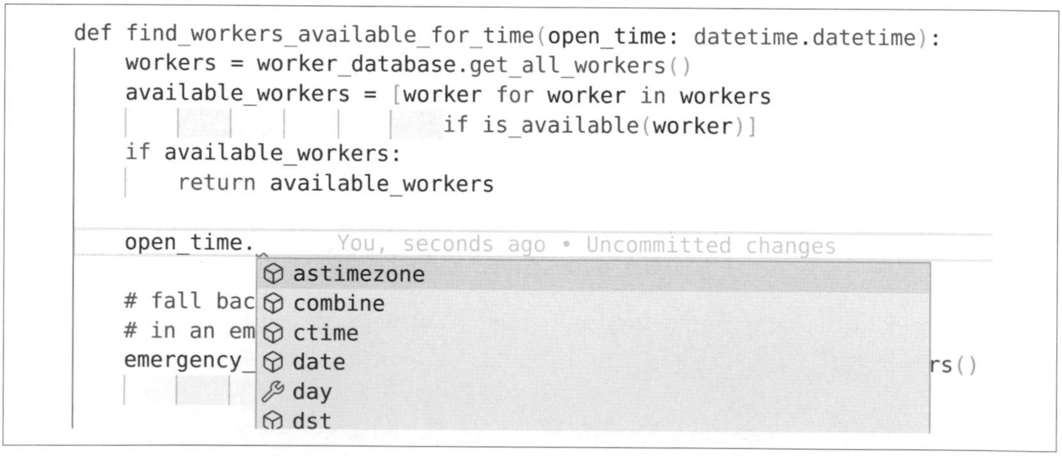

```
def find_workers_available_for_time(open_time: datetime.datetime):
    workers = worker_database.get_all_workers()
    available_workers = [worker for worker in workers
                            if is_available(worker)]
    if available_workers:
        return available_workers

    open_time.
                You, seconds ago • Uncommitted changes
              astimezone
    # fall bac  combine
    # in an em  ctime
    emergency_  date                                        rs()
              day
              dst
```

圖 3-1　VS Code 展現自動完成功能

型別檢查器

在本書中，我一直在談論型別是如何傳達意圖的，但遺漏了一個關鍵的細節：如果程式師不願意，就沒必要尊重這些型別注釋。如果你的程式碼與型別注釋相矛盾，那可能會是一個錯誤，而你仍然得依靠人類來捕捉錯誤。我想做得更好。我想讓電腦為我找到這類臭蟲。

我在第 2 章談到動態型別時，展示了這個片段：

```
>>> a: int = 5
>>> a = "string"
>>> a
"string"
```

挑戰就在這裡：如果你不相信開發人員會遵循它們的指引，那型別注釋如何使你的源碼庫變得強健？為了做到強健，你會希望你的程式碼能經得起時間的考驗。要做到這一點，你需要某種工具來檢查你所有的型別注釋，並在有什麼不妥時，標示出來。這種工具被稱為型別檢查器（typechecker）。

型別檢查器能讓型別注釋超越通訊方法，成為一種安全網（safety net）。它是靜態分析（static analysis）的一種形式。靜態分析工具是在你的原始碼上執行的工具，完全不會影響你的執行時間。你會在第 20 章中了解更多關於靜態分析工具的資訊，至於現在，我只會介紹型別檢查器。

我需要先安裝一個。我會使用 mypy，一種非常流行的型別檢查器。

```
pip install mypy
```

現在我會建立一個名為 *invalid_type.py* 的檔案，它帶有不正確的行為：

```
a: int = 5
a = "string"
```

如果我在命令列上針對該檔案執行 mypy，我會得到一個錯誤：

```
mypy invalid_type.py

chapter3/invalid_type.py:2: error: Incompatible types in assignment
                            (expression has type "str", variable has type
                             "int")
Found 1 error in 1 file (checked 1 source file)
```

就這樣，我的型別注釋變成防止錯誤的第一道防線。任何時候你犯了錯誤，違背了作者的意圖，型別檢查器就會發現並提醒你。事實上，在大多數的開發環境中，有可能即時得到這種分析，在你打字過程中就通知你有錯誤（在不讀你的心的情況下，這大概就是一個工具所能捕捉到的最早期的錯誤，這是很棒的）。

練習：找出臭蟲

下面是 mypy 在我的程式碼中捕捉錯誤的一些例子。我想讓你在每個程式碼片段中尋找錯誤，並計算你花了多少時間找到臭蟲或放棄，然後查看程式碼片段下面列出的輸出，看看你是否做對了。

```python
def read_file_and_reverse_it(filename: str) -> str:
    with open(filename) as f:
        # 將 bytes 轉回 str
        return f.read().encode("utf-8")[::-1]
```

這裡是顯示該錯誤的 mypy 輸出：

```
mypy chapter3/invalid_example1.py
chapter3/invalid_example1.py:3: error: Incompatible return value type
                                        (got "bytes", expected "str")
Found 1 error in 1 file (checked 1 source file)
```

糟糕，我回傳了 bytes 而非一個 str。我發出了一個呼叫來進行編碼（encode）而非解碼（decode），並把我的回傳型別全都搞混了。我甚至沒辦法告訴你，在從 Python 2.7 程式碼移到 Python 3 的過程中，我犯了多少次這種錯誤。真是非常感謝型別檢查器。

這裡是另一個例子：

```python
# 接受一個串列，並將雙倍的值
# 加到尾端
# [1,2,3] => [1,2,3,2,4,6]
def add_doubled_values(my_list: list[int]):
    my_list.update([x*2 for x in my_list])

add_doubled_values([1,2,3])
```

在此 mypy 錯誤如下：

```
mypy chapter3/invalid_example2.py
chapter3/invalid_example2.py:6: error: "list[int]" has no attribute "update"
Found 1 error in 1 file (checked 1 source file)
```

我犯的另一個天真錯誤是在串列上呼叫 update 而非 extend。在群集型別之間遷移時（在本例中，是從提供 update 方法的 set 移到不提供那個方法的 list），這類錯誤很容易發生。

再舉一個例子作為總結：

```
# 這家餐廳在世界不同地方
# 的名稱也不同
def get_restaurant_name(city: str) -> str:
    if city in ITALY_CITIES:
            return "Trattoria Viafore"
    if city in GERMANY_CITIES:
            return "Pat's Kantine"
    if city in US_CITIES:
            return "Pat's Place"
    return None


if get_restaurant_name('Boston'):
    print("Location Found")
```

其 mypy 錯誤如下：

```
chapter3/invalid_example3.py:14: error: Incompatible return value type
                                     (got "None", expected "str")
Found 1 error in 1 file (checked 1 source file)
```

這一個很微妙。我在預期一個字串值的時候，回傳了 None。如果所有的程式碼都只是條件式地檢查餐廳名稱以做出決定，就像我上面做的那樣，那麼測試就會通過，沒有事情會出差錯。即使對於否定的情況，也會是如此，因為 None 在 if 述句中是絕對可以檢查的（它是 false 的）。這是 Python 的動態定型反咬我們一口的一個例子。

然而，幾個月後，一些開發者會開始試著把這個回傳值當作一個字串使用，一旦有需要添加一個新的城市，程式碼就會開始嘗試對 None 值進行運算，這會導致例外被提出。這並沒有很穩健，有一個潛伏的程式碼臭蟲正在等待發作。但是有了型別檢查器，你就可以不再擔心這個問題，並及早捕捉到這些錯誤。

 有了型別檢查器可用，你還需要測試嗎？當然需要。型別檢查器可以捕獲特定的一類錯誤：型別不相容的那些。還有很多其他類型的錯誤，仍然需要測試才能找出。把型別檢查器看作是你臭蟲識別武器庫中的工具之一就好。

在所有的這些例子中，型別檢查器都找到了一個等待發作的臭蟲。不管這個錯誤是否會被測試、程式碼審查或客戶所發現，型別檢查器都提前發現了它，從而節省了時間和金錢。型別檢查器開始賦予了我們靜態定型語言的好處，同時仍然允許 Python 的執行時期保持動態定型。這的確是兩全其美。

在本章的開頭，你會看到 Guido van Rossum 的一段話。在 Dropbox 工作期間，他發現大型源碼庫在沒有安全網的情況下是很難維護的。他成為了推動語言中型別提示的巨大支持者。如果你想讓你的程式碼傳達意圖並捕捉錯誤，那麼請現在就開始採用型別注釋和型別檢查。

討論主題

你的源碼庫中是否曾經有過本可以被型別檢查器發現的錯誤？這些錯誤讓你損失了多少呢？有多少次是在程式碼審查或整合測試中捕捉到這種臭蟲的？那些溜進生產環境的臭蟲呢？

何時使用型別注釋？

現在，在你跑去給所有東西添加型別之前，我需要談談成本問題。添加型別很簡單，但也可能做得過火。當使用者試著測試和把玩程式碼時，他們可能會開始與型別檢查器對抗，因為他們覺得編寫所有的那些型別注釋很費勁。對於那些剛開始使用型別提示的使用者來說，會有採用成本（adoption cost）存在。我也提到過，我並不會對所有的東西都進行型別注釋。我不會注釋我所有的變數，尤其是在型別很明顯的情況下。我通常也不會為一個類別中每個小型的私有方法之參數進行型別注釋。

什麼時候應該使用型別檢查器？

- 對於你預期其他模組或使用者會呼叫的函式（例如，公開 API、程式庫的進入點…等等）。

- 當你想強調一個型別是複雜的（例如，由字串映射到物件串列的一個字典）或不直觀的時候。

- mypy 抱怨說你需要一個型別的地方（通常是在對一個空群集進行指定時，順著工具走比反對它更容易）。

一個型別檢查器會為它可以推斷的任何值推斷出型別，所以即使你沒有填寫所有的型別，你依然會獲得好處。我將在第 6 章介紹型別檢查器的組態設定。

結語

型別提示被引進時，Python 社群中出現了驚慌失措的情況。開發者們擔心 Python 會變成像 Java 或 C++ 那樣的靜態定型語言。他們擔心到處添加型別會使他們的速度變慢，並破壞他們所喜愛的動態定型語言之優點。

然而，型別提示就只是提示而已。它們是完全選擇性的。我不建議小型指令稿或任何不打算存活很久的程式碼使用它們。但是，如果你的程式碼需要長期維護，型別提示就會是非常寶貴的。它們可以作為一種交流方式，使你的環境更加智慧，並在搭配型別檢查器時，檢測出錯誤。它們可以保護原作者的意圖。注釋型別時，你減少了讀者在了解你的程式碼時的負擔。你減少了閱讀一個函式的實作來了解它在做什麼的需要。程式碼是複雜的，你應該儘量減少開發人員需要閱讀的程式碼數量。藉由使用經過深思熟慮的型別，你可以減少意外，並提高閱讀理解能力。

型別檢查器也是一種信心的建立者。記住，為了使你的程式碼強健，它必須易於修改、重寫，或能在必要時刪除。型別檢查器可以讓開發人員在做這些事情時少些畏懼。如果某些東西依存於一個被修改或刪除的型別或欄位，型別檢查器會將違規的程式碼標示為不相容。自動化的工具使你和你未來協作者的工作更簡單，進入到生產中的錯誤會更少，功能會更快地被交付。

在下一章，你將超越基本的型別注釋，學習如何建立所有新型別的一個詞彙表。這些型別將幫助你在源碼庫中約束行為，限制事情出錯的方式。關於型別注釋可以多有用，我還只是觸及了表面而已呢。

## 第四章

約束型別

許多開發人員都是學習了基本的型別注釋後就收工了，但我們還遠遠尚未完成，還有豐富且珍貴的進階型別注釋存在呢。這些進階型別注釋能讓你對型別進行約束，進一步限制它們可以表示的內容。你的目標是使非法狀態無法表示。開發者在實質上不應該能在你的系統中建立那些自相矛盾或無效的型別。如果一開始就不可能創造錯誤，那麼你的程式碼中就不可能有錯誤。你可以使用型別注釋來達成這個目標，節省時間和金錢。在本章中，我將教你六種不同的技巧：

Optional

　　用來取代你源碼庫中的 None 參考（references）。

Union

　　用來呈現所選的一組型別。

Literal

　　用來限制開發人員使用非常特定的值。

Annotated

　　用來為你的型別提供額外的描述。

NewType

　　用來限制一個型別只能在某個特定的情境（context）下使用。

Final

用來防止變數被重新繫結（rebound）到一個新的值。

讓我們先從如何使用 Optional 型別來處理 None 參考開始。

Optional 型別

空參考（null references）通常被稱為「十億美元的失誤（billion-dollar mistake）」，是由 C.A.R. Hoare 所創造的：

> 我稱它為我的十億美元失誤。這是在 *1965* 年發明的空參考。當時，我正在為某個物件導向語言中的參考（*references*）設計第一個全面的型別系統。我的目標是確保對參考的所有使用都是絕對安全的，並由編譯器自動進行檢查。但是我無法抵抗誘惑，把空參考放了進去，僅僅是因為它很容易實作。這導致了不計其數的錯誤、漏洞和系統崩潰，在過去的四十年裡，可能已經造成了十億美元的痛苦和損壞 [1]。

雖然空參考始於 Algol，但它們滲透到了其他的無數語言中。C 和 C++ 經常因為空指標的解參考（null pointer dereference，會產生 segmentation fault 或其他讓程式停住的崩潰情況）而被嘲笑。Java 因要求使用者在其程式碼中四處捕捉 NullPointerException 而聞名。可以毫不誇張地說，這類錯誤的代價確實是以十億美元為單位計算的。想想看那些由於意外的空指標或參考而造成的開發時間浪費、客戶損失和系統故障。

那麼，為什麼這在 Python 中也有關係呢？Hoare 的這段話說的是 60 年代的物件導向編譯語言，Python 現在一定更好了，對吧？我很遺憾地告訴你，這個十億美元的失誤在 Python 中也存在。它以一個不同的名稱出現在我們面前：None。我將向你展示避免代價高昂的 None 失誤的一種方式，但首先，讓我們談談 None 為何如此糟糕。

特別具有啟發性的是，Hoare 承認空參考的誕生是出於方便。這向你展示了，選捷徑走將會在你開發生命週期的後期導致各種痛苦。想想你今天的短期決策會對你未來的維護工作產生怎樣的不利影響。

---

1 C.A.R. Hoare. "Null References: The Billion Dollar Mistake." *Historically Bad Ideas*. Presented at Qcon London 2009, n.d.

讓我們考慮營運一個自動熱狗攤的一些程式碼。我想讓我的系統拿一個麵包（bun），在麵包裡放一條熱狗（frank），然後透過自動分配器噴出番茄醬（ketchup）和芥末（mustard），如圖 4-1 所述。這可能會出現什麼問題呢？

圖 4-1　自動熱狗攤的工作流程

```
def create_hot_dog():
    bun = dispense_bun()
    frank = dispense_frank()
    hot_dog = bun.add_frank(frank)
    ketchup = dispense_ketchup()
    mustard = dispense_mustard()
    hot_dog.add_condiments(ketchup, mustard)
    dispense_hot_dog_to_customer(hot_dog)
```

相當直接明瞭，不是嗎？遺憾的是，我們沒有辦法實際做出判斷。思考快樂路徑（happy path）或一切正常時的程式流程控制（control flow）是很容易的，但談到強健程式碼時，你得考慮到錯誤條件。如果這是一個沒有人工介入的自動攤販，你能想到會有什麼錯誤發生嗎？

下面是我能想到的一個不全面的錯誤清單：

- 缺少原料（麵包、熱狗或番茄醬與芥末）。

- 訂單在流程中被取消。

- 調味醬塞住了。

- 電源中斷。

- 顧客不想要番茄醬或芥末，並試圖在加工流程中移動麵包。

- 作為競爭對手的供應商把番茄醬換成了另一種，混亂隨之而來。

現在，假設你的系統是最先進的，可以檢測到所有的這些情況，不過當任何一個步驟失敗，它都會回傳 None。對這段程式碼來說，這意味著什麼呢？你開始看到像下面這樣的錯誤出現：

```
Traceback (most recent call last):
 File "<stdin>", line 4, in <module>
AttributeError: 'NoneType' object has no attribute 'add_frank'

Traceback (most recent call last):
 File "<stdin>", line 7, in <module>
AttributeError: 'NoneType' object has no attribute 'add_condiments'
```

如果這些錯誤出現在你客戶面前,那將是災難性的,你為自己簡潔的使用者介面感到自豪,不希望醜陋的追蹤軌跡(tracebacks)玷汙你的介面。為了解決這個問題,你開始防禦性(*defensively*)的編寫程式,或以這種方式進行編程:你試圖預見每一種可能的錯誤情況並對其進行處理。防禦性程式設計(defensive programming)是一件好事,但它會導致這樣的程式碼:

```python
def create_hot_dog():
    bun = dispense_bun()
    if bun is None:
        print_error_code("Bun unavailable. Check for bun")
        return

    frank = dispense_frank()
    if frank is None:
        print_error_code("Frank was not properly dispensed")
        return

    hot_dog = bun.add_frank(frank)
    if hot_dog is None:
        print_error_code("Hot Dog unavailable. Check for Hot Dog")
        return

    ketchup = dispense_ketchup()
    mustard = dispense_mustard()
    if ketchup is None or mustard is None:
        print_error_code("Check for invalid catsup")
        return

    hot_dog.add_condiments(ketchup, mustard)
    dispense_hot_dog_to_customer(hot_dog)
```

這感覺,嗯,很繁瑣。因為在 Python 中任何值都可以是 None,所以你似乎需要進行防禦性程式設計,並在每次解參考(dereference)之前做一個 is None 的檢查,這矯枉過正了。大多數開發者會追蹤呼叫堆疊(call stack),以確保沒有 None 值被回傳給了呼叫者。這使得對外部系統的呼叫，或許還有在你源碼庫中的少量呼叫，都必須要用 None 檢查來包裹才行。這很容易出錯，你無法指望每個接觸過你源碼庫的開發者都能直覺地知道要在哪裡檢查 None。此外，你原來在編寫時所作的假設（例如，這個函式永遠不會回傳 None）在將來可能會被打破，而現在你的程式碼就有了一個臭蟲。這就是你的問題所在：仰賴人工介入來捕捉錯誤情況是不可靠的。

例外

解決十億美元問題的一個勇敢嘗試就是例外（exceptions）。任何時候，只要你系統的某處出了問題，就擲出一個例外！當一個例外被擲出，那個函式就會停止執行，而該例外就會在呼叫鏈（call chain）上傳遞，直到有一些程式碼在適當的 except 區塊中捕獲它，又或者沒有人捕捉到它，使得它終止程式。這對你的強健性問題沒有幫助。你仍然仰賴人工介入來捕捉錯誤（由某人撰寫的一個適當的 except 區塊）。如果不進行人工干預，程式就會當掉，而使用者會過得很糟糕。

這應該不意外才對，解參考 None 值會擲出一個例外，所以這是完全相同的行為。為了能夠透過靜態分析偵測到例外，通常會需要語言中對受檢例外（checked exceptions）有支援才行，也就是作為型別特徵式（type signature）的一部分，告訴你的靜態分析工具應該預期什麼樣的例外。在寫這篇文章的時候，Python 並不支援任何類型的受檢例外，而且我懷疑以後應該也不會支援，因為受檢例外有著囉嗦和病毒般的性質。

這並不是說不要使用例外。把它們用在那些你不預期會發生、但仍然希望有所防範的特殊情況，比如網路癱瘓時。不要把例外用於正常行為，例如搜索過串列找不到某個元素的時候。記住，回傳值可以透過定型（typing）來施加限制，但例外不能。

這之所以如此棘手（而且高成本），是因為 None 被當作一個特例來處理。它存在於正常的型別階層架構（type hierarchy）之外。每個變數都可以被指定給 None。為了解決這個問題，你得在你的型別階層架構內找到表達 None 的方式。你需要 Optional（選擇性）型別。

Optional 型別為你提供兩種選擇：要麼你有一個值，要麼沒有。換句話說，將該變數設為一個值是選擇性（optional）的。

```
from typing import Optional
maybe_a_string: Optional[str] = "abcdef" # 這有一個值
maybe_a_string: Optional[str] = None     # 這是缺乏一個值
```

這段程式碼指出，變數 maybe_a_string 可以選擇性地包含一個字串。這段程式碼可以順利通過型別檢查，無論 maybe_a_string 含有的是 "abcdef" 還是 None。

乍看之下，這似乎沒有給你帶來什麼明顯的好處。你仍然得用 None 來表示一個值的缺乏（absence）。不過，我有好消息要告訴你。我認為 Optional 型別有三個好處：

第一，你可以更清楚地傳達你的意圖。如果開發者在型別特徵式中看到一個 Optional 型別，他們會把那視為要特別注意的標誌，應該預期 None 是可能性之一。

```
def dispense_bun() -> Optional[Bun]:
    # ...
```

如果你注意到一個函式回傳一個 Optional 值，請多留意，並進行 None 值的檢查。

第二，你能夠進一步區分值的缺乏（absence of value）和空的值（empty value）。考慮一下無害的串列。如果你進行了一次函式呼叫並收到一個空的串列，會發生什麼事？這只是沒有結果可以回送給你嗎？還是說發生了錯誤，而你需要採取明確的行動？如果你收到的是一個原始的串列，那麼不翻閱原始碼你是不會知道的。然而，如果你用的是一個 Optional，你就是在傳達三種可能性中的一種：

帶有元素的一個串列

　　可以進行運算的有效資料

沒有元素的一個串列

　　沒有錯誤發生，但也沒有資料可用（前提是無資料並不被視為一種錯誤情況）

None

　　有你需要處理的錯誤發生

最後，型別檢查器能夠偵測 Optional 型別，並確保你沒有讓 None 值偷溜進去。

請考慮：

```
def dispense_bun() -> Bun:
    return Bun('Wheat')
```

讓我們添加一些錯誤情況到這段程式碼中：

```
def dispense_bun() -> Bun:
    if not are_buns_available():
        return None
    return Bun('Wheat')
```

以型別檢查器執行時，你會得到下列錯誤：

```
code_examples/chapter4/invalid/dispense_bun.py:12:
    error: Incompatible return value type (got "None", expected "Bun")
```

很好！型別檢查器預設不會允許你回傳一個 None 值。藉由把回傳型別從 Bun 改為 Optional[Bun]，這段程式碼會順利通過型別檢查。這會提示開發人員，他們不應該在沒有於回傳型別中編碼資訊的情況下回傳 None。你可以捕捉到一種常見的失誤，並使這段程式碼更加強健。但是呼叫端程式碼又如何呢？

事實證明，呼叫端程式碼也從中受益。請考慮：

```
def create_hot_dog():
    bun = dispense_bun()
    frank = dispense_frank()
    hot_dog = bun.add_frank(frank)
    ketchup = dispense_ketchup()
    mustard = dispense_mustard()
    hot_dog.add_condiments(ketchup, mustard)
    dispense_hot_dog_to_customer(hot_dog)
```

如果 dispense_bun 回傳一個 Optional，這段程式碼就不會通過型別檢查。它會以下列錯誤發出抱怨：

```
code_examples/chapter4/invalid/hotdog_invalid.py:27:
    error: Item "None" of "Optional[Bun]" has no attribute "add_frank"
```

 取決於你的型別檢查器，你或許需要特地啟用某個選項以捕捉這類錯誤。請一定要查閱過你型別檢查器的說明文件，了解有什麼選項可用。若有一個你絕對想抓住的錯誤，你應該測試你的型別檢查器有捕捉該錯誤。我高度推薦特地測試 Optional 行為。就我執行的 mypy 版本而言（0.800），我必須使用 --strict-optional 作為命令列的旗標以捕捉這種錯誤。

如果你有興趣讓型別檢查器沉默下來，你應該明確檢查 None，並處理 None 值，或斷言（assert）該值不能為 None。下列程式碼會成功通過型別檢查：

```
def create_hot_dog():
    bun = dispense_bun()
    if bun is None:
        print_error_code("Bun could not be dispensed")
        return

    frank = dispense_frank()
    hot_dog = bun.add_frank(frank)
    ketchup = dispense_ketchup()
    mustard = dispense_mustard()
    hot_dog.add_condiments(ketchup, mustard)
    dispense_hot_dog_to_customer(hot_dog)
```

None 值真的是一個十億美元的失誤。如果它們偷溜進去，程式就可能當掉、使用者感到挫折，而且會賠錢。使用 Optional 型別來告知其他開發人員要小心 None，並受益於你工具的自動化檢查。

討論主題

你多常在你的源碼庫裡處理 None 的相關問題？你有多確信每個可能的 None 值都有正確處理了？查看臭蟲與沒通過的測試，來看看有多少次你被沒有正確處理的 None 所害。討論 Optional 型別將如何幫助你的源碼庫。

Union 型別

Union（聯集）型別是表示多個不同型別可用於同一變數的一種型別。Union[int,str] 意味著一個變數既可以使用 int 也可以使用 str。例如，考慮下面程式碼：

```
def dispense_snack() -> HotDog:
    if not are_ingredients_available():
        raise RuntimeError("Not all ingredients available")
    if order_interrupted():
        raise RuntimeError("Order interrupted")
    return create_hot_dog()
```

現在我希望我的熱狗攤打入利潤豐厚的鹽味卷餅（pretzel）市場。我們不需要處理熱狗與鹽味卷餅之間不存在的怪異類別繼承關係（我們會在第二部涵蓋更多關於繼承的資訊），而只需要回傳兩者的一個 Union 即可。

```
from typing import Union
def dispense_snack(user_input: str) -> Union[HotDog, Pretzel]:
    if user_input == "Hot Dog":
        return dispense_hot_dog()
    elif user_input == "Pretzel":
        return dispense_pretzel()
    raise RuntimeError("Should never reach this code,"
                       "as an invalid input has been entered")
```

 Optional 只是特化版本的一種 Union。Optional[int] 跟 Union[int, None] 是完全一樣的東西。

使用 Union 提供了很多跟 Optional 一樣的好處。首先,你獲得相同的溝通優勢。遇到 Union 的開發人員知道,在他們的呼叫端程式碼中,他們必須能夠處理一個以上的型別。此外,型別檢查器察覺 Union 的能力就跟對於 Optional 的一樣好。

你會在各式各樣的應用中發現 Union 的實用之處:

- 處理根據使用者輸入所回傳的不同型別(如上)。

- 以 Optional 的風格處理錯誤的回傳型別,但帶有更多資訊,例如一個字串或錯誤程式碼

- 處理不同的使用者輸入(例如使用者能夠提供一個串列或一個字串的時候)。

- 回傳不同的型別,例如為了回溯相容性(backward compatibility,依據所請求的運算,回傳一個物件的舊版本或一個物件的新版本)。

- 以及你可能合法地表示一個以上的值的任何其他情況。

假設你有呼叫 dispense_snack 函式的程式碼,但只預期回傳一個 HotDog(或 None):

```
from typing import Union
def place_order() -> Optional[HotDog]:
    order = get_order()
    result = dispense_snack(order.name)
    if result is None:
        print_error_code("An error occurred" + result)
        return None
    # 回傳我們的 HotDog
    return result
```

只要 dispense_snack 開始回傳 Pretzels，這段程式碼就無法通過型別檢查。

```
code_examples/chapter4/invalid/union_hotdog.py:22:
    error: Incompatible return value type (got "Union[HotDog, Pretzel]",
                                           expected "Optional[HotDog]")
```

在這種情況下，型別檢查器指出錯誤是很棒的事情。如果你所依存的任何函式變更為回傳一個新的型別，它的回傳特徵式（return signature）也必須更新為 Union 一個新的型別，這迫使你更新你的程式碼以處理那個新的型別。這意味著，當你依存關係的變化與你的假設相矛盾時，你的程式碼會被標記出來。透過你今日做出的決定，你可以在未來抓住錯誤。這是強健程式碼的標誌，你讓開發人員越來越難犯錯，這減少了他們的錯誤率，進而減少了使用者將經歷的錯誤數量。

使用 Union 還有一個基本的好處，但為了解釋它，我需要教你一點型別理論（*type theory*），這是圍繞型別系統的一個數學分支。

乘積（Product）和總和（Sum）型別

Union 是有益的，因為它們有助於約束可表示的狀態之空間。可表示的狀態之空間（*representable state space*）是一個物件可以接受的所有可能組合之集合（set of all possible combinations）。

以這個 dataclass 為例：

```python
from dataclasses import dataclass
# 如果你不熟悉資料類別（data classes），你會在第 10 章學到更多
# 至於現在，把這視為歸在一組的四個欄位（fields）以及它們的型別
@dataclass
class Snack:
    name: str
    condiments: set[str]
    error_code: int
    disposed_of: bool


Snack("Hotdog", {"Mustard", "Ketchup"}, 5, False)
```

我有一個名稱（name）、可以放在上面的調味品（condiments），以及一個錯誤碼（error code）以防出錯，而如果真的有事情出錯，還有一個 boolean 值來追蹤我是否正確處理了（disposed of）該項目。

有多少種不同的值的組合（combinations of values）可以放入這個字典中？有可能是無限的，對嗎？光是 name 就可能是任何東西，從有效的值（「hotdog」或「pretzel」）到無效的值（「samosa」、「kimchi」或「poutine」），再到荒謬的值（「12345」、「""」或「(ノ °ロ°)ノ ︵ ┻━┻」）。condiments 也有類似的問題。就目前而言，並沒有辦法計算出那些可能的選項。

為了簡單起見，我將人為限制這種型別：

- 名稱可以是三個值中的一個：hotdog（熱狗）、pretzel（鹽味卷餅）或 veggie burger（素食漢堡）

- 調味品可以是空的（empty）、mustard（芥末）、ketchup（番茄醬）或兩種都加。

- 有六種錯誤碼（從 0 到 5，0 代表成功）。

- disposed_of 只有 True 或 False。

那現在這些欄位的組合可以表示多少個不同的值？答案是 144，這是個很大的數字。我是透過以下方式算出來的：。

> 名稱有 3 種可能的型別 × 調味品的 4 種可能型別 × 6 種錯誤碼 × 代表該條目是否已被處理掉的 2 個 *boolean* 值 = 3×4×6×2 = 144。

如果你接受這些值中的任何一個都可能是 None，那麼總數就會膨脹到 420。雖然你在寫程式時應該總是考慮到 None（參閱本章前面關於 Optional 的討論），但在這個思想練習中，我將忽略 None 值的問題。

這種運算被稱為乘積型別（*product type*），可表示的狀態（representable states）之數量是由可能的值之乘積決定的。問題是，並非所有的這些狀態都是有效的。只有當錯誤碼被設置為非零時，變數 disposed_of 才應該被設置為 True。開發人員會做這樣的假設，並相信非法狀態永遠不會出現。然而，一個看似無辜的錯誤可能會使你的整個系統崩潰，陷入停頓。考慮下列程式碼：

```
def serve(snack):
    # 若有事情出錯，提早回傳
    if snack.disposed_of:
        return
    # ...
```

在此例中，開發者正在檢查 disposed_of，但卻沒有先檢查非零的錯誤碼。這是一個等待引爆的邏輯炸彈。只要 disposed_of 為 True 而且錯誤碼為非零，這段程式碼就能完全正常工作。若一個有效的 snack（點心）錯誤地將 disposed_of 旗標設置為 True，這段程式碼就會開始產生無效的結果。這可能很難發現，因為建立 snack 的開發者沒理由去檢查這段程式碼。目前，除了手動檢查每個用例外，你沒辦法發現這種錯誤，但那對大型源碼庫來說是難以實行的。因為讓非法狀態可以被表示，你就為脆弱的程式碼敞開了大門。

為了糾正這種情況，我得讓這種非法狀態無法表示（unrepresentable）。要做到這點，我將改寫我的範例，並使用一個 Union：

```python
from dataclasses import dataclass
from typing import Union
@dataclass
class Error:
    error_code: int
    disposed_of: bool

@dataclass
class Snack:
    name: str
    condiments: set[str]

snack: Union[Snack, Error] = Snack("Hotdog", {"Mustard", "Ketchup"})

snack = Error(5, True)
```

在這種情況下，snack 可以是一個 Snack（只是一個 name 和 condiments），或是一個 Error（只是一個數字和一個 boolean）。透過 Union 的使用，現在有多少種可表示的狀態？

對於 Snack，有 3 個名稱和 4 個可能的串列值，所以總共有 12 個可表示的狀態。對於 ErrorCode，我可以去掉 0 錯誤碼（因為那只用於成功），這樣我就有 5 個錯誤碼的值和 2 個 boolean 值，也就是總共 10 個可表示的狀態。由於 Union 是一個非此即彼（either/or）的構造，我可以在一種情況下有 12 個可表示的狀態，或是另一種情況下的 10 個，總共 22 個。這是總和型別（*sum type*）的例子，因為我是把可表示的狀態數加在一起，而不是乘起來。

這就是總共 22 個可表示的狀態。相較於所有欄位都被歸入單一個實體時的 144 個狀態，我已經把可表示的狀態之空間縮減了將近 85%。我已經使那些互不相容的欄位無法混合和配對。這樣就更難犯錯了，而且要測試的組合也少得多。任何時候你用了一個總和型別，例如 Union，你就大幅減少了可能的可表示狀態之數量。

Literal 型別

上一節在計算可表示狀態的數量時，我做了一些假設。我限制了可能的值之數量，但那有點作弊的感覺，不是嗎？正如我之前所說，可能的值幾乎有無限多。幸運的是，有一種方法可以透過 Python 來限制這些值：Literal。Literal（字面值）型別允許你將變數限制在非常特定一組值中。

我會把先前的 Snack 類別改為採用 Literal 值：

```python
from typing import Literal
@dataclass
class Error:
    error_code: Literal[1,2,3,4,5]
    disposed_of: bool

@dataclass
class Snack:
    name: Literal["Pretzel", "Hot Dog", "Veggie Burger"]
    condiments: set[Literal["Mustard", "Ketchup"]]
```

現在，如果我試著以不對的值來實體化（instantiate）這些資料類別：

```python
Error(0, False)
Snack("Invalid", set())
Snack("Pretzel", {"Mustard", "Relish"})
```

我會接收到下列型別檢查器的錯誤：

```
code_examples/chapter4/invalid/literals.py:14: error: Argument 1 to "Error" has
    incompatible type "Literal[0]";
                    expected "Union[Literal[1], Literal[2], Literal[3],
                             Literal[4], Literal[5]]"

code_examples/chapter4/invalid/literals.py:15: error: Argument 1 to "Snack" has
    incompatible type "Literal['Invalid']";
                    expected "Union[Literal['Pretzel'], Literal['Hotdog'],
                             Literal['Veggie Burger']]"

code_examples/chapter4/invalid/literals.py:16: error: Argument 2 to <set> has
    incompatible type "Literal['Relish']";
                    expected "Union[Literal['Mustard'], Literal['Ketchup']]"
```

Literal 是在 Python 3.8 中引進的，它們是限制一個變數可能的值的一種寶貴方法。它們比 Python 的列舉（enumerations，我會在第 8 章涵蓋）更輕量化一點。

Annotated 型別

如果我想更深入地指定更複雜的約束呢？寫上幾百個字面值（literals）會很繁瑣乏味，而且有些約束不能用 Literal 型別來建模（modeled）。你沒辦法用 Literal 來約束一個字串要是特定大小，或者必須匹配某個特定的正規表達式（regular expression）。這就是 Annotated 派上用場之處。透過 Annotated，你就可以連同型別註釋（type annotation）一起指定任意的詮釋資料（metadata）。

```
x: Annotated[int, ValueRange(3,5)]
y: Annotated[str, MatchesRegex('[0-9]{4}')]
```

遺憾的是，上面的程式碼無法執行，因為 ValueRange 和 MatchesRegex 並非內建型別（built-in types），它們是任意的運算式。你將需要編寫你自己的詮釋資料作為 Annotated 變數的一部分。其次，沒有任何工具能為你進行這樣的型別檢查。在這樣的工具出現之前，你能做到最好的事情就是寫虛設的注釋（dummy annotations），或者用字串來描述你的約束。就目前而言，Annotated 最好是作為一種溝通方法。

NewType

在等待工具支援 Annotated 的同時，還有另一種方式能表示更複雜的約束：NewType。NewType 允許你，嗯，沒錯，就是建立一個新的型別（new type）。

假設我想把我的熱狗攤程式碼分開，以處理兩種不同的情況：一種是無法供應的熱狗（沒有盤子、沒有餐巾），另一種是準備好供應的熱狗（有盤子、有餐巾）。在我的程式碼中，有一些函式應該只在其中一種情況下對熱狗進行運算。舉例來說，一個無法供應的熱狗不應該被分送給顧客。

```
class HotDog:
    # ... 略過熱狗類別的實作 ...

def dispense_to_customer(hot_dog: HotDog):
    # 注意，這應該只接受準備好供應的熱狗。
    # ...
```

然而，沒有任何措施防止有人傳入一個無法供應的熱狗。若有開發者犯了一個錯誤，把一個無法供應的熱狗傳給了這個函式，顧客會很驚訝地看到他們點的餐，在沒有盤子或餐巾紙的狀態下，從機器裡跑出來。

與其仰賴開發人員隨時抓出這些錯誤，你需要一種方法讓你的型別檢查器能捕捉這種錯誤。要做到這一點，你可以使用 NewType：

```
from typing import NewType

class HotDog:
    ''' 用來表示無法供應的熱狗（unservable hot dog）'''
    # ... 略過熱狗類別的實作 ...

ReadyToServeHotDog = NewType("ReadyToServeHotDog", HotDog)

def dispense_to_customer(hot_dog: ReadyToServeHotDog):
    # ...
```

NewType 接受一個現有的型別並建立出一個全新的型別，它具有與該現有型別相同的所有欄位和方法。在此例中，我建立了一個與 HotDog 不同的 ReadyToServeHotDog 型別，它們不能互換。這裡的美妙之處在於，此型別限制了隱含的型別轉換（implicit type conversions）。你不能在預期 ReadyToServeHotDog 的地方使用 HotDog（不過你可以使用 ReadyToServeHotDog 來代替 HotDog）。在前面的例子中，我限制 dispense_to_customer 只接受 ReadyToServeHotDog 值作為一個引數。這可以防止開發者的假設無效化。如果開發者傳入一個 HotDog 給此方法，型別檢查器會大聲斥責他們：

```
code_examples/chapter4/invalid/newtype.py:10: error:
    Argument 1 to "dispense_to_customer"
    has incompatible type "HotDog";
    expected "ReadyToServeHotDog"
```

強調這種型別轉換的單向性是很重要的。身為一名開發者，你可以控制你的舊型別何時變為你的新型別。

例如，我將建立一個函式，接收一個無法供應的 HotDog 並使其準備好供應：

```
def prepare_for_serving(hot_dog: HotDog) -> ReadyToServeHotDog:
    assert not hot_dog.is_plated(), "Hot dog should not already be plated"
    hot_dog.put_on_plate()
    hot_dog.add_napkins()
    return ReadyToServeHotDog(hot_dog)
```

注意我是如何明確地回傳一個 ReadyToServeHotDog 而非普通的 HotDog。這充當一個「神聖（blessed）」函式，它是開發人員創建 ReadyToServeHotDog 唯一被批准的方式。若有任何使用者想要使用接收一個 ReadyToServeHotDog 的方法，都得先使用 prepare_for_serving 來創建它才行。

重要的是要告知使用者，創建你新型別的唯一方式是透過一組「神聖（blessed）」函式。你不會希望使用者在透過預定方法之外的任何情況下創建你的新型別，因為那違背了原本的目的。

```
def make_snack():
    serve_to_customer(ReadyToServeHotDog(HotDog()))
```

遺憾的是，Python 除了註解之外，沒有什麼好辦法可以告知用戶這一點。

```
from typing import NewType
# 注意：只能使用 prepare_for_serving 方法來創建 ReadyToServeHotDog
ReadyToServeHotDog = NewType("ReadyToServeHotDog", HotDog)
```

儘管如此，NewType 仍然適用於現實世界中的許多場景。舉例來說，這些都是我遇過的 NewType 可以解決的情況：

- 將 str 和 SanitizedString 分開，以捕捉像 SQL 注入（SQL injection）漏洞這樣的臭蟲。藉由讓 SanitizedString 成為 NewType，我可以確保只有經過適當「淨化（sanitized）」的字串才能進行運算，消除了 SQL 注入的機會。

- 分開追蹤 User 物件和 LoggedInUser。透過 NewType 限制 User 來與 LoggedInUser 做出區別，我寫的函式只會套用到已登入（logged in）的使用者。

- 追蹤應該代表一個有效 User ID 的一個整數。藉由將 User ID 限制為一個 NewType，我可以確保一些函式只會對有效的 ID 進行運算，而不需要檢查 if 述句。

在第 10 章中，你將看到如何使用類別和不變式（invariants）來做一些非常類似的事，並能更有力地保證避免非法狀態。然而，NewType 仍然是一個需要注意的有用模式，它比一個完整的類別要輕巧得多。

型別別名

NewType 與型別別名（type alias）不一樣。一個型別別名單純是為一個型別提供了另一個名稱，而且完全可以與舊的型別互換。

比如說：

```
IdOrName = Union[str, int]
```

如果一個函式預期 IdOrName，它 IdOrName 或者 Union[str,int] 都能接受，而且可以順利進行型別檢查，但 NewType 只有在傳入 IdOrName 的情況下才能運作。

當 我 開 始 內 嵌（nesting） 複 雜 的 型 別（ 例 如 `Union[dict[int, User]`,`list[dict[str, User]]]`）時，我發現型別別名非常有用。給它一個概念性的名稱，如 `IdOrNameLookup`，以簡化型別，會容易得多。

Final（最終）型別

最終（刻意雙關），你可能會想限制一個型別，讓它不能改變其值。這就是 Final 的用處。Final 是在 Python 3.8 中引入的，它向型別檢查器表示一個變數不能被繫結（bound）至另一個值。舉例來說，我想開放加盟我的熱狗攤生意，但我不希望名稱被意外地變更。

```
VENDOR_NAME: Final = "Viafore's Auto-Dog"
```

若有開發者後來不小心更動了這個名字，他們會看到一個錯誤。

```
def display_vendor_information():
    vendor_info = "Auto-Dog v1.0"
    # 糟糕，複製貼上的錯，這段程式碼應為 vendor_info += VENDOR_NAME
    VENDOR_NAME += VENDOR_NAME
    print(vendor_info)

code_examples/chapter4/invalid/final.py:3: error:
        Cannot assign to final name "VENDOR_NAME"
Found 1 error in 1 file (checked 1 source file)
```

一般來說，當變數的範疇（scope）跨越了大量的程式碼（例如一個模組）時，就是使用 Final 的最佳時機。對於開發者來說，在這樣大的範圍內追蹤一個變數的所有用途是很困難的。在這種情況下，讓型別檢查器負責確保不變性（immutability）是一大恩惠。

 透過一個函式變動一個物件時，Final 不會產生錯誤。它只是防止變數被重新繫結（設置為一個新值）而已。

結語

在本章中，你學到約束你型別的許多不同方式。不管是使用 Optional 來處理 None，到使用 Literal 限制特定的值，再到用 Final 防止變數重新繫結，它們全都有一個特定的用途。藉由使用這些技巧，你將能夠把假設和限制直接編碼到你的源碼庫中，讓未來的讀者不需要去猜測你的邏輯。型別檢查器將使用這些進階的型別注釋來為你的程式碼提供更嚴格的保證，這將使在你源碼庫中工作的維護者更有信心。有了這種信心，他們犯下的失誤會更少，而你的源碼庫也會因此而變得更加強健。

在下一章中，你將從注釋單個值的型別，前進到學習如何正確注釋群集型別（collection types）。群集型別充斥在 Python 中，你也必須注意如何藉由它們表達你的意圖。你需要精通可以表示群集的所有方式，包括你必須創建你自己的群集的情況。

## 第五章

群集型別

在 Python 中，如果沒遇到**群集型別**（*collection types*），你就無法走得太遠。群集型別儲存了成組的資料，例如使用者所成的一個串列，或餐廳與地址之間的查找關係。其他型別（例如，`int`、`float`、`bool` 等等）可能專注在單一的值上，但群集可以儲存任意數量的資料。在 Python 中，你會遇到常見的群集型別，如字典、串列和集合（天啊！）。甚至字串也是群集的一種，它包含由字元組成的一個序列（a sequence of characters）。然而，在閱讀新的程式碼時，群集可能是很難推理的。不同的群集型別有不同的行為。

早在第 1 章，我就介紹了群集之間的一些區別，在那裡我談到了可變性（mutability）、可迭代性（iterability）以及索引的需求（indexing requirements）。然而，挑選正確的群集只是第一步。你必須理解你群集的含義，並確保使用者能夠對它進行推理。你還需要認識到什麼時候標準的群集型別無法滿足要求，而你必須推出自己的群集。但首先是知道如何向未來傳達你對於群集的選擇。為此，我們將求助於一位老朋友：型別注釋（type annotations）。

注釋群集

我已經涵蓋過了非群集型別的型別注釋，現在你需要知道如何注釋群集型別。幸運的是，這些注釋與你已經學過的注釋沒有太大的差異。

為了說明這一點，假設我正在建置一個數位烹飪書的 app。我想以數位的方式組織我所有的烹飪書，這樣我就可以按菜餚、成分或作者來搜尋它們。關於烹飪書收藏，我可能會有的一個問題是，我有多少本來自每位作者的書：

```
def create_author_count_mapping(cookbooks: list) -> dict:
    counter = defaultdict(lambda: 0)
    for book in cookbooks:
        counter[book.author] += 1
    return counter
```

這個函式已經有注釋了：它接收烹飪書（cookbooks）組成的一個串列（list）並回傳一個字典（dictionary）。遺憾的是，雖然這告訴了我應該預期什麼樣的群集，但它根本就沒有告訴我該如何使用這些群集。沒有任何東西告訴我群集裡面的元素是什麼。例如，我要怎麼知道烹飪書是什麼型別呢？如果你在審查這段程式碼，你怎麼知道 book.author 的使用方式是合法的？即使你去研究了一番，以確保 book.author 是對的，這段程式碼依然沒有為未來做好準備。如果底層型別發生變化，例如移除了 author 欄位，這段程式碼就會壞掉。我需要一種方法，能用我的型別檢查器來捕捉這一點。

我將使用方括號語法（bracket syntax）來指出群集內部關於型別的資訊，從而以我的型別編碼更多的資訊：

```
AuthorToCountMapping = dict[str, int]
def create_author_count_mapping(
                            cookbooks: list[Cookbook]
                        ) -> AuthorToCountMapping:
    counter = defaultdict(lambda: 0)
    for book in cookbooks:
        counter[book.author] += 1
    return counter
```

 我使用了一個別名 AuthorToCountMapping 來表示一個 dict[str, int]。之所以這樣做，是因為我發現有時很難記住 str 和 int 是要代表什麼。然而，我承認這樣做喪失了一些資訊（程式碼的讀者將不得不去找出 AuthorToCountMapping 是什麼的別名）。理想情況下，你的程式碼編輯器會顯示底層型別是什麼，而不需要你去找出來。

我可以指出群集中預期的確切型別。那個烹飪書串列（cookbooks list）包含 Cookbook 物件，而函式的回傳值是將字串（鍵值）映射到整數（值）的一個字典。注意，我用了一個型別別名（type alias）來賦予我的回傳值更多意義。從一個 str 到一個 int 的映射（mapping）並沒有告訴使用者該型別的情境（context）。所以我建立了名為 AuthorToCountMapping 的一個型別別名，以明確表達這個字典與問題領域（problem domain）的關係。

你需要考慮清楚群集中包含哪些型別，以便有效地對其進行型別提示。為了做到這一點，你需要考量同質（homogeneous）和異質（heterogeneous）的群集。

同質群集 vs. 異質群集

同質群集（*homogeneous collections*）是指每個值都有相同型別的群集。對比之下，異質群集（*heterogeneous collections*）中的值可能有不同的型別。從可用性（usability）的角度來看，你的串列（lists）、集合（sets）和字典（dictionaries）幾乎都應該是同質的。使用者需要一種方法來推理你的群集，若他們不能保證每個值都是相同的型別，就無法進行推理。如果你讓串列、集合或字典成為異質群集，你就等於向使用者表明他們得小心處理特例。假設我想復興第 1 章中的一個範例，為我的烹飪書 app 調整食譜：

```
def adjust_recipe(recipe, servings):
    """
    接受一個膳食食譜並變更份數
    : 參數 recipe：一個串列，其中第一個元素是份數，
                    而後續剩餘的元素遵循 (name, amount, unit)
                    的格式，例如 ("flour", 1.5, "cup")
    : 參數 servings：份數（number of servings）
    : 回傳串列：一個新的成分串列，其中第一個元素是
                    份數
    """
    new_recipe = [servings]
    old_servings = recipe[0]
    factor = servings / old_servings
    recipe.pop(0)
    while recipe:
        ingredient, amount, unit = recipe.pop(0)
        # 請只使用可以輕易測量的數字
        new_recipe.append((ingredient, amount * factor, unit))
    return new_recipe
```

當時，我提到這段程式碼的某些部分很醜陋，其中一個令人困惑的因素是，食譜串列的第一個元素是一個特例：代表份數的一個整數。這與串列中的其他元素形成對比，後者是代表實際成分的元組（tuples），如 ("flour", 1.5, "cup")。這突顯了異質性群集的麻煩之處。對於你群集的每一次使用，使用者都需要記得處理特殊情況。這樣做的前提是，假設開發者一開始就知道這種特例存在。就目前的情況來看，我們沒辦法表示有一個特定的元素需要以不同方式處理。因此，若開發者忘記，型別檢查器也無法捕捉。這就導致了日後程式碼的脆弱化。

談到同質性（homogeneity）的時候，重要的是要討論單一型別（*single type*）代表什麼意義。當我提到單一型別時，我指的不一定是 Python 中的某個具體型別，而是指定義那個型別的一組行為。單一型別表示使用者必須以完全相同的方式對該型別的每個值進行運算。對於烹飪書串列，這個單一型別就是 Cookbook。對於字典的例子，鍵值（key）的單一型別是字串，而值（value）的單一型別是整數。對於異質群集，情況並不總是如此。如果你的群集中必定要有不同的型別，而且它們之間沒有關係，你該怎麼辦呢？

考慮我那來自第 1 章的醜陋程式碼傳達了什麼：

```python
def adjust_recipe(recipe, servings):
    """
    接受一個膳食食譜並變更份數
    :參數 recipe：一個串列，其中第一個元素是份數，
                而後續剩餘的元素遵循 (name, amount, unit)
                的格式，例如 ("flour", 1.5, "cup")
    :參數 servings：份數（number of servings）
    :回傳串列：一個新的成分串列，其中第一個元素是
                份數
    """
    # ...
```

其中的 docstring 裡有很多資訊，但 docstring 並不能保證其正確性。如果開發者不小心破壞了假設，docstring 也保護不了他們。這段程式碼並沒有將意圖充分地傳達給未來的協作者，未來的那些協作者將無法對你的程式碼進行推理。你最不希望給他們帶來的負擔是，必須翻閱源碼庫，尋找調用（invocations）和實作，以弄清如何使用你的群集。最終，你需要一種方法來協調第一個元素（一個整數）和串列中的其餘元素（它們是元組）。為了解決這個問題，我會使用一個 Union（以及一些型別別名，讓程式碼更易讀）：

```python
Ingredient = tuple[str, int, str] # (name, quantity, units)
Recipe = list[Union[int, Ingredient]] # 這個串列可以是份數或成分
def adjust_recipe(recipe: Recipe, servings):
    # ...
```

這接受一個異質的群集（其項目可以是一個整數或一個成分），並允許開發者對該群集進行推理，彷彿它是同質的一樣。開發者在對其進行運算之前，需要將每一個值都視為相同的，要麼是一個整數，要麼是一個 Ingredient。雖然需要更多的程式碼來處理型別檢查，但你可以放心，因為你的型別檢查器會抓出沒有檢查特例的使用者。請記住，這絕不是完美的，如果一開始就沒有特例，而且 servings 是以其他方式傳遞給函式的，那

就更好了。但是對於那些你絕對必須處理特例的情況，就把它們表示為一個型別，這樣型別檢查器就能為你帶來好處。

 當異質群集複雜到涉及散佈在你源碼庫中的大量驗證邏輯時，可以考慮把它們變成一個使用者定義的型別（user-defined type），例如一個資料類別或類別。關於使用者定義型別的創建，更多的資訊請參閱第二部。

不過，你可能會在一個 Union 中添加太多的型別。你處理的型別特例越多，開發者每次使用該型別時，就需要撰寫更多的程式碼，源碼庫就會變得更加笨重。

在頻譜的另一端是 Any 型別。Any 可以用來表示所有型別在這種情境之下都有效。可以繞過特殊情況，聽起來很吸引人，但這也意味著你群集的使用者沒辦法知道該如何處理群集中的值，這違背了型別注釋的初衷。

 在靜態定型語言（statically typed language）中，工作的開發者不需要投入那麼多精力來確保群集是同質的，那部分靜態型別系統已經為他們做好了。Python 中的挑戰源自於 Python 的動態定型（dynamically typed）本質。若語言本身不會發出任何相關警告，那開發者就更容易建立出異質群集。

異質群集型別仍然有很多用途，不要假設每種群集型別都應該使用同質性的，只因為那樣更容易推理。舉例來說，元組（tuples）經常就是異質的。

假設包含名稱（name）和頁數（page count）的一個元組代表一個 Cookbook：

```
Cookbook = tuple[str, int] # name, page count
```

我是在描述這個元組的具體欄位：名稱和頁數。這是異質群集的一個典型例子。

- 每個欄位（名稱和頁數）總是以相同的順序出現。

- 所有的名稱都是字串；所有的頁數都是整數。

- 對元組進行迭代是很罕見的，因為我不會把這兩種型別都當成一樣的。

- 名稱和頁數從根本上就是不同的型別，不應該被當作相等的東西。

存取一個元組時，你通常會索引你想要的特定欄位：

```
food_lab: Cookbook = ("The Food Lab", 958)
odd_bits: Cookbook = ("Odd Bits", 248)

print(food_lab[0])
>>> "The Food Lab"

print(odd_bits[1])
>>> 248
```

然而，在許多源碼庫中，像這樣的元組很快就會成為累贅。開發人員厭倦了每當他們想要一個名稱時就得寫 cookbook[0]。更好的做法是找到一些方式來命名這些欄位。第一種選擇可能是一個字典（dictionary）：

```
food_lab = {
    "name": "The Food Lab",
    "page_count": 958
}
```

現在，他們能以 food_lab['name'] 和 food_lab['page_count'] 的形式參考那些欄位。問題在於，字典通常會是從一個鍵值到一個值的同質性映射（homogeneous mapping）。然而，當字典被用來表示異質的資料時，你會遇到與上面編寫有效型別注釋時類似的問題。如果我想嘗試用一個型別系統來表示這個字典，我的結果會是這樣的：

```
def print_cookbook(cookbook: dict[str, Union[str,int]])
    # ...
```

這種做法有以下問題：

- 大型字典可能有許多不同型別的值，編寫一個 Union 是相當麻煩的事情。

- 對於使用者來說，為每次的字典存取處理每一種情況是很繁瑣乏味的（因為我指出字典是同質的，我向開發者傳達了他們得把每個值當作相同的型別看待，也就是說對每個值的存取進行型別檢查。我知道 name 總是一個 str，而 page_count 總是一個 int，但是這個型別的使用者不會知道這些）。

- 沒有任何跡象向開發者表明字典中有哪些鍵值可用。他們必須搜尋從字典創建時間點到當前存取動作的所有程式碼，看看有哪些欄位被添加進去。

- 隨著字典的增長，開發者會有一種傾向，就是使用 Any 作為值的型別。在這種情況下，使用 Any 違背了型別檢查器原本的目的。

Any 能用於有效的型別注釋，它單純表明你對型別是什麼不做任何假設。
舉例來說，如果你想拷貝一個串列，其型別特徵式將是 def copy(coll:
list[Any]) -> list[Any]。當然，你也可以用 copy(coll: list) -> list，
這代表同樣的事情。

這些問題都根植於同質資料群集中的異質資料。你要麼就把負擔轉嫁給呼叫者，要麼就
完全放棄型別注釋。在某些情況下，你想讓呼叫者在每次存取值的時候都明確地檢查每
個型別，但在其他情況下，這就過於複雜和繁瑣了。那麼，你如何解釋你對異質型別的
推理呢？特別是在將資料保存在字典中是很自然的情況下，例如 API 互動或使用者可配
置的資料（user-configurable data）。對於這些情況，你應該使用一個 TypedDict。

TypedDict

TypedDict 是在 Python 3.8 中引進的，它是為那些你絕對必須在字典中儲存異質資料的
情況而準備的。這些通常是你無法避免異質資料的情況。JSON API、YAML、TOML、
XML 和 CSV 都有易於使用的 Python 模組，可以將這些資料格式轉換成字典，而且自然
是異質的。這意味著被回傳的資料具有上一節列出的所有問題。你的型別檢查器沒辦法
提供什麼幫助，使用者也不知道有哪些鍵值和值可用。

 如果你能完全控制字典，也就是說，你用自己的程式碼創建它，並以自己
的程式碼處理它，你應該考慮使用一個 dataclass（參閱第 9 章）或一個
class（參閱第 10 章）來代替。

舉例來說，假設我想增強我的數位烹飪書 app，以提供所列食譜的營養資訊。我決定使
用 Spoonacular API（*https://oreil.ly/joTNh*）並編寫一些程式碼來取得營養資訊：

```
nutrition_information = get_nutrition_from_spoonacular(recipe_name)
# 印出食譜中脂肪的公克數
print(nutrition_information["fat"]["value"])
```

如果你在審查這段程式碼，你怎麼知道這段程式碼是正確的？如果你還想同時列印出卡
路里（calories），你如何存取這些資料？你對這個字典裡面的欄位有什麼保證？要回答
這些問題，你有兩個選擇：

- 查閱 API 的說明文件（如果有的話），確認使用的欄位是正確的。在這種情況下，你會希望說明文件實質上是完整且正確的。

- 執行程式碼並印出所回傳的字典。在這種情況下，你會希望測試的回應與生產的回應相當一致。

問題在於，你要求每位讀者、審查員和維護者都要做這兩個步驟中的一步，才能理解程式碼。如果他們不這樣做，你就無法得到好的程式碼審查意見，而開發人員也會有誤用回應的風險。這將導致不正確的假設和脆弱的程式碼。TypedDict 能讓你將你所學到的關於該 API 的資訊直接編碼到你的型別系統中。

```python
from typing import TypedDict
class Range(TypedDict):
    min: float
    max: float

class NutritionInformation(TypedDict):
    value: int
    unit: str
    confidenceRange95Percent: Range
    standardDeviation: float

class RecipeNutritionInformation(TypedDict):
    recipes_used: int
    calories: NutritionInformation
    fat: NutritionInformation
    protein: NutritionInformation
    carbs: NutritionInformation

nutrition_information:RecipeNutritionInformation = \
    get_nutrition_from_spoonacular(recipe_name)
```

現在，你可以仰賴什麼資料型別是非常明顯的。如果 API 有所改變，開發者可以更新所有的 TypedDict 類別，讓型別檢查器抓出任何不協調的地方。你的型別檢查器現在完全理解你的字典，而你程式碼的讀者也可以對回應做出推理，而不需要進行任何外部搜索。

更好的是，這些 TypedDict 群集可以視你的需要任意地複雜。你會看到我為可重用的目的，內嵌了 TypedDict 實體，但你也可以嵌入你自己的自訂型別、Union 或 Optional，以反映 API 回傳的可能性。雖然我主要是在談論 API，但請記住，這些好處適用於任何異質性的字典，例如在讀取 JSON 或 YAML 時用到的那種。

TypedDict 只是為了型別檢查器而存在。完全不會有執行時期的驗證，執行時的型別只是一個字典。

到目前為止，我一直在教你如何處理內建的群集型別：用於同質群集的串列、集合與字典，以及用於異質群集的元組和 TypedDict。如果這些型別沒辦法滿足你的所有要求呢？如果你想創建易於使用的新群集呢？要做到這一點，你需要一套新的工具。

建立新群集

編寫一個新的群集時，你應該問自己：我是想編寫一個其他群集型別無法表示的新群集，還是想修改一個現有的群集以提供一些新的行為呢？取決於你的答案，你可能需要採用不同的技巧來達成你的目標。

如果你要編寫的群集型別是其他群集型別無法表示的，那麼你一定會在某個時候遇到泛型（*generics*）。

泛型

一個泛用型別（generic type）表明你並不在乎你在使用什麼型別。然而，它有助於限制用戶在不適當的地方混合型別。

考慮一下這個看似無害的反向串列函式：

```
def reverse(coll: list) -> list:
    return coll[::-1]
```

我如何表明回傳的串列應該包含與傳入串列相同的型別？為了達到此目的，我用了一個泛型，這在 Python 中是 TypeVar 來完成的：

```
from typing import TypeVar
T = TypeVar('T')
def reverse(coll: list[T]) -> list[T]:
    return coll[::-1]
```

這就是說，對於一個型別 T，reverse 接收元素型別為 T 的一個串列，並回傳元素型別為 T 的一個串列。我不能混合型別：如果沒有使用相同的 TypeVar，那麼一個整數串列將永遠無法變成一個字串串列。

我可以使用這種模式來定義整個類別。假設我想把一個烹飪書推薦服務整合到烹飪書收藏 app 中。我希望能夠根據客戶的評價來推薦烹飪書或食譜。為了做到這一點，我想把那些評分資訊都儲存在一個圖（*graph*）中。圖是一種資料結構，它包含一系列被稱為節點（*nodes*）的實體，以及連接節點的邊（*edges*，那些節點之間的關係）。然而，我不想為烹飪書的圖和食譜的圖分開撰寫程式碼。所以我定義了一個 **Graph** 類別，可以作為泛用型別：

```python
from collections import defaultdict
from typing import Generic, TypeVar

Node = TypeVar("Node")
Edge = TypeVar("Edge")

# 有向圖（directed graph）
class Graph(Generic[Node, Edge]):
    def __init__(self):
        self.edges: dict[Node, list[Edge]] = defaultdict(list)

    def add_relation(self, node: Node, to: Edge):
        self.edges[node].append(to)

    def get_relations(self, node: Node) -> list[Edge]:
        return self.edges[node]
```

有了這段程式碼，我就能定義各式各樣的圖，而且依然可以型別檢查成功：

```python
cookbooks: Graph[Cookbook, Cookbook] = Graph()
recipes: Graph[Recipe, Recipe] = Graph()

cookbook_recipes: Graph[Cookbook, Recipe] = Graph()

recipes.add_relation(Recipe('Pasta Bolognese'),
                     Recipe('Pasta with Sausage and Basil'))

cookbook_recipes.add_relation(Cookbook('The Food Lab'),
                              Recipe('Pasta Bolognese'))
```

然而這段程式碼無法通過型別檢查：

```python
cookbooks.add_relation(Recipe('Cheeseburger'), Recipe('Hamburger'))

code_examples/chapter5/invalid/graph.py:25:
    error: Argument 1 to "add_relation" of "Graph" has
           incompatible type "Recipe"; expected "Cookbook"
```

使用泛型可以幫助你寫出在其生命週期中會以一致的方式使用型別的群集。這減少了你源碼庫中重複程式碼的量，進而最小化了產生臭蟲的機會，並且降低了認知負擔。

泛型的其他用途

雖然泛型經常被用於群集，但嚴格來說，你可以將其用於任何型別。舉例來說，假設你想簡化你 API 的錯誤處理（error handling）。你已經強迫你的程式碼回傳回應型別（response type）和錯誤型別（error type）的一個 Union，就像這樣：

```
def get_nutrition_info(recipe: str) -> Union[NutritionInfo, APIError]:
    # ...

def get_ingredients(recipe: str) -> Union[list[Ingredient], APIError]:
    #...

def get_restaurants_serving(recipe: str) -> Union[list[Restaurant], APIError]:
    # ...
```

但這是不必要的重複程式碼。你每次都要指定一個 Union[X, APIError]，其中只有 X 會改變。如果你想變更錯誤回應類別，或者強迫使用者分別處理不同型別的錯誤，那該怎麼辦？泛型可以幫忙處理這些型別的重複：

```
T = TypeVar("T")
APIResponse = Union[T, APIError]

def get_nutrition_info(recipe: str) -> APIResponse[NutritionInfo]:
    # ...

def get_ingredients(recipe: str) -> APIResponse[list[Ingredient]]:
    #...

def get_restaurants_serving(recipe: str) -> APIResponse[list[Restaurant]]:
    # ...
```

現在，你有了單一的位置可以用來控制你 API 所有的錯誤處理。如果你要做變更，你可以仰賴你的型別檢查器抓出所有需要更改的地方。

修改既有型別

泛型對於創建你自己的群集型別來說是很好的，但是如果你只是想調整現有群集型別（例如串列或字典）的某些行為，該怎麼辦呢？要完全重寫一個群集的所有語意是非常繁瑣乏味和容易出錯的。值得慶幸的是，有一些方法可以讓這一切變得輕而易舉。讓我們回到我們的烹飪書 app。我之前寫了一些程式碼來抓取營養資訊，但現在我想把所有的營養資訊都儲存在一個字典裡。

然而，我碰到了一個問題：同樣的成分，取決於你的所在地，會有非常不同的名稱。以沙拉中常見的深色綠葉菜為例。美國廚師可能叫它「arugula（芝麻葉）」，而歐洲人可能叫它「rocket（火箭）」。這甚至不包括英語以外其他語言的名稱。為了解決這個問題，我想建立一個類似字典的物件，自動處理這些別名：

```
>>> nutrition = NutritionalInformation()
>>> nutrition["arugula"] = get_nutrition_information("arugula")
>>> print(nutrition["rocket"]) # arugula is the same as rocket
{
    "name": "arugula",
    "calories_per_serving": 5,
    # ... 略過 ...
}
```

那麼我怎樣才能把 NutritionalInformation 寫得像一個字典呢？

很多開發者的第一直覺是衍生字典的子類別（subclass）。如果你不擅長衍生子類別，不用擔心，我將在第 12 章中更深入介紹。至於現在，只要把衍生子類別當作「我希望我的子類別的行為與父類別（parent class）完全一樣」的一種說法。然而，你會了解到，衍生字典的子類別不一定是你想要的。考慮下列程式碼：

```
class NutritionalInformation(dict):  ❶
    def __getitem__(self, key):  ❷
        try:
            return super().__getitem__(key)  ❸
        except KeyError:
            pass
        for alias in get_aliases(key):
            try:  ❹
                return super().__getitem__(alias)
            except KeyError:
                pass
        raise KeyError(f"Could not find {key} or any of its aliases")  ❺
```

❶ (dict) 語法表明我們是從字典衍生子類別。

❷ 當你使用方括號來檢查字典中的一個鍵值時，被呼叫的就是 __getitem__：(nutrition["rocket"]) 呼叫 __getitem__(nutrition, "rocket")。

❸ 若有找到一個鍵值，就使用父字典的鍵值檢查。

❹ 對於每個別名，檢查它是否在字典中。

❺ 如果沒有找到鍵值，就擲出一個 KeyError，無論是以傳入的東西，還是它的任何別名。

我們正在覆寫 __getitem__ 函式，而且這行得通！

如果我試圖存取上面那個片段中的 nutrition["rocket"]，我得到的營養資訊會與 nutrition["arugula"] 相同。歡呼吧！所以你在生產環境中部署了它，就這樣搞定了。

但是（總是有「但是」），隨著時間的推移，有位開發人員來找你，抱怨說那個字典有時不工作了。你花了一些時間進行除錯，但對你而言，它總能運作。你尋找競態狀況（race conditions）、多執行緒處理、API 的愚蠢舉動或任何其他的不確定性，並發現肯定沒有潛在的臭蟲的存在。最後，你得到了一些機會，可以和其他開發者坐在一起，看看他們在做什麼。

而在他們終端機畫面中的，是以下幾行字：

```
# arugula 等同於 rocket
>>> nutrition = NutritionalInformation()
>>> nutrition["arugula"] = get_nutrition_information("arugula")
>>> print(nutrition.get("rocket", "No Ingredient Found"))
"No Ingredient Found"
```

字典上的 get 函式試圖獲取鍵值，而如果沒有找到，就會回傳第二個引數（在此例中為 "No Ingredient Found"）。問題就在這裡：從字典衍生子類別並覆寫方法時，你沒辦法保證那些方法會被字典中其他的每個方法呼叫。內建的群集型別在建置時考慮到了效能問題，有許多方法使用置於行內的程式碼（inlined code）來加快執行。這意味著覆寫一個方法，例如 __getitem__，不會在大多數字典方法中被使用。這當然違反了我們在第 1 章中談到的「最不意外法則（Law of Least Surprise）」。

如果你只是新增方法，那麼從內建群集衍生子類別是 OK 的，但是因為未來的修改可能會犯這同樣的錯誤，我還是傾向於使用其他方式來構建自訂群集。

所以覆寫 dict 就被淘汰了。取而代之，我將使用來自 collections 模組的型別。在這種情況下，有一個叫作 collections.UserDict 的方便型別可用。UserDict 正好符合我所需要的用例。我可以從 UserDict 衍生子類別、覆寫關鍵方法，然後獲得我期望的行為。

```python
from collections import UserDict
class NutritionalInformation(UserDict):
    def __getitem__(self, key):
        try:
            return self.data[key]
        except KeyError:
            pass
        for alias in get_aliases(key):
            try:
                return self.data[alias]
            except KeyError:
                pass
        raise KeyError(f"Could not find {key} or any of its aliases")
```

這正好符合你的用例。你從 UserDict 而非 dict 衍生子類別，然後用 self.data 來存取底層的字典。

你再次去執行你隊友的程式碼：

```python
# arugula 等同於 rocket
>>> print(nutrition.get("rocket", "No Ingredient Found"))
{
    "name": "arugula",
    "calories_per_serving": 5,
    # ... 略過 ...
}
```

然後你就會得到芝麻菜（arugula）的營養資訊。

在這種情況下，UserDict 並不是你唯一可以覆寫的群集型別。在群集模型中還有 UserString 和 UserList。任何時候你想調整一個字典、字串或串列，這些就會是你想使用的群集。

 繼承自這些類別確實會產生效能上的成本。為了效能，內建的群集做了一些假設。就 UserDict、UserString 和 UserList 而言，方法不能被置於行內（inlined），因為你可能會覆寫它們。如果你需要在對效能要求很高的程式碼中使用這些構造，請確保你有對程式碼進行基準化分析（benchmark）和測量，以發現潛在問題。

你會注意到，我在上面談到了字典、串列和字串，但遺漏了一大內建群集：集合（sets）。在 collections 模組中並不存在 UserSet。我不得不在 collections 模組中選擇一個不同的抽象層。更確切地說，我需要抽象基礎類別（abstract base classes），它們可以在 collections.abc 中找到。

就像 ABC 那樣簡單

collections.abc 模組中的抽象基礎類別（Abstract Base Classes，ABC）提供了另一組類別，你可以覆寫這些類來創建你自己的群集。ABC 主要就是衍生子類別用的，並要求子類別實作非常特定的函式。就 collections.abc 而言，這些 ABC 都是以自訂群集為中心。為了創建一個自訂群集，你必須覆寫特定函式，這取決於你想模擬的型別。一旦你實作了這些必要的函式，ABC 就會自動填入其他的函式。你可以在 collections.abc 的模組說明文件（*https://oreil.ly/kb8j3*）中找到必須實作的函式的完整清單。

 與 User* 類別相比，collections.abc 類別中沒有內建的儲存空間（例如 self.data）。你必須提供你自己的儲存空間。

因為 collections 的其他地方沒有 UserSet 可用，就讓我們看一下 collections.abc.Set。我想創建一個自訂集合，自動處理成分的別名（例如 rocket 和 arugula）。為了創建這種自訂集合，我需要實作三個方法，正如 collections.abc.Set 所要求的：

__contains__

　　這是為了進行成員資格檢查（membership checks）："arugula" in ingredients。

__iter__

　　這是用來迭代的：for ingredient in ingredients。

__len__

　　用於檢查長度：len(ingredients)。

定義好了這三個方法之後，像是關係運算、相等性運算和集合運算（聯集、交集、差集、互斥集合）之類的方法就可以運作了。這就是 collections.abc 的美好之處。只要你定義幾個選定的方法，其餘的就能免費獲得。這裡是實際操作的情況：

```
import collections
class AliasedIngredients(collections.abc.Set):
    def __init__(self, ingredients: set[str]):
        self.ingredients = ingredients

    def __contains__(self, value: str):
        return value in self.ingredients or any(alias in self.ingredients
                                    for alias in get_aliases(value))

    def __iter__(self):
        return iter(self.ingredients)

    def __len__(self):
        return len(self.ingredients)

>>> ingredients = AliasedIngredients({'arugula', 'eggplant', 'pepper'})
>>> for ingredient in ingredients:
>>>     print(ingredient)
'arugula'
'eggplant'
'pepper'

>>> print(len(ingredients))
3

>>> print('arugula' in ingredients)
True

>>> print('rocket' in ingredients)
True

>>> list(ingredients | AliasedIngredients({'garlic'}))
['pepper', 'arugula', 'eggplant', 'garlic']
```

不過這不是 collections.abc 唯一會讓人覺得很酷的地方。在型別注釋中使用它,可以幫助你寫出更泛用的程式碼。往回看到來自第 2 章的這段程式碼:

```
def print_items(items):
    for item in items:
        print(item)

print_items([1,2,3])
print_items({4, 5, 6})
print_items({"A": 1, "B": 2, "C": 3})
```

我談到了鴨子定型法（duck typing）對於強健程式碼而言，如何是既有利又有弊的。我能寫出一個可以接受這麼多不同型別的函式，那是很好的事，但要透過型別註釋來傳達意圖，就變得很有挑戰性。幸運的是，我可以使用 collections.abc 的類別來提供型別提示：

```python
def print_items(items: collections.abc.Iterable):
    for item in items:
        print(item)
```

在這種情況下，我指出那些項目（items）是可以透過 Iterable ABC 簡單迭代的。只要參數支援 __iter__ 方法（大多數群集都支援），這段程式碼就會通過型別檢查。

從 Python 3.9 開始，有 25 種不同的 ABC 供你使用。請在 Python 的說明文件中查閱它們（*https://oreil.ly/lDeak*）。

結語

在 Python 中，你不可能不接觸到群集（collections）。串列、字典和集合都是很常見的，而當務之急是向未來提供提示，說明你正在處理什麼群集型別。思考你的群集是同質還是異質的，以及那向未來的讀者傳達了什麼。對於使用異質群集的情況，提供足夠的資訊讓其他開發者能對其進行推理，例如 TypedDict。只要你學會了讓其他開發者能對你的群集進行推理的技巧，你的源碼庫就會變得更容易理解。

創建新的群集時，一定要考慮清楚你的選擇：

- 如果你只是擴充一個型別，比如添加新的方法，你可以直接從群集（例如串列或字典）衍生子類別。然而，要小心鋒利的邊緣，因為如果使用者有覆寫內建的方法，就可能會有一些令人驚訝的 Python 行為。

- 如果你想改變一個串列、字典或字串的一小部分，可以分別使用 collections. UserList、collections.UserDict 或 collections.UserString。記住要參考 self.data 來存取相應型別的儲存區。

- 如果你需要撰寫帶有另一個群集型別之介面的更為複雜的類別，就使用 collections. abc。你需要為類別中的資料提供自己的儲存空間，並實作所有必要的方法，只要這樣做了，你就能隨心所欲地自訂該群集。

討論主題

看看你的源碼庫中群集和泛型的使用情況，並評估有多少資訊被傳達給了
未來的開發者。你的源碼庫中，有多少自訂的群集型別呢？一名新的開發
人員可以透過查看型別特徵式和名稱來了解這些群集型別嗎？是否有你可
以更泛用地定義的群集？其他使用泛型的型別呢？

現在，如果沒有型別檢查器的幫助，型別注釋就不能發揮其全部潛力。在下一章中，我
會把重點放在型別檢查器本身。你將學習如何有效地配置一個型別檢查器、產生報告，
並評估不同的檢查器。你對一個工具了解得越多，你就越能有效地使用它。這對你的型
別檢查器來說尤其如此。

## 第六章

自訂你的型別檢查器

型別檢查器（typecheckers）是你建構強健源碼庫的最佳資源之一。mypy 的主要開發者 Jukka Lehtosalo，為型別檢查器提供了一個漂亮又簡潔的定義：「本質上，[型別檢查器] 提供了經過驗證的說明文件[1]」。型別注釋（type annotations）提供了關於你源碼庫的說明文件，使其他開發者能夠推理你的意圖。型別檢查器使用這些注釋來驗證說明文件是否與行為相符。

因此，型別檢查器是非常寶貴的。孔子曾說過：「工欲善其事，必先利其器[2]」。本章就是關於如何磨利你的型別檢查器。偉大的編程技術可以讓你走得更遠，但你身邊的工具才能讓你更上一層樓。不要僅僅停留在學習你的編輯器、編譯器或作業系統上，也要學習你的型別檢查器。我將向你展示一些更有用的選項，以使你的工具發揮最大作用。

配置你的型別檢查器

我將重點介紹目前最流行的型別檢查器之一：mypy。當你在 IDE（比如 PyCharm）中執行一個型別檢查器，它通常就是在幕後執行 mypy（儘管有許多 IDE 會允許你變更預設的型別檢查器）。任何時候只要你配置（configure）了 mypy（或你任何的預設型別檢查器），你的 IDE 也會使用該組態（configuration）。

1　Jukka Lehtosalo. "Our Journey to Type Checking 4 Million Lines of Python." *Dropbox.Tech* (blog). Dropbox, September 5, 2019. *https://oreil.ly/4BK3k*.

2　Confucius and Arthur Waley. *The Analects of Confucius*. New York, NY: Random House, 1938.

mypy 提供了相當多的組態選項來控制型別檢查器的**嚴格程度**（*strictness*）或回報的錯誤數量。你把型別檢查器設定得越嚴格，你需要寫的型別註釋就越多，這就提供了更好的文件，並產生更少的錯誤。然而，把型別檢查器設得太嚴格，你會發現開發程式碼的最低標準變得太高，導致高昂的修改成本。mypy 的組態選項可以控制這些嚴格等級。我將向你介紹不同的選項，你可以決定你和你源碼庫的標準是什麼。

首先，你得安裝 mypy（如果你還沒有）。最簡單的方法是透過命令列上的 pip：

    pip install mypy

一旦你安裝了 mypy，你就可以透過三種方式之一來控制組態：

命令列（*Command line*）

從終端機實體化 mypy 時，你可以傳入各種選項來配置行為。這對於在你的源碼庫中探索新的檢查是非常好用的。

行內組態（*Inline configuration*）

你可以在檔案的頂端指定組態值，以表明你想要設置的任何選項。比如說：

        # mypy: disallow-any-generics

把這一行放在檔案的開頭，將告訴 mypy 如果發現任何以 Any 註釋的泛型，則明確地顯示失敗。

組態檔（*Configuration file*）

你可以設置一個組態檔，在每次執行 mypy 時使用相同的選項。若需要在一個團隊中共用相同的選項時，這非常有用。這個檔案通常與程式碼一起儲存在版本控制系統中。

配置 mypy

執行 mypy 時，它會在你當前目錄中尋找一個名為 *mypy.ini* 的設定檔。這個檔案將定義你為該專案設置的選項。有些選項是全域（global）的，會套用到每個檔案，而其他選項則套用到各個模組。一個範例 *mypy.ini* 檔可能看起來如下：

    # 全域選項：

    [mypy]
    python_version = 3.9
    warn_return_any = True

```
# 各模組選項：

[mypy-mycode.foo.*]
disallow_untyped_defs = True

[mypy-mycode.bar]
warn_return_any = False

[mypy-somelibrary]
ignore_missing_imports = True
```

 你可以使用 --config-file 命令列選項指定不同地方的組態檔。另外，如果找不到本地的組態檔，mypy 會在特定的家目錄中尋找，以便你想在多個專案中使用相同的設定。想了解更多資訊，請查看 mypy 說明文件（*https://oreil.ly/U1JO9*）。

說明在先，我不會再介紹太多關於組態檔的內容。我將談到的大多數選項在組態檔和命令列中都能工作，而為了簡單起見，我將向你展示如何在調用 mypy 時執行命令。

在下面幾頁中，我將介紹大量的型別檢查器組態，你不需要去套用其中的每一個，就能看到型別檢查器的價值所在。大多數的型別檢查器一開箱就提供了巨大的價值。然而，請自由考慮以下選項，以提高型別檢查器發現錯誤的可能性。

捕捉動態行為

如前所述，Python 的動態定型本質將使存在時間較長的源碼庫之維護變得困難。變數在任何時候都可能隨意被重新繫結到不同型別的值上。當這種情況發生，該變數基本上就是一個 Any 型別。Any 型別表明你不應該對該變數是什麼型別做出假設。這使得推理變得很困難：你的型別檢查器在防止錯誤方面不會有太大用處，而且你也沒有向未來的開發者傳達任何特殊的資訊。

mypy 自帶了一組旗標（flag），你可以開啟這些旗標來標記 Any 型別的實體。

例如，你可以開啟 --disallow-any-expr 選項來標示任何具有 Any 型別的運算式。如果打開這個選項，下面的程式碼將會失敗：

```
from typing import Any
x: Any = 1
y = x + 1
```

```
test.py:4: error: Expression has type "Any"
Found 1 error in 1 file (checked 1 source file)
```

我喜歡的另一個禁止在型別宣告中（例如在群集中）使用 Any 的選項是 --disallow-any-generics。這可以捕捉到任何用到泛型（例如群集型別）的東西對 Any 的使用。下面的程式碼在開啟這個選項後無法通過型別檢查：

```
x: list = [1,2,3,4]
```

你需要明確地使用 list[int] 來使這段程式碼得以運作。

你可以在 mypy 動態定型說明文件（*https://oreil.ly/Fmspo*）中查看禁用 Any 的所有方法。

不過要注意不要太廣泛地禁用 Any。Any 有一個有效的用例，你不希望它被錯誤地標示。Any 應該被保留在你完全不關心某個東西是什麼型別，而且應該由呼叫者來驗證這個型別的時候。一個典型的例子是異質的鍵值與值儲存庫（key-value store，或許是一個通用的快取）。

要求型別

如果沒有型別注釋，一個運算式（expression）就是*未具型*（*untyped*）的。在這些情況下，如果 mypy 不能以其他方式推斷出型別，它就會將該運算式的結果視為 Any 型別。然而，之前對禁用 Any 的檢查將不會捕捉到函式未具型的情況。有一組分別的旗標用於檢查未具型的函式。

除非設置了 --disallow-untyped-defs 選項，否則這段程式碼在型別檢查器中不會出錯：

```
def plus_four(x):
    return x + 4
```

設置了該選項後，你會收到以下錯誤：

```
test.py:4: error: Function is missing a type annotation
```

如果這對你來說太嚴格了，你可能會想看看 --disallow-incomplete-defs，它只在函式只有一些變數或回傳值被注釋（但不是全部）時才標示它們，或是 --disallow-untyped-calls，它只會標示從被注釋的函式到未注釋的函式之呼叫。你可以在 mypy 說明文件（*https://oreil.ly/pOvWs*）中找到關於未具型函式的所有不同選項。

處理 None/Optional

在第 4 章中，你了解到在使用 None 值時，很容易會犯下「十億美元的失誤」。如果你沒有打開其他選項，請確保你型別檢查器中開啟了 --strict-optional，以捕捉這些代價高昂的錯誤。你絕對希望檢查你對 None 的使用是否隱藏了任何潛在的臭蟲。

使用 --strict-optional 時，你必須明確地執行 None 檢查，否則，你的程式碼將無法通過型別檢查。

若有設置 --strict-optional（預設值取決於 mypy 的版本，所以請再次檢查），這段程式碼應該會失敗：

```
from typing import Optional
x: Optional[int] = None
print(x + 5)

test.py:3: error: Unsupported operand types for + ("None" and "int")
test.py:3: note: Left operand is of type "Optional[int]"
```

值得注意的是，mypy 也隱含地把 None 值視為 Optional。我建議把這關掉，如此你在程式碼中會更明確一點。舉例來說：

```
def foo(x: int = None) -> None:
    print(x)
```

參數 x 被隱含地轉換為 Optional[int]，因為 None 是它的一個有效值。如果你對 x 進行任何整數運算，型別檢查器就會標示它。然而，比較好的做法是更明確地表達一個值可以是 None（為未來的讀者消除歧義）。

你可以設置 --no-implicit-optional 以得到一個錯誤，迫使你指定 Optional。如果你在設置了這個選項的情況下，對上面的程式碼進行型別檢查，你會看到：

```
test.py:2: error: Incompatible default for argument "x"
        (default has type "None", argument has type "int")
```

mypy 報告

如果一個型別檢查器在深山密林裡失敗了，而周圍沒有人看到，它是否會列印出錯誤訊息呢？你怎麼知道 mypy 實際上有在檢查你的檔案，而且它真的會捕捉到錯誤？使用 mypy 內建的報告技術，可以更好地視覺化結果。

首先，你可以藉由向 mypy 傳遞 `--html-report` 來獲得一份關於 mypy 能夠檢查多少行程式碼的 HTML 報告。這將產生一個 HTML 檔，提供類似於圖 6-1 中那樣的表格。

mypy.sharedparse	0.00% imprecise	114 LOC
mypy.sitepkgs	3.13% imprecise	32 LOC
mypy.solve	3.90% imprecise	77 LOC
mypy.split_namespace	38.24% imprecise	34 LOC
mypy.state	0.00% imprecise	18 LOC

圖 6-1　在 mypy 的原始碼上執行 mypy 的 HTML 報告

 如果你想要一個純文字檔，你可以使用 `--linecount-report` 代替。

mypy 還允許你追蹤明確的 Any 運算式，了解你以逐行為基礎的表現。使用 `--any-exprs-report` 命令列選項時，mypy 將建立一個文字檔，列舉每個模組使用 Any 的次數之統計資料。這對於了解你的型別注釋在整個源碼庫中的明確程度非常有用。這裡是在 mypy 源碼庫本身之上執行 `--any-exprs-report` 選項的結果前幾行：

```
                Name    Anys    Exprs   Coverage
-----------------------------------------------------
        mypy.__main__      0       29    100.00%
            mypy.api      0       57    100.00%
      mypy.applytype      0      169    100.00%
        mypy.argmap      0      394    100.00%
        mypy.binder      0      817    100.00%
    mypy.bogus_type      0       10    100.00%
        mypy.build     97     6257     98.45%
      mypy.checker     10    12914     99.92%
      mypy.checkexpr     18    10646     99.83%
    mypy.checkmember      6     2274     99.74%
  mypy.checkstrformat     53     2271     97.67%
    mypy.config_parser    16      737     97.83%
```

如果你想要更機器可讀的格式（machine-readable formats），你可以使用 --junit-xml 選項來創建 JUnit 格式的 XML 檔。大多數的持續整合系統（continuous integration systems）能夠剖析這種格式，使其成為自動報告生成功能的理想選擇，以作為建置系統（build system）的一部分。要了解所有不同的報告選項，請查看 mypy 的報告生成說明文件（*https://oreil.ly/vVRsm*）。

加速 mypy

對 mypy 的常見抱怨之一是，對大型源碼庫進行型別檢查所需的時間。預設情況下，mypy 採增量式（*incrementally*）的檔案檢查。也就是說，它使用一個快取（通常是一個 *.mypy_cache* 資料夾，但位置也是可配置的），只檢查自上次型別檢查以來的變化。這確實加快了型別檢查的速度，但無論如何，隨著你的源碼庫越來越大，你的型別檢查器將需要更長的時間來執行。這對開發週期中的快速回饋（fast feedback）是不利的。一個工具為開發者提供有用的回饋所需的時間越長，開發者執行該工具的頻率就越低，從而違背了其目的。盡可能快地執行型別檢查器符合每個人的利益，這樣開發者就能近乎即時地捕捉型別錯誤。

為了進一步提高 mypy 的速度，你可能會考慮**遠端快取**（*remote cache*）。遠端快取提供了一種方法，讓你可以把 mypy 的型別檢查快取在整個團隊都能取用的地方。這樣，你就可以依據你版本控制系統中特定的提交 ID（commit ID）來快取結果，並分享型別檢查器的資訊。構建這種系統超出了本書的範圍，不過 mypy 的遠端快取說明文件（*https://oreil.ly/5gO9N*）將提供一個堅實的起點。

你還應該考慮處於精靈模式（daemon mode）的 mypy。精靈模式是指 mypy 作為單獨的行程執行，並將之前的 mypy 狀態保存在記憶體中，而非在檔案系統中（或透過網路連線）。你可以執行 `dmypy run -- mypy-flags <mypy-files>` 來啟動一個 mypy 精靈。一旦精靈開始執行，你就能執行完全相同的命令再次檢查檔案。

舉例來說，我在 mypy 原始碼本身之上執行了 mypy。我的初次執行花了 23 秒。在我的系統上，隨後的型別檢查需要 16 到 18 秒。這**嚴格來說**是比較快沒錯，但我不認為它可以算是快。不過，當我使用 mypy 精靈，我後續的執行最終都落在半秒以下。就這種時間而言，我就能更頻繁地執行我的型別檢查器，以便更快獲得回饋。在 mypy 精靈模式的說明文件（*https://oreil.ly/6Coxe*）中查看更多關於 dmypy 的資訊。

替代的型別檢查器

mypy 是高度可配置的，其豐富的選項能幫你選定你正在尋找的確切行為，但它不一定
每一次都能滿足你所有需求。它不是外面唯一可用的型別檢查器。我想介紹另外兩個型
別檢查器：Pyre（由 Facebook 所撰寫）和 Pyright（由 Microsoft 所撰寫）。

Pyre

你可以用 pip 安裝 Pyre：

```
pip install pyre-check
```

Pyre（*https://pyre-check.org*）的執行方式與 mypy 的精靈模式非常相似。一個單獨的行
程會執行，你可以向它詢問型別檢查的結果。為了對你的程式碼進行型別檢查，你需要
在你的專案目錄中設置 Pyre（藉由執行 pyre init），然後執行 pyre 來啟動精靈行程。
從這裡開始，你收到的資訊會與 mypy 相當類似。然而，有兩個功能使 Pyre 有別於其
他型別檢查器：源碼庫查詢（codebase querying）和 Python Static Analyzer（Pysa）
框架。

源碼庫查詢

一旦 pyre 精靈開始執行，你就能發出許多很酷的查詢來檢視你的源碼庫。對於接下來的
所有查詢，我會使用 mypy 的源碼庫作為範例源碼庫。

舉例來說，我可以藉此了解我源碼庫中任何類別的屬性：

```
pyre query "attributes(mypy.errors.CompileError)" ❶

{
  "response": {
    "attributes": [
      {
        "name": "__init__", ❷
        "annotation": "BoundMethod[
                        typing.Callable(
                          mypy.errors.CompileError.__init__)
                      [[Named(self, mypy.errors.CompileError),
                        Named(messages, typing.list[str]),
                        Named(use_stdout, bool, default),
                        Named(module_with_blocker,
                        typing.Optional[str], default)], None],
                        mypy.errors.CompileError]",
```

```
                    "kind": "regular",
                    "final": false
                },
                {
                    "name": "messages", ❸
                    "annotation": "typing.list[str]",
                    "kind": "regular",
                    "final": false
                },
                {
                    "name": "module_with_blocker", ❹
                    "annotation": "typing.Optional[str]",
                    "kind": "regular",
                    "final": false
                },
                {
                    "name": "use_stdout", ❺
                    "annotation": "bool",
                    "kind": "regular",
                    "final": false
                }
            ]
        }
    }
```

❶ 用於屬性（attributes）的 Pyre 查詢

❷ 建構器（constructor）的一個描述

❸ 用於訊息的字串串列

❹ 一個 Optional 字串描述帶有阻斷器（blocker）的一個模組

❺ 一個旗標（flag）表明印出到螢幕

查看所有的這些資訊，我就能知道一個類別中的屬性！我可以看到它們的型別注釋，以了解工具如何看待這些屬性。這在探索類別的過程中也是非常便利的。

另一個很酷的查詢是任何函式的 callees（被呼叫者）：

```
pyre query "callees(mypy.errors.remove_path_prefix)"

{
    "response": {
        "callees": [
            {
```

```
                    "kind": "function", ❶
                    "target": "len"
                },
                {
                    "kind": "method", ❷
                    "is_optional_class_attribute": false,
                    "direct_target": "str.__getitem__",
                    "class_name": "str",
                    "dispatch": "dynamic"
                },
                {
                    "kind": "method", ❸
                    "is_optional_class_attribute": false,
                    "direct_target": "str.startswith",
                    "class_name": "str",
                    "dispatch": "dynamic"
                },
                {
                    "kind": "method", ❹
                    "is_optional_class_attribute": false,
                    "direct_target": "slice.__init__",
                    "class_name": "slice",
                    "dispatch": "static"
                }
            ]
        }
    }
}
```

❶ 呼叫長度（length）函式

❷ 呼叫 string.*getitem* 函式（例如 str[0]）

❸ 在一個字串上呼叫 startswith 函式

❹ 起始化一個串列切片（list slice，例如 str[3:8]）

型別檢查器需要儲存所有的這些資訊以完成其工作。你也能查詢這些資訊，會是一大利
多。我可以寫一整本書來討論你能用這些資訊做什麼，至於現在，請查閱 Pyre 的查詢說
明文件（*https://oreil.ly/X4h0h*）。你將學到你可以執行的不同查詢，例如觀察類別的階層
架構（class hierarchies）、呼叫圖（call graphs），以及更多。這些查詢能讓你更加了解
你的源碼庫，或打造新的工具來進一步了解你的源碼庫（並捕捉型別檢查器無法捕捉的
其他型別錯誤，例如時間依存關係，這我將會在第三部中介紹）。

Python Static Analyzer（Pysa）

Pysa（發音像是比薩斜塔的「比薩（Pisa）」）是一個內建於 Pyre 的靜態程式碼分析器（static code analyzer）。Pysa 專精於一種被稱為汙點分析（*taint analysis*）的安全性靜態分析。汙點分析會追蹤潛在的汙點資料，如使用者提供的輸入。汙點資料在資料的整個生命週期中都會被追蹤；Pyre 確保任何汙點資料都不會以不安全的方式傳播到系統中。

讓我示範如何抓住一個簡單的安全性漏洞（根據 Pyre 說明文件（*https://oreil.ly/l8gK8*）修改而來）。考慮使用者在檔案系統中創建一個新食譜的情況：

```python
import os

def create_recipe():
    recipe = input("Enter in recipe")
    create_recipe_on_disk(recipe)

def create_recipe_on_disk(recipe):
    command = "touch ~/food_data/{}.json".format(recipe)
    return os.system(command)
```

這看起來很無害。用戶可以輸入 carrots 來建立 *~/food_data/carrots.json* 檔案。但若有位用戶輸入了 carrots; ls ~; 呢？若是這樣輸入，整個家目錄就會被印出來（該命令變成 touch ~/food_data/carrots; ls ~;.json）。藉由所輸入的東西，惡意使用者可以在你的伺服器上執行任意命令（這被稱為遠端程式碼執行 [RCE]），這是巨大的安全風險。

Pysa 提供了一些工具來檢查這一點。我可以指定來自 input() 的任何東西都是潛在的汙點資料（這被稱為汙點源，*taint source*），而傳遞給 os.system 的任何東西都不應該有汙點（這被稱為汙點槽，*taint sink*）。有了這些資訊，我需要建立一個汙點模型（*taint model*），它是檢測潛在安全性漏洞的一套規則。首先，我必須指定一個 *taint.config* 檔案：

```
{
  sources: [
    {
      name: "UserControlled", ❶
      comment: "use to annotate user input"
    }
  ],

  sinks: [
    {
```

```
      name: "RemoteCodeExecution", ❷
      comment: "use to annotate execution of code"
    }
  ],

  features: [],

  rules: [
    {
      name: "Possible shell injection", ❸
      code: 5001,
      sources: [ "UserControlled" ],
      sinks: [ "RemoteCodeExecution" ],
      message_format: "Data from [{$sources}] source(s) may reach " +
                      "[{$sinks}] sink(s)"
    }
  ]
}
```

❶ 指定一個注釋用於使用者控制的輸入（user-controlled input）。

❷ 為 RCE 漏洞指定一個注釋。

❸ 指定一個規則表明，如果最終會落在一個 RemoteCodeExecution 槽（sink）中，那麼來自 UserControlled 來源（sources）的任何汙點資料都會被視為錯誤。

從這裡開始，我必須指定一個汙點模型來注釋這些來源是有汙點的：

```
# stubs/taint/general.pysa

 # raw_input 的模型
def input(__prompt = ...) -> TaintSource[UserControlled]: ...

# os.system 的模型
def os.system(command: TaintSink[RemoteCodeExecution]): ...
```

這些程式碼片段透過型別注釋告訴 Pysa 你系統中的汙點源和汙點槽在哪裡。

最後，你得告知 Pyre 要偵測汙點資訊，方法是修改 .pyre_configuration，加入你的目錄：

```
"source_directories": ["."],
"taint_models_path": ["stubs/taint"]
```

現在，當我在那段程式碼上執行 pyre analyze，Pysa 就會標示錯誤。

```
[
    {
        "line": 9,
        "column": 26,
        "stop_line": 9,
        "stop_column": 32,
        "path": "insecure.py",
        "code": 5001,
        "name": "Possible shell injection",
        "description":
            "Possible shell injection [5001]: " +
            "Data from [UserControlled] source(s) may reach " +
            "[RemoteCodeExecution] sink(s)",
        "long_description":
            "Possible shell injection [5001]: " +
            "Data from [UserControlled] source(s) may reach " +
            "[RemoteCodeExecution] sink(s)",
        "concise_description":
            "Possible shell injection [5001]: " +
            "Data from [UserControlled] source(s) may reach " + "
            "[RemoteCodeExecution] sink(s)",
        "inference": null,
        "define": "insecure.create_recipe"
    }
]
```

為了修正這點，我需要讓這種資料流變得不可能，或者讓被污染的資料通過一個淨化器（*sanitizer*）函式。淨化器函式接受不受信任的資料，並檢視或修改它，使其可以被信任。Pysa 允許你用 @sanitize 裝飾（decorate）函式，以指定你的淨化器[3]。

我承認這是一個很簡單的例子，但 Pysa 也允許你注釋你的源碼庫，以捕捉更複雜的問題（如 SQL 注入和 cookie 的管理不當）。要了解 Pysa 能做的一切（包括內建的常見安全缺陷檢查），請查看完整的說明文件（*https://oreil.ly/lw7BP*）。

3　關於淨化器的更多資訊，可以在 *https://oreil.ly/AghGg* 找到。

Pyright

Pyright（*https://oreil.ly/VhZBj*）是 Microsoft 設計的一個型別檢查器。我發現它是我所遇過的型別檢查器中最可配置的。如果你對型別檢查器想要有比現在更多的控制權，請探索一下 Pyright 的組態說明文件（*https://oreil.ly/nwkne*），以了解你能做到的一切。然而，Pyright 還有一個更棒的功能：VS Code 的整合。

VS Code（也是由 Microsoft 建立的）是一個非常受開發人員歡迎的程式碼編輯器（code editor）。微軟善用了這兩個工具的所有權，創建了一個名為 Pylance（*https://oreil.ly/Y6WAC*）的 VS Code 擴充功能。你可以從你的 VS Code 擴充功能瀏覽器（extensions browser）中安裝 Pylance。Pylance 建立在 Pyright 的基礎上，使用型別注釋來提供更好的程式碼編輯體驗。之前，我提到自動完成（autocomplete）是 IDE 中型別注釋的好處之一，但 Pylance 將其提升到了一個新的水平。Pylance 提供了以下功能：

- 根據你的型別自動插入匯入（imports）
- 基於特徵式（signatures），具有完整型別注釋的工具提示
- 源碼庫瀏覽，如查找參考或瀏覽呼叫圖
- 即時診斷檢查

對我來說，Pylance/Pyright 的賣點就是那最後一項功能。Pylance 有一個設定，允許你在整個工作空間（workspace）中持續執行診斷。這意味著，每次你編輯一個檔案，pyright 就會在整個工作空間執行（而且執行速度很快），尋找你弄壞的其他地方。你不需要手動執行任何命令，這會自動發生。身為一名喜歡經常重構（refactor）的人，我發現這個工具對於及早發現破綻是非常有價值的。記住，你要盡可能即時地發現你的錯誤。

我再次調出 mypy 源碼庫，啟用了 Pylance，並處於工作場所的診斷模式。我想把第 19 行的一個型別從 sequence 改為 tuple，看看 Pylance 如何處理這個變化。我所更改的程式碼片段如圖 6-2 所示。

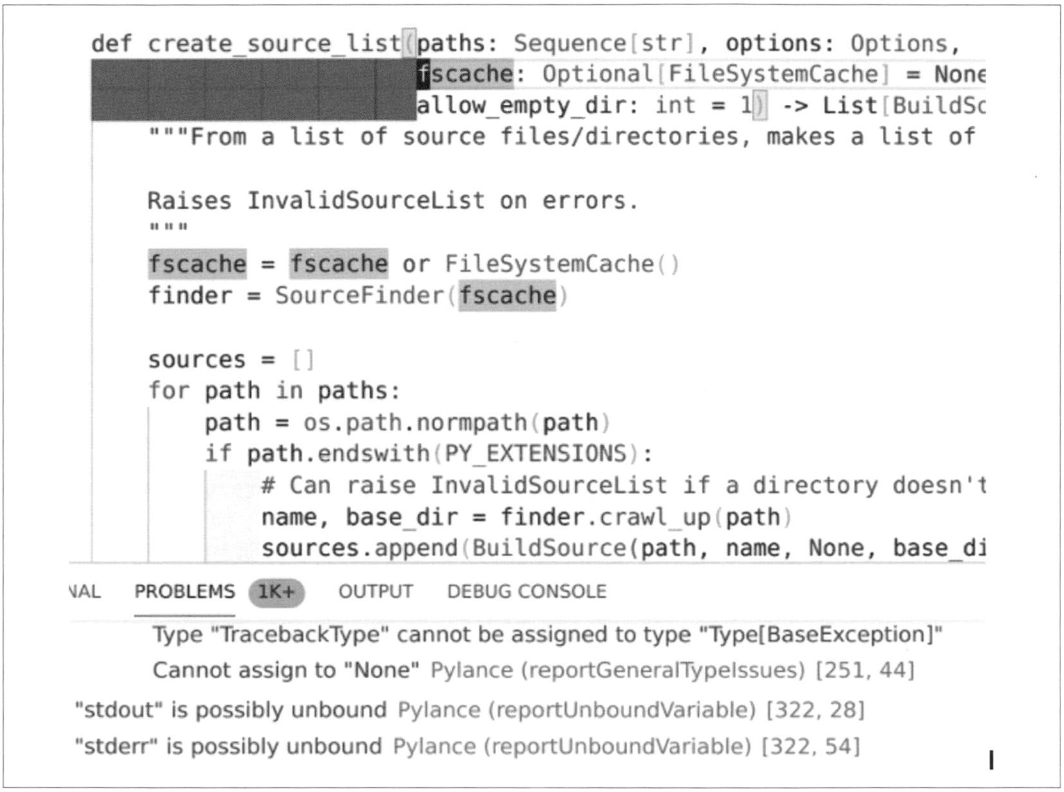

```
def create_source_list(paths: Sequence[str], options: Options,
                       fscache: Optional[FileSystemCache] = None
                       allow_empty_dir: int = 1) -> List[BuildSc
    """From a list of source files/directories, makes a list of

    Raises InvalidSourceList on errors.
    """
    fscache = fscache or FileSystemCache()
    finder = SourceFinder(fscache)

    sources = []
    for path in paths:
        path = os.path.normpath(path)
        if path.endswith(PY_EXTENSIONS):
            # Can raise InvalidSourceList if a directory doesn't
            name, base_dir = finder.crawl_up(path)
            sources.append(BuildSource(path, name, None, base_di
```

NAL   PROBLEMS 1K+   OUTPUT   DEBUG CONSOLE

Type "TracebackType" cannot be assigned to type "Type[BaseException]"
Cannot assign to "None" Pylance (reportGeneralTypeIssues) [251, 44]
"stdout" is possibly unbound Pylance (reportUnboundVariable) [322, 28]
"stderr" is possibly unbound Pylance (reportUnboundVariable) [322, 54]

圖 6-2　編輯之前問題（PROBLEMS）在 VS Code 中的樣子

注意到底部列出我的「PROBLEMS（問題）」的地方。當前視圖顯示的是另一個檔案中的問題，該檔案匯入並使用我目前正在編輯的函式。當我把 paths 參數從 sequence 改為 tuple，請看圖 6-3 中的「PROBLEMS」如何變化。

在儲存檔案的半秒鐘內，新的錯誤就出現在我的「PROBLEMS」窗格中，告訴我剛才打破了對於呼叫程式碼的假設。我不需要等待手動執行型別檢查器，也不需要等待持續整合（CI）流程對我大吼大叫，我的錯誤就在我的編輯器中顯現出來。如果這還不能讓我更早發現錯誤，我也不知道什麼能做到。

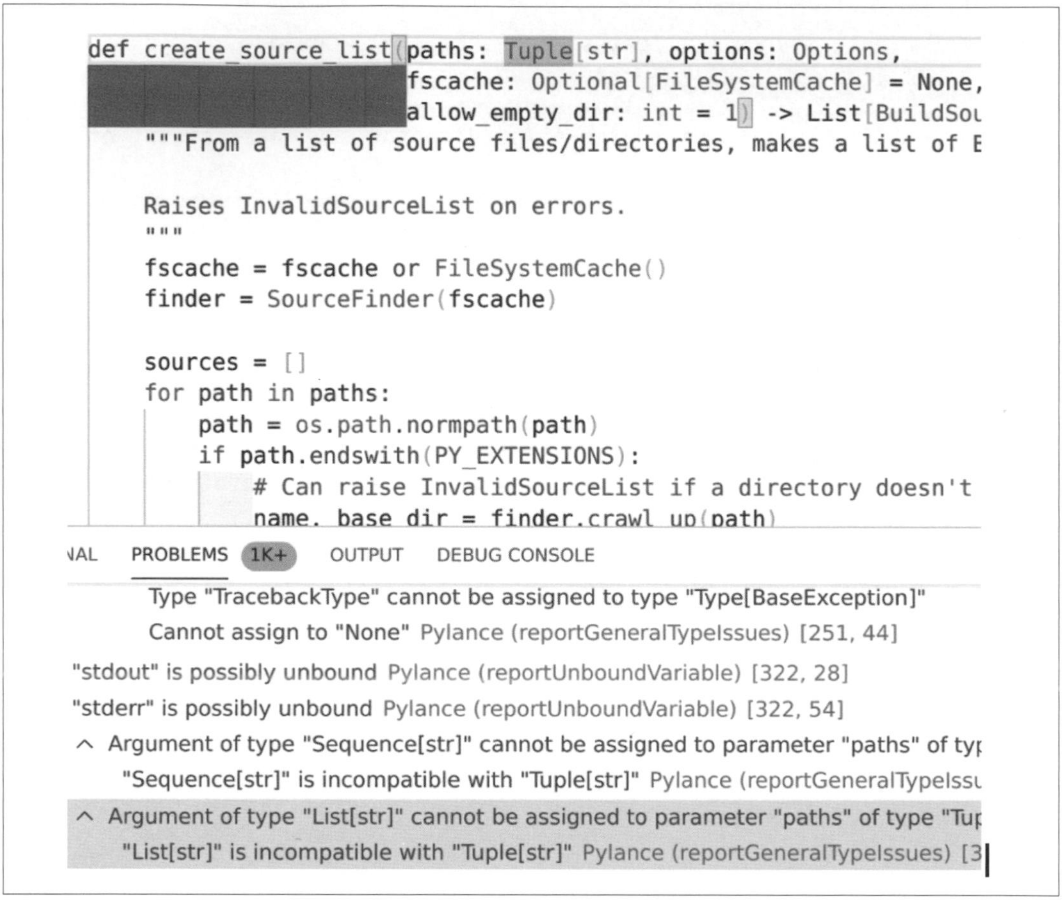

```
def create_source_list(paths: Tuple[str], options: Options,
                        fscache: Optional[FileSystemCache] = None,
                        allow_empty_dir: int = 1) -> List[BuildSou
    """From a list of source files/directories, makes a list of E

    Raises InvalidSourceList on errors.
    """
    fscache = fscache or FileSystemCache()
    finder = SourceFinder(fscache)

    sources = []
    for path in paths:
        path = os.path.normpath(path)
        if path.endswith(PY_EXTENSIONS):
            # Can raise InvalidSourceList if a directory doesn't
            name, base_dir = finder.crawl_up(path)
```

NAL   PROBLEMS 1K+   OUTPUT   DEBUG CONSOLE

        Type "TracebackType" cannot be assigned to type "Type[BaseException]"
        Cannot assign to "None" Pylance (reportGeneralTypeIssues) [251, 44]
"stdout" is possibly unbound Pylance (reportUnboundVariable) [322, 28]
"stderr" is possibly unbound Pylance (reportUnboundVariable) [322, 54]
∧ Argument of type "Sequence[str]" cannot be assigned to parameter "paths" of typ
        "Sequence[str]" is incompatible with "Tuple[str]" Pylance (reportGeneralTypeIssu
∧ Argument of type "List[str]" cannot be assigned to parameter "paths" of type "Tup
        "List[str]" is incompatible with "Tuple[str]" Pylance (reportGeneralTypeIssues) [3

圖 6-3　編輯之後問題（PROBLEMS）在 VS Code 中的樣子

結語

Python 型別檢查器提供了大量的選項供你使用，你需要對進階的組態設定感到順手，以便從你的工具中獲得最大的效益。你可以控制嚴格程度選項和報告，甚至能夠使用不同的型別檢查器來獲得好處。評估工具和選項時，問問自己你希望你的型別檢查器有多嚴格。當你擴展可以捕獲的錯誤範圍，使你的源碼庫符合要求所需的時間和精力也會增加。然而，你能讓你程式碼所攜帶的資訊量越大，它在其生命週期中就會越強健。

在下一章中，我將談論如何評估與型別檢查相關的利益和成本之間的權衡。你將學會如何識別出需要進行型別檢查的重要區域，並使用策略來減輕你的痛苦。

## 第七章

實際採用型別檢查

許多開發者都夢想著有一天他們能在一個完全的綠地（*green-field*）專案中工作。所謂的綠地專案（green-field project）是一種全新的專案，在那裡你程式碼的架構、設計和模組化都是空白的未開發狀態。然而，大多數專案很快就會變成棕地（*brown-field*）專案，或舊有程式碼（legacy code）。這些專案已經有了一定的經驗，大部分的架構和設計已經鞏固了。進行全面的大型變更會影響到實際的用戶。棕地這個詞經常被認為是貶義的，特別是當你感覺到你正在艱難地穿越一個大泥球之時。

然而，並不是在所有的棕地專案中工作，都像是懲罰一般。《*Working Effectively With Legacy Code*》（Pearson 出版）一書的作者 Michael Feathers 這樣說：

> 在一個維護良好的系統中，你可能需要花一些時間來弄清楚如何做出變更，但只要你那麼做了，改變通常是很容易的，而且你對該系統的感覺會變得更好。在一個舊有系統（*legacy system*）中，可能要花很長時間來弄清楚該怎麼做，而且更改的過程也會很困難。[1]

Feathers 將舊有程式碼定義為「沒有測試的程式碼（code without tests）」。我更喜歡另一個定義：舊有程式碼單純就是你無法再與撰寫該程式碼的開發人員討論它的那種程式碼。為了代替這種交流，你依靠源碼庫本身來描述其行為。如果源碼庫清楚地傳達了它的意圖，它就是一個維護良好的系統，在其中作業很輕鬆。可能需要一點時間來理解這一切，但一旦你理解了，你就能新增功能並發展系統。然而，如果該源碼庫難以理解，你將面臨一場艱苦的戰鬥，那段程式碼將變得不可維護，這就是為什麼強健性是最重要的。編寫強健的程式碼可以使程式碼更容易維護，從而緩解從綠地到棕地的過渡苦痛。

---

1 Michael C. Feathers. *Working Effectively with Legacy Code*. Upper Saddle River, NJ: Pearson, 2013.

我在本書第一部所展示的大多數型別注釋策略，在專案剛開始時會比較容易採用。在一個成熟的專案中採用這些做法則更具挑戰性。這並非不可能，但成本可能會更高。這就是工程的核心：在權衡上做出明智的決定。

利弊權衡

你做的每一個決定都涉及到取捨（trade-off）。很多開發者都關注演算法中經典的時間與空間的取捨。但是還有很多其他的取捨，往往涉及到無形的品質。在本書的第一部，我已經廣泛地介紹了型別檢查器（typechecker）的好處：

- 型別檢查器促進了交流，並減少了錯誤的發生機率。

- 型別檢查器為變更動作提供了一個安全網，提高了源碼庫的強健性。

- 型別檢查器可以讓你更快地交付功能。

但是代價是什麼呢？採用型別注釋並不是免費的，而且你的源碼庫越大，它們就會越糟糕。這些成本包括：

- 需要獲得支持。根據文化的不同，可能需要一些時間來說服一個組織採用型別檢查。

- 一旦你獲得支持，就會有一個最初的採用成本。開發人員不會在一夜之間就能開始對他們的程式碼進行型別注釋，他們需要時間來掌握。他們需要學習和實驗，然後才能實際動手。

- 採用工具需要時間和努力。你需要某種形式的中央化檢查，而開發者需要熟悉工具作為他們工作流程一部分的執行。

- 在你的源碼庫中編寫型別注釋需要時間。

- 隨著型別注釋開始受檢，開發人員將不得不習慣於與型別檢查器對抗所帶來的速度減慢。思考型別帶來了額外的認知負載。

開發者的時間是昂貴的，而且很容易把注意力集中在這些開發者原本能做什麼其他的事。採用型別注釋並不是免費的。更糟的是，在一個夠大的源碼庫中，這些成本很容易使你從型別檢查中得到的最初好處相形見絀。這個問題從根本上說，就是一種雞和蛋的難題：你在源碼庫中寫下足夠多的型別注釋之前，你不會看到注釋型別的好處。然而，在早期沒有效益的情況下，要讓人接受去撰寫型別是很困難的。你可以為你的價值建立這樣的模型：

　　價值＝（總效益）－（總成本）

你的效益和成本將遵循一條曲線，它們不是線性函數。我在圖 7-1 中概述了這些曲線的基本形狀。

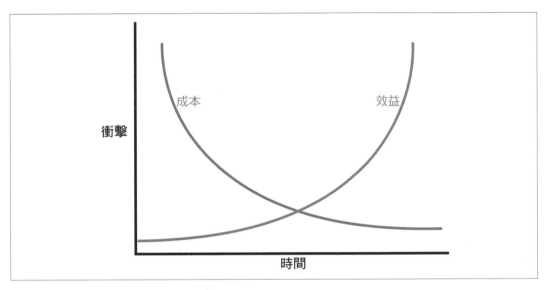

圖 7-1　隨時間變化的成本和效益曲線

我特意去掉了範圍，因為尺度會根據你源碼庫的大小而改變，但形狀仍然是一樣的。你的成本一開始會很高，但隨著採用率的提高會變得更和緩。你的效益一開始會很低，但隨著你注釋源碼庫，你會看到更多的價值。在這兩條曲線相遇之前，你不會看到投資的回報。為了使價值最大化，你需要儘早達到這個交叉點。

更早收支平衡

為了使型別注釋的效益最大化，你需要更早取得價值或更早降低成本。這兩條曲線的交點是一個收支平衡點（break-even point），這就是你所付出的努力因為你所得到的價值而有報償的地方。你想在能維持前進動力的情況下，儘快達到這個點，以讓你的型別注釋帶來正面的影響。這裡有一些策略可以做到這一點。

找出你的痛點

產生價值的最好方法之一是減少你目前正在經歷的痛苦。問問你自己：在我的流程中，我目前在哪裡損失了時間？我在哪裡損失了金錢？看看你失敗的測試和客戶回報的臭蟲。這些錯誤情況會招致真正的成本，你應該進行根本原因分析（root cause analysis）。

如果你發現一個共通的根本原因可以透過型別注釋來解決，你就有了採用型別注釋的一個可靠案例。這裡是你需要注意的具體錯誤類型：

- 圍繞著 None 的任何錯誤

- 無效的屬性存取（attribute access），例如試著在錯誤的型別上存取函式的變數

- 以型別轉換（type conversions）為中心的錯誤，如整數與字串、位元組與字串，或串列與元組。

此外，與那些必須在源碼庫中工作的人交談。排除那些經常引起混淆的區域。如果開發人員今天對源碼庫的某些部分有困難，那麼未來的開發人員很可能也會覺得棘手。

不要忘了與那些有投資你源碼庫，但也許不直接在其中工作的人交談，比如你的技術支援、產品管理和 QA。他們往往對源碼庫的痛苦區域有獨特的看法，而這些觀點在查閱程式碼時可能不容易發現。試著以具體的標準來衡量這些成本，如時間或金錢。這對於評估型別注釋的好處而言是非常寶貴的。

策略性地瞄準程式碼

你可能想把焦點放在試著更早接收到價值。型別注釋不會一夜之間就出現在一個大型源碼庫中。取而代之，你將需要識別出特定且有策略性的程式碼區域，以作為型別注釋的目標。型別注釋的魅力在於它們是完全選擇性的。透過對這些區域進行型別檢查，你可以很快看到好處，而不需要龐大的前期投資。這裡是你可以採用的一些策略，以選擇性地對你的程式碼進行型別注釋。

只對新程式碼進行型別注釋

考慮讓你當前未注釋的程式碼保持原樣，並根據這兩條規則來注釋程式碼：

- 為你所寫的任何新程式碼進行注釋。

- 注釋你變更的任何舊程式碼。

隨著時間的推移，你會在所有的程式碼中建立起你的型別注釋，除了那些很久沒有改變的程式碼。沒有變化的程式碼是相對穩定的，而且可能不會經常被閱讀。對它進行型別注釋不太可能給你帶來什麼好處。

從下而上的型別注釋

你的源碼庫可能依存於程式碼的共通區域。那些是你作為基礎的核心程式庫和工具程式，其他一切都建立在其上。對你源碼庫的這些部分進行型別注釋，會讓你的效益少一些來自深度，多一些來自廣度。因為許多其他的部分都建立在這個基礎之上，它們都將獲得型別檢查的好處。新的程式碼也經常依存於這些工具，所以你的新程式碼將會有額外的一個保護層。

型別注釋為你賺錢的部分

在一些源碼庫中，核心業務邏輯（business logic）和支援業務邏輯的所有其他程式碼之間有明顯的區隔。你的業務邏輯是你系統中最能夠提供價值的區域。它可能是旅行社的核心預訂系統、餐廳的點餐系統，或者媒體服務的推薦系統。所有其餘的程式碼（如日誌記錄、訊息傳遞、資料庫驅動程式，以及使用者介面）都是為了支援你的業務邏輯而存在。透過對你的業務邏輯進行型別注釋，你就是在保護你源碼庫的核心部分。這些程式碼經常是長期存在的，這使得它很容易贏得長期的價值。

型別注釋經常變化的程式碼

你的源碼庫的某些部分比其他部分變化得更頻繁。每當一段程式碼發生改變，你就有可能因為一個不正確的假設而引入一個錯誤的風險。強健程式碼的意義就在於減少引入錯誤的機會，那麼還有什麼地方比變化最頻繁的程式碼更值得保護呢？找出在版本控制中有許多不同提交（commit）紀錄的那些程式碼，或者分析哪些檔案在一段期間內有最多的程式碼更動。還可以看看哪些檔有最多的提交者，那是很好的跡象，表明這是你可以加強型別注釋的區域，以達到交流的目的。

型別注釋複雜的程式碼

如果你遇到一些複雜的程式碼，就得花一些時間去理解。在理解了那些程式碼之後，你能做的最好的事情就是為下一名閱讀該程式碼的開發者減低複雜性。重構程式碼、改善命名方式、添加註解都是增進理解的絕妙方法，但也可以考慮新增更多的型別注釋。型別注釋將幫助開發者了解哪些型別被使用、如何呼叫函式，以及如何處理回傳值。型別注釋為複雜的程式碼提供了額外的說明文件。

討論主題

這些策略中的哪一個對你的源碼庫最有利？為什麼該種策略對你最有效？
實施該策略的成本會是多少？

倚重你的工具

有一些事情是電腦做得好的，而有一些事情是人類做得好的。本節是關於前者的。試圖
採用型別注釋時，有一些很棒的事情是自動化工具可以協助的。首先，讓我們來談談最
常見的型別檢查器：mypy。

我已經在第 6 章中廣泛地介紹了 mypy 的配置，但還有一些我想深入探討的選項，將幫
助你採用型別檢查。你會遇到的最大問題之一是，你初次在一個較大的源碼庫上執行
mypy 時，它會回報大量的錯誤。在這種情況下，你可能會犯的最大失誤是讓數百（或
數千）個錯誤繼續開啟，並希望隨著時間的推移，開發人員會將這些錯誤消除掉。

這些錯誤不會以任何快速的方式得到修復。如果這些錯誤總是開啟，你將看不到型別檢
查器的好處，因為幾乎不可能偵測到新的錯誤。任何新的問題都會被淹沒在眾多其他問
題的雜訊中。

使用 mypy 的時候，你可以透過組態設定告訴型別檢查器忽略某些類型的錯誤或模組。
下面是一個範例 mypy 檔案，它會在有 Any 型別被回傳之時，全域地發出警告，並依據
各模組設定組態選項：

```
# 全域選項：

[mypy]
python_version = 3.9
warn_return_any = True

# 各模組選項：

[mypy-mycode.foo.*]
disallow_untyped_defs = True

[mypy-mycode.bar]
warn_return_any = False

[mypy-somelibrary]
ignore_missing_imports = True
```

使用這種格式，你可以挑選你的型別檢查器要追蹤哪些錯誤。你可以掩蓋所有既存的錯誤，同時專注於修復新的錯誤。在定義哪些錯誤會被忽略時要盡可能具體，你不會希望掩蓋出現在程式碼中不相關部分的新錯誤。

更具體地說，mypy 將忽略帶有 # type: ignore 註解的任何程式行。

```
# 型別檢查沒問題
a: int = "not an int" # type: ignore
```

 # type: ignore 不應該是偷懶的藉口！編寫新程式碼時，不要忽視型別錯誤，請邊寫邊修正。

你採用型別注釋的首要目標是讓你的型別檢查完全乾淨地通過。若有錯誤，你要麼用注釋來修復它們（推薦），要麼就接受「不是所有的錯誤都能很快修復」的事實，並忽略它們。

隨著時間的推移，要確保被忽略的程式碼數量減少了。你可以追蹤包含 # type : ignore 的行數或你正在使用的設定檔區段的數量；無論如何，都要努力使忽略的部分越少越好（當然，要在合理的範圍內，這會有一種報酬遞減的規律存在）。

我還建議在你的 mypy 組態中打開 warn_unused_ignores 旗標，它將在某個忽略指引（ignore directive）不再需要時發出警告。

現在，所有的這些都還算不上實際注釋你的源碼庫，這只是給你一個起點。為了用工具來幫忙注釋你的源碼庫，你會需要一些能夠自動插入注釋的東西。

MonkeyType

MonkeyType（*https://github.com/Instagram/MonkeyType*）是一個可以自動注釋你 Python 程式碼的工具。這是不用花費太多力氣就能對大量程式碼進行型別檢查的好方法。

首先以 pip 安裝 MonkeyType：

```
pip install monkeytype
```

假設你的源碼庫控制著帶有機械手臂的自動廚師，能夠每次都烹飪出完美的食物。你想用我家人最喜愛的食譜為這個廚師設計程式，也就是義式香腸番茄肉醬麵（Pasta with Italian Sausage）：

```
# 香腸義大利麵自動製作器　❶
italian_sausage = Ingredient('Italian Sausage', 4, 'links')
olive_oil = Ingredient('Olive Oil', 1, 'tablespoon')
plum_tomato = Ingredient('Plum Tomato', 6, '')
garlic = Ingredient('Garlic', 4, 'cloves')
black_pepper = Ingredient('Black Pepper', 2, 'teaspoons')
basil = Ingredient('Basil Leaves', 1, 'cup')
pasta = Ingredient('Rigatoni', 1, 'pound')
salt = Ingredient('Salt', 1, 'tablespoon')
water = Ingredient('Water', 6, 'quarts')
cheese = Ingredient('Pecorino Romano', 2, "ounces")
pasta_with_sausage = Recipe(6, [italian_sausage,
                                olive_oil,
                                plum_tomato,
                                garlic,
                                black_pepper,
                                pasta,
                                salt,
                                water,
                                cheese,
                                basil])

def make_pasta_with_sausage(servings): ❷
    sauté_pan = Receptacle('Sauté Pan')
    pasta_pot = Receptacle('Stock Pot')
    adjusted_recipe = adjust_recipe(pasta_with_sausage, servings)

    print("Prepping ingredients") ❸

    adjusted_tomatoes = adjusted_recipe.get_ingredient('Plum Tomato')
    adjusted_garlic = adjusted_recipe.get_ingredient('Garlic')
    adjusted_cheese = adjusted_recipe.get_ingredient('Pecorino Romano')
    adjusted_basil = adjusted_recipe.get_ingredient('Basil Leaves')

    garlic_and_tomatoes = recipe_maker.dice(adjusted_tomatoes,
                                            adjusted_garlic)
    grated_cheese = recipe_maker.grate(adjusted_cheese)
    sliced_basil = recipe_maker.chiffonade(adjusted_basil)

    print("Cooking Pasta") ❹
    pasta_pot.add(adjusted_recipe.get_ingredient('Water'))
    pasta_pot.add(adjusted_recipe.get_ingredient('Salt'))
    recipe_maker.put_receptacle_on_stovetop(pasta_pot, heat_level=10)

    pasta_pot.add(adjusted_recipe.get_ingredient('Rigatoni'))
    recipe_maker.set_stir_mode(pasta_pot, ('every minute'))
```

```
print("Cooking Sausage")
sauté_pan.add(adjusted_recipe.get_ingredient('Olive Oil'))
heat_level = recipe_maker.HeatLevel.MEDIUM
recipe_maker.put_receptacle_on_stovetop(sauté_pan, heat_level)
sauté_pan.add(adjusted_recipe.get_ingredient('Italian Sausage'))
recipe_maker.brown_on_all_sides('Italian Sausage')
cooked_sausage = sauté_pan.remove_ingredients(to_ignore=['Olive Oil'])

sliced_sausage = recipe_maker.slice(cooked_sausage, thickness_in_inches=.25)

print("Making Sauce")
sauté_pan.add(garlic_and_tomatoes)
recipe_maker.set_stir_mode(sauté_pan, ('every minute'))
while recipe_maker.is_not_cooked('Rigatoni'):
    time.sleep(30)
cooked_pasta = pasta_pot.remove_ingredients(to_ignore=['Water', 'Salt'])

sauté_pan.add(sliced_sausage)
while recipe_maker.is_not_cooked('Italian Sausage'):
    time.sleep(30)

print("Mixing ingredients together")
sauté_pan.add(sliced_basil)
sauté_pan.add(cooked_pasta)
recipe_maker.set_stir_mode(sauté_pan, "once")

print("Serving") ❺
dishes = recipe_maker.divide(sauté_pan, servings)

recipe_maker.garnish(dishes, grated_cheese)
return dishes
```

❶ 所有成分的定義

❷ 製作香腸義大利麵的函式

❸ 準備指示

❹ 烹飪指示

❺ 上菜指示

為了節省空間,我省去了很多輔助函式(helper functions),但這能讓你對於我試著要達成的目標有個概念。你可以在本書附帶的 GitHub repo(*https://github.com/pviafore/RobustPython*)中看到完整的範例。

在整個例子中，我完全沒有型別注釋。我不想手寫所有的型別注釋，所以我會使用 MonkeyType。為了協助，我可以生成**殘根檔**（*stub files*）來建立型別注釋。殘根檔是只包含函式特徵式（function signatures）的檔案。

為了產生這些殘根檔，你必須執行你的程式碼。這是一個重要的細節，MonkeyType 只會注釋你先執行（run）過的程式碼。你可以像這樣執行特定的指令稿（scripts）：

```
monkeytype run code_examples/chapter7/main.py
```

這會產生一個 SQLite 資料庫，儲存該程式執行過程中所有的函式呼叫（function calls）。你應該試著多執行你系統的各個部分，以便充填這個資料庫。單元測試、整合測試和測試程式都有助於充填此資料庫。

 因為 MonkeyType 透過 sys.setprofile 的使用來檢測你的程式碼，所以其他的檢測儀器（instrumentation），如程式碼涵蓋率（code coverage）和效能評測（profiling）都不會同時運作。有加裝儀器的任何工具都需要分別執行。

一旦執行過了你想要的那麼多的程式碼路徑，你就能產生殘根檔：

```
monkeytype stub code_examples.chapter7.pasta_with_sausage
```

這會為此特定模組輸出殘根檔：

```python
def adjust_recipe(
    recipe: Recipe,
    servings: int
) -> Recipe: ...


class Receptacle:
    def __init__(self, name: str) -> None: ...
    def add(self, ingredient: Ingredient) -> None: ...


class Recipe:
    def clear_ingredients(self) -> None: ...
    def get_ingredient(self, name: str) -> Ingredient: ...
```

它不會注釋所有的東西，但它肯定會在你的源碼庫中帶來足夠多的先機。只要你對這些建議感到滿意，你就能以 monkeytype apply <module-name> 來套用（apply）它們。一旦這些注釋產生出來，就在源碼庫中搜索任何 Union 的使用。Union 告訴你，程式碼執行的過程中，有不只一種型別被傳給了該函式。這是一種程式碼氣味（*code smell*），或者說是一種看起來有點好笑的東西，即使它不是完全錯誤的（尚未）。在這種情況下，`Union` 的使用可能表明程式碼不可維護，你的程式碼正在接收不同的型別，而且可能沒有能力處理它們。如果錯誤的型別被當作參數傳入，這很可能是一個跡象，指出某個地方違背了你的假設。

為了說明這一點，我的 `recipe_maker` 的殘根檔在我一個函式的特徵式中包含一個 `Union`：

```
def put_receptacle_on_stovetop(
    receptacle: Receptacle,
    heat_level: Union[HeatLevel, int]
) -> None: ...
```

參數 `heat_level` 在某些情況下接受一個 `HeatLevel`，在其他情況下則是一個整數。回頭看看我的食譜，我看到下列幾行程式碼：

```
recipe_maker.put_receptacle_on_stovetop(pasta_pot, heat_level=10)
# ...
heat_level = recipe_maker.HeatLevel.MEDIUM
recipe_maker.put_receptacle_on_stovetop(sauté_pan, heat_level)
```

這是否算是錯誤，取決於該函式的實作。在我的例子中，我想保持一致，所以我會改為使用 `Enum` 而非整數。對於你的源碼庫，你會需要決定什麼是可以接受的，什麼是不行。

Pytype

MonkeyType 的一個問題是，它只注釋它在執行時期看到的程式碼。如果你的程式碼中有一些分支執行起來很昂貴或是不能執行的，MonkeyType 不會對你有多大幫助。幸運的是，有一個工具可以填補這個空白：Pytype（*https://github.com/google/pytype*），由 Google 撰寫。Pytype 透過靜態分析（static analysis）來添加型別注釋，這意味著它不需要執行你的程式碼以弄清型別。

要執行 Pytype，就用 `pip` 安裝它：

```
pip install pytype
```

然後，針對你的程式碼資料夾（例如 *code_examples/chapter7*）執行 Pytype：

```
pytype code_examples/chapter7
```

這將在一個 *.pytype* 資料夾中生成一組 *.pyi* 檔案。這些檔案與 MonkeyType 所建立的殘根檔（stub files）非常類似。它們含有經過注釋的函式特徵式和變數，你可以將其複製到你的原始碼檔案中。

Pytype 還提供了其他吸引人的好處。Pytype 不僅僅是一個型別注釋器（type annotator），它還是一個完整的 linter 和型別檢查器（typechecker）。它與其他型別檢查器（如 mypy、Pyright 和 Pyre）有著不同的型別檢查理念。

Pytype 會使用推論（inference）來進行型別檢查，這意味著即使沒有型別注釋，它也會對你的程式碼進行型別檢查。這是獲得型別檢查器的益處，而不需要在整個源碼庫中編寫型別的一種好辦法。

Pytype 還對型別在其生命週期中的變化更加寬容。這對那些完全擁抱 Python 動態定型本質的人來說是個福音。只要程式碼在執行時期能夠運作，Pytype 就開心了。譬如說：

```
# 以 Python 3.6 執行
def get_pasta_dish_ingredients(ingredients: list[Ingredient]
                               ) -> list[str]:
names = ingredients
# 確保有水來煮義大利麵
if does_not_contain_water(ingredients)
    names.append("water")
return [str(i) for i in names]
```

在此例中，名稱（names）一開始會是由 Ingredients 組成的一個串列。如果水（water）不在成分（ingredients）中，我就把字串 "water" 添加到該串列中。此時，串列會是異質的，它既包含成分也包含字串。如果你把名稱注釋為 list[Ingredient]，在此例中 mypy 會指出錯誤。我通常也會在這裡提出警告：在沒有好的型別注釋的情況下，異質的群集更難推理。

然而，接下來的一行讓我和 mypy 的反對意見都變得有討論的餘地。所有的東西在回傳時都被轉換為了字串，這滿足了所注釋的預期回傳型別。Pytype 夠聰明可以偵測到這一點，並認定這段程式碼沒有問題。

Pytype 對型別檢查的寬厚和做法，使它被現有源碼庫採用時顯得非常受歡迎。你不需要任何型別注釋就可以看到價值。這意味著你可以用最少的努力獲得型別檢查器的所有好處。價值高，但成本低？很好，這邊請。

然而，在這種情況下，Pytype 是一把雙刃劍。請確保你沒有把 Pytype 當作支柱，你仍然應該撰寫型別注釋。有了 Pytype，你非常容易會認為你根本不需要型別注釋。然而，你仍然應該撰寫它們，原因有二。首先，型別注釋有說明文件的好處，這有助於提升你程式碼的可讀性。其次，如果有型別注釋，Pytype 將能做出更明智的決定。

結語

型別注釋是非常有用的，但不可否認的是它們的成本。源碼庫越大，實際採用型別注釋的成本就越高。每個源碼庫都有所不同，你需要為你的特定場景評估型別注釋的價值和成本。如果採用型別注釋的成本太高，請考慮三種策略來克服這一障礙：

找出痛點

> 如果你能透過型別注釋消除一整類的痛點，例如錯誤、壞掉的測試或不清楚的程式碼，你將節省時間和金錢。你鎖定傷害最大的區域，並藉由減少那些痛苦，你就讓開發人員更容易隨著時間的推移交付價值（這是可維護程式碼的一個可靠跡象）。

策略性地瞄準程式碼

> 明智地挑選你的地點。在一個大型源碼庫中，要對你程式碼的每一個有意義的部分進行注釋，幾乎是不可能的。取而代之，應該把重點放在那些能帶來巨大好處的較小區段。

倚重你的工具

> 使用 mypy 來幫助你選擇性地忽略檔案（並確保隨著時間的推移，你忽略的程式碼行數越來越少）。使用 MonkeyType 或 Pytype 等型別注釋器（type annotators）來快速產生你程式碼的型別。也不要忽視 Pytype 身為型別檢查器的作用，因為它可以透過最少的設定找到潛伏在你程式碼中的臭蟲。

本書的第一部到此結束。它完全聚焦在型別注釋和型別檢查上。你可以自由混合和配對我所討論的策略和工具。你不需要對所有的東西都進行型別注釋，因為如果套用得太嚴格，型別注釋會限制表達能力。但你應該致力於使程式碼更清晰，讓臭蟲更難出現。隨著時間的推移，你會找到平衡點，但你需要開始思考 Python 中的型別，以及你如何向其他開發者表達它們。記住，目標是一個可維護的源碼庫。人們需要盡可能從程式碼中了解你的意圖，越清楚越好。

在第二部中，我將著重於如何建立你自己的型別。你已經透過建置自己的群集型別看到了一點，但你可以走得更遠。你將學到列舉（enumerations）、資料類別（data classes）和類別（classes），並學習為什麼你應該挑選其中一個而非另一個。你將學習如何製作一個 API 和子類別型別（subclass types），並為你的資料建模。你將繼續建置增進你源碼庫可讀性的一個詞彙表。

定義你自己的型別

歡迎來到第二部，在這裡你將學習關於使用者定義型別（*user-defined types*）的所有知識。使用者定義的型別是身為開發者的你所創建的型別。在本書的第一部，我主要關注 Python 所提供的型別。然而，這些型別是為一般的用例（use cases）所建立的。它們不會告訴你關於你在其中進行運算的那個特定領域的任何資訊。相較之下，使用者定義的型別是一種管道，你可以藉此在源碼庫中表達領域概念（domain concepts）。

你需要建立能代表你領域的型別。Python 提供了幾種不同的方式來定義你自己的資料型別，但是你應該謹慎選擇。在本書的這一部分，我們將討論三種不同的使用者定義型別：

列舉（*Enumerations*，Enum）

　　列舉為開發者提供了一組受限制的值。

資料類別（*Data classes*）

　　資料類別代表了不同概念之間的關係（relationship）。

類別（*Classes*）

　　類別代表不同概念之間的關係，但有一個需要維持的不變式（invariant）。

你會學到如何以自然的方式使用這些型別，以及它們之間的關係。在第二部的結尾，我們將以一種更自然的方式對你的領域資料進行建模（modeling）。你在設計你的型別時做出的選擇是非常關鍵的。透過學習使用者定義型別背後的原則，你將更有效地與未來的開發者溝通。

## 第八章

使用者定義型別：Enum

在這一章中，我將重點討論什麼是使用者定義型別（user-defined type），並涵蓋最簡單的使用者定義的資料型別：列舉（enumerations）。我將討論如何創建一個列舉，以保護你的程式碼不會出現常見的程式設計失誤。然後，我將介紹能讓你更清楚表達你的想法的進階功能，例如建立別名（aliases）、使列舉獨一無二，或提供自動生成的值。

使用者定義的型別

使用者定義的型別是身為開發者的你所創建的一個型別。你定義哪些資料與該型別相關，以及哪些行為與你的型別相關。這些型別中的每一個都應該與單一概念相聯繫。這將有助於其他開發者建立關於你源碼庫的心智模型。

舉例來說，如果我正在編寫餐廳的銷售時點系統（point-of-sale systems），我會希望在你的源碼庫中遇到關於餐廳領域的概念。像餐館、菜單項目和稅務計算這樣的概念都應該在程式碼中自然地表示。如果我使用串列、字典和元組來代替，我就會迫使我的讀者必須不斷地將變數的含義重新解讀為更自然的映射（mappings）。

考慮一種簡單的函式，計算含稅的總額。你更願意用哪個函式作業？

```
def calculate_total_with_tax(restaurant: tuple[str, str, str, int],
                             subtotal: float) -> float:
    return subtotal * (1 + tax_lookup[restaurant[2]])
```

或

```
def calculate_total_with_tax(restaurant: Restaurant,
                             subtotal: decimal.Decimal) -> decimal.Decimal:
    return subtotal * (1 + tax_lookup[restaurant.zip_code])
```

藉由使用自訂型別 Restaurant，你為讀者提供了關於你程式碼行為的關鍵知識。雖然簡單，但建立這些領域概念（domain concepts）有非常強大的效果。《Domain-Driven Design》一書的作者 Eric Evans 寫道：「軟體的心臟就是為使用者解決領域相關問題的能力」[1]。如果軟體的心臟是解決領域相關問題的能力，那麼領域特定的抽象概念就是血管。它們是支援系統，是流經你源碼庫的網路，所有這些都與你程式碼存在的原因，那個中央生命賦予者緊緊相連結。透過建立良好的領域相關型別，你可以建立一個更健康的系統。

最可讀的源碼庫是那些可以推理的源碼庫，而推理你在日常生活中遇到的概念是最容易的。如果新加入源碼庫的人熟悉核心業務概念，他們就已經擁有優勢。你已經讀過本書的第一部，專注於透過注釋來表達意圖；接下來這部分的焦點將是，透過建立一個共用的詞彙表來傳達意圖，並讓在源碼庫中工作的每位開發人員都能使用這個詞彙表。

關於如何將一個領域概念映射到一個型別，你會學到的第一種方式是透過 Python 的列舉型別：Enum。

列舉

在某些情況下，你希望開發者從一個串列中挑選一個值。紅綠燈的顏色、Web 服務的計價方案，和 HTTP 方法（methods）都是這種關係的很好例子。為了在 Python 中表達這種關係，你應該使用**列舉**（*enumerations*）。列舉這種構造讓你定義值的串列（list of values），而讓開發者挑選他們想要的特定值。Python 在 Python 3.4 中首次支援列舉。

為了說明列舉的特別之處，讓我們假設你正在開發一個應用程式，它透過提供一個從長棍麵包（baguettes）到貝涅餅（beignets）都有的家庭配送網路，使法式餐點更容易獲得。它的特點是有一個菜單，饑餓的使用者可以從中選擇，然後透過郵件收到所有的原料和烹飪說明。

這個應用程式最受歡迎的功能之一是客製化（customization）。使用者可以挑選他們想要的肉、哪種配菜，以及準備哪種調味醬。法國烹飪最基本的元素之一是其**母醬**（*mother sauces*）。這五種著名的醬料是無數其他醬料的組成要素，我想以程式化的方式為這些醬料添加新的成分，創造所謂的**子醬**（*daughter sauces*）。這樣一來，使用者在點菜時就可以了解法式醬料的分類方式。

---

1 Eric Evans. *Domain-Driven Design: Tackling Complexity in the Heart of Software*. Upper Saddle River, NJ: Addison-Wesley Professional, 2003.

假設我將母醬表示為一個 Python 元組（tuple）：

```
# 注意：使用大寫 UPPER_CASE 的變數名稱標示常數或不可變的值
MOTHER_SAUCES = ("Béchamel", "Velouté", "Espagnole", "Tomato", "Hollandaise")
```

這個元組向其他開發人員傳達了什麼呢？

- 這個群集是不可變（immutable）的。

- 他們可以迭代過（iterate over）這個群集以獲得所有的醬料。

- 他們可以透過靜態索引（static indexing）來取回一個特定的元素。

不變性和取回特性對我的應用程式來說很重要。我不希望在執行時期增加或減少任何母醬（這將是對烹飪的藝瀆）。使用元組可以讓未來的開發者清楚知道，他們不應該改變這些值。取回動作（rctrieval）讓我只選擇一個醬，儘管這有點笨拙。每次我需要參考一個元素時，我可以透過靜態索引來那麼做：

```
MOTHER_SAUCES[2]
```

遺憾的是，這並不能傳達意圖。每次開發人員看到這個，他們都必須記得 2 意味著 "Espagnole"。不斷地將數字關聯到醬料很浪費時間。這是很脆弱的，而且會不可避免地造成失誤。若有人依照字母順序對醬料進行排序，索引就會改變，從而破壞了程式碼。靜態索引至這個元組中並不能幫助提高程式碼的強健性。

為了解決這個問題，我會為這每一個建立別名（aliases）：

```
BÉCHAMEL = "Béchamel"
VELOUTÉ = "Velouté"
ESPAGNOLE = "Espagnole"
TOMATO = "Tomato"
HOLLANDAISE = "Hollandaise"
MOTHER_SAUCES = (BÉCHAMEL, VELOUTÉ, ESPAGNOLE, TOMATO, HOLLANDAISE)
```

這就多了一些程式碼，而且仍然不能使索引到該元組變得更容易。此外，在呼叫程式碼時仍有一個揮之不去的問題。

考慮創建子醬的一個函式：

```
def create_daughter_sauce(mother_sauce: str,
                          extra_ingredients: list[str]):
    # ...
```

我希望你暫停一下，思考這個函式告訴了未來的開發者什麼。我特意忽略實作，因為我想談的是第一印象：函式特徵式（function signature）是開發者首先看到的東西。僅僅從函式特徵式來看，這個函式是否正確地傳達了允許的內容？

未來的開發人員可能會遇到像這樣的程式碼：

```
create_daughter_sauce(MOTHER_SAUCES[0], ["Onions"]) # 並不是超級有幫助
create_daughter_sauce(BÉCHAMEL, ["Onions"]) # 好一點
```

或

```
create_daughter_sauce("Hollandaise", ["Horseradish"])
create_daughter_sauce("Veloute", ["Mustard"])


# 絕對是錯的
create_daughter_sauce("Alabama White BBQ Sauce", [])
```

問題的癥結就在這裡。在快樂路徑上，開發者可以使用預先定義的變數。但是，如果有人不小心用了錯誤的醬料（畢竟，`create_daughter_sauce` 預期的是一個字串，那可能是任何東西），你很快就會得到不想要的行為。記住，我指的是開發人員在幾個月（或可能幾年）後看這個問題。他們被賦予了在源碼庫中添加一項功能的任務，儘管他們並不熟悉那個源碼庫。透過選擇一個字串型別，我等於是在邀請以後的開發人員提供錯誤的值。

 即使是誠實的失誤也會產生後果。你是否注意到我在 Velouté 的「e」上漏了一個重音？在生產中除錯這個問題會很有趣的，玩得愉快啊。

取而代之，你會想要找到一種方式來表達你想在特定的位置上，獲得非常特定的、受限制的一組值。既然你在關於「列舉」的章節中，而我還沒有展示它們，我相信你能猜到解決方案是什麼。

Enum

這裡是 Python 的列舉，即 Enum，實際動起來的樣子：

```
from enum import Enum
class MotherSauce(Enum):
    BÉCHAMEL = "Béchamel"
    VELOUTÉ = "Velouté"
```

```
ESPAGNOLE = "Espagnole"
TOMATO = "Tomato"
HOLLANDAISE = "Hollandaise"
```

要存取特定的實體，你只需要這樣做：

```
MotherSauce.BÉCHAMEL
MotherSauce.HOLLANDAISE
```

這幾乎完全等同於字串別名，但這還有幾個額外的好處。

你無法以某個未預期的值意外建立出一個 MotherSauce：

```
>>>MotherSauce("Hollandaise") # 沒問題

>>>MotherSauce("Alabama White BBQ Sauce")
ValueError: 'Alabama White BBQ Sauce' is not a valid MotherSauce
```

這顯然會限制錯誤（不管是無效的醬料或單純打錯字）。

如果你想要印出該列舉所有的值，你只需要迭代過該列舉就行了（沒必要另外建立一個串列）。

```
>>>for option_number, sauce in enumerate(MotherSauce, start=1):
>>>    print(f"Option {option_number}: {sauce.value}")

Option 1: Béchamel
Option 2: Velouté
Option 3: Espagnole
Option 4: Tomato
Option 5: Hollandaise
```

最後，很關鍵的是，你可以在用到這個 Enum 的函式中傳達你的意圖：

```
def create_daughter_sauce(mother_sauce: MotherSauce,
                          extra_ingredients: list[str]):
    # ...
```

這告訴所有關注這個函式的開發者，他們應該傳入一個 MotherSauce 列舉，而不是任何舊的字串。這樣一來，引入錯別字或不正確的值就更難了（如果使用者真的想，他們仍然可以傳入錯誤的值，但他們會直接違反預期，這就更容易被發現，我在第一部介紹過如何抓出這些錯誤）。

討論主題

在你的源碼庫中,哪些資料集會從列舉中受益?你是否有一些區域的程式碼,開發人員傳入了錯誤的值,儘管型別正確?討論一下列舉會在哪些地方改善你的源碼庫。

何時不要用?

列舉對於向使用者傳達一組靜態的選擇是非常好的。你不會想要在選項是在執行時期才決定的情況下使用列舉,因為你失去了它們在溝通意圖和工具上的好處(如果每次執行都可能有變化,那麼程式碼的讀者就更難知道哪些值是可能的)。如果你發現自己處於這種情況,我推薦使用字典(dictionary),它在可能於執行時期變動的兩個值之間提供了一種自然的映射。不過,如果你需要限制使用者可以選擇什麼值,你就得進行成員資格檢查(membership checks)。

進階用法

一旦你掌握了列舉的基礎知識,你可以做很多事情來進一步完善你的使用方式。記住,你選擇的型別越具體,你傳達的資訊就越具體。

自動值

對於一些列舉,你可能想明確地指出你不關心列舉所綁定的值。這告訴使用者,他們不應該仰賴這些值。為此,你可以使用 auto() 函式。

```
from enum import auto, Enum
class MotherSauce(Enum):
    BÉCHAMEL = auto()
    VELOUTÉ = auto()
    ESPAGNOLE = auto()
    TOMATO = auto()
    HOLLANDAISE = auto()

>>>list(MotherSauce)
[<MotherSauce.BÉCHAMEL: 1>, <MotherSauce.VELOUTÉ: 2>, <MotherSauce.ESPAGNOLE: 3>,
 <MotherSauce.TOMATO: 4>, <MotherSauce.HOLLANDAISE: 5>]
```

預設情況下，auto() 將選擇單調遞增（monotonically increasing）的值（1、2、3、4、5 等等）。如果你想控制被設定的是什麼值，你應該實作一個 _generate_next_value_() 函式：

```
from enum import auto, Enum
class MotherSauce(Enum):
    def _generate_next_value_(name, start, count, last_values):
        return name.capitalize()
    BÉCHAMEL = auto()
    VELOUTÉ = auto()
    ESPAGNOLE = auto()
    TOMATO = auto()
    HOLLANDAISE = auto()

>>>list(MotherSauce)
[<MotherSauce.BÉCHAMEL: 'Béchamel'>, <MotherSauce.VELOUTÉ: 'Velouté'>,
 <MotherSauce.ESPAGNOLE: 'Espagnole'>, <MotherSauce.TOMATO: 'Tomato'>,
 <MotherSauce.HOLLANDAISE: 'Hollandaise'>]
```

你很少會看到 _generate_next_value_ 像這樣定義，就在帶有值的一個列舉裡面。如果 auto 被用來表示值不重要，那麼 _generate_next_value_ 就表示你想要非常具體的值用於 auto。這感覺很矛盾。這就是為什麼你通常會在基礎的 Enum 類別中使用 _generate_next_value_，它們是要從之衍生出子型別的列舉，不包括任何的值。接下來你會看到的 Flag 類別就是基礎類別（base class）的一個好例子。

Enum vs. Literal

Python 的 Literal（在 Python 3.8 中引進的）與自動設定值（假設沒有 _generate_next_value_）的 Enum 有許多相同的優點。在這兩種情況中，你都是把你的變數限制在一組非常特定的值之內。

從型別檢查器的角度來看，這兩者之間幾乎沒有什麼區別：

```
sauce: Literal['Béchamel', 'Velouté', 'Espagnole',
               'Tomato', 'Hollandaise'] = 'Hollandaise'
```

以及這個：

```
sauce: MotherSauce = MotherSauce.HOLLANDAISE
```

如果你只需要一種簡單的限制，先用 Literal。然而，如果你想要迭代、執行時期檢查（runtime checking）或從名稱映射到值的不同值，請使用 Enum。

旗標

現在你已經有了以一個 Enum 表示的母醬，你決定準備開始用這些醬料供應餐點。但是在開始之前，你想考慮到顧客的過敏情況，所以你決定為每道菜表示過敏資訊。有了你對 auto() 的新認識之後，設置 Allergen 列舉會是小菜一碟：

```
from enum import auto, Enum
from typing import Set
class Allergen(Enum):
    FISH = auto()
    SHELLFISH = auto()
    TREE_NUTS = auto()
    PEANUTS = auto()
    GLUTEN = auto()
    SOY = auto()
    DAIRY = auto()
```

而對於一個食譜，你可能會像這樣追蹤過敏原（allergens）的清單：

```
allergens: Set[Allergen] = {Allergen.FISH, Allergen.SOY}
```

這告訴讀者，一個過敏原的群集將是獨一無二的，而過敏原可能有零個、一個或許多個。這正是你想要的。但是，如果我想讓系統中所有的過敏原資訊都像這樣被追蹤呢？

我不想仰賴每位開發者都記得要使用一個集合（只要用到一次串列或字典就會招致錯誤的行為）。我想用某種方式來通用地表示一組獨特的列舉值。

enum 模組提供你一個可以用的便利基礎類別 Flag：

```
from enum import Flag
class Allergen(Flag):
    FISH = auto()
    SHELLFISH = auto()
    TREE_NUTS = auto()
    PEANUTS = auto()
    GLUTEN = auto()
    SOY = auto()
    DAIRY = auto()
```

這讓你能夠進行位元運算（bitwise operations），來結合過敏原或檢查特定過敏原是否有出現。

```
>>>allergens = Allergen.FISH | Allergen.SHELLFISH
>>>allergens
<Allergen.SHELLFISH|FISH: 3>
```

```
>>>if allergens & Allergen.FISH:
>>>    print("This recipe contains fish.")
This recipe contains fish.
```

當你想表示值的一個選擇時,這是非常好的(例如透過下拉式多選清單或位元遮罩所
設置的東西)。不過也有一些限制。這些值必須支援位元運算(|、& 等等)。字串是不
支援的型別的一個例子,而整數支援。此外,在進行位元運算時,這些值不能重疊。
舉例來說,你不能為你的 Flag 使用從 1 到 3(包括)的值,因為如果你把 Flag 設為
值 3,並對 1、2 或 3 進行「位元 AND」(&)運算,那全都會在被轉換為 boolean 值
時估算為 True,這使得難以有效運用 Flag。auto() 為你解決了這個問題,因為 Flag 的
_generate_next_value_ 會自動使用 2 的乘冪(powers of 2)。

```
class Allergen(Flag):
    FISH = auto()
    SHELLFISH = auto()
    TREE_NUTS = auto()
    PEANUTS = auto()
    GLUTEN = auto()
    SOY = auto()
    DAIRY = auto()
    SEAFOOD = Allergen.FISH | Allergen.SHELLFISH
    ALL_NUTS = Allergen.TREE_NUTS | Allergen.PEANUTS
```

使用旗標可以在非常特定的情況下表達你的意思,但是如果你想對你的值有更多的控制
權,或者要列舉不支援位元運算的值,請使用非旗標的 Enum。

最後,你可以自由地為內建的多個列舉選擇(multiple enumeration selections)建立你自
己的別名,就像我在上面對 SEAFOOD 和 ALL_NUTS 所做的那樣。

整數轉換

還有兩個特例列舉,叫做 IntEnum 和 IntFlag。它們分別對應到 Enum 和 Flag,但允許降
級為原始整數進行比較。實際上,我並不推薦使用這些功能,而理解原因所在很重要。
首先,我們來看看它們打算解決的問題。

在法式烹飪中,某些成分的測量是成功的關鍵,所以你需要確保你也有涵蓋到那部分。
你建立了一個公制和英制的液量(metric and imperial liquid measure,畢竟你想跨越國
際)作為列舉,但你沮喪地發現,你不能單純將你的列舉與整數進行比較。

這段程式碼是行不通的：

```
class ImperialLiquidMeasure(Enum):
    CUP = 8
    PINT = 16
    QUART = 32
    GALLON = 128

>>>ImperialLiquidMeasure.CUP == 8
False
```

但是，如果你從 IntEnum 衍生子類別，它就能正常運作：

```
class ImperialLiquidMeasure(IntEnum):
    CUP = 8
    PINT = 16
    QUART = 32
    GALLON = 128

>>>ImperialLiquidMeasure.CUP == 8
True
```

IntFlag 的表現與此類似。在系統甚或硬體之間的進行交互作業時，你會更常看到這一點。如果你不使用 IntEnum，你將需要做像這樣的事：

```
>>>ImperialLiquidMeasure.CUP.value == 8
True
```

使用 IntEnum 的方便性通常無法彌補作為一個較弱型別的缺點。對整數的任何隱含轉換都遮掩了該類別的真正意圖。由於發生了隱含的整數轉換，你可能會遇到複製貼上失誤（我們都犯過這樣的錯誤，對吧？）的情況，而那並不是你想要的。

請考慮：

```
class Kitchenware(IntEnum):
    # 給未來程式設計師的備註：這些數字是顧客定義的
    # 有可能改變
    PLATE = 7
    CUP = 8
    UTENSILS = 9
```

假設有人錯誤地做了這樣的事：

```
def pour_liquid(volume: ImperialLiquidMeasure):
    if volume == Kitchenware.CUP:
        pour_into_smaller_vessel()
```

```
else:
    pour_into_larger_vessel()
```

如果這段程式碼進到生產中，什麼都不會發生，不會出現例外，所有測試都會通過。然而，一旦 Kitchenware 列舉發生變化（也許它新增了一個 BOWL 作為值 8，並將 CUP 移到 10），現在這段程式碼將會做與它應該做的完全相反的事情。Kitchenware.CUP 不再與 ImperialLiquidMeasure.CUP 相同（它們沒理由關聯在一起），然後你會開始倒入較大的容器（larger vessels）而非較小的容器（smaller vessels），這可能會造成溢出（overflow，是指你的液體，而不是整數的溢位）。

這是一個標準的例子，說明不強健的程式碼會導致微妙的錯誤，而這些錯誤直到源碼庫的後期才會成為問題。這修起來可能很快，但這個錯誤帶來了非常實際的代價。測試失敗（或更糟糕的，客戶抱怨份量錯誤的液體被倒入容器中），有人不得不去爬梳原始碼、找出臭蟲、修復它，然後在絞盡腦汁思考事情怎麼會變這樣子之後，累到必須喝杯咖啡休息好一段時間。所有的這些都是因為有人決定偷懶，使用一個 IntEnum，這樣他們就不必一次又一次地輸入 .value 了。所以，請幫你未來的維護者一個忙：不要使用 IntEnum，除非你出於過去傳統目的絕對必須使用。

Unique

列舉的一個偉大的特點是能夠賦予別名給值。讓我們回到 MotherSauce 列舉。也許在法語鍵盤上開發的源碼庫需要適應美國的鍵盤，其鍵盤配置不利於在母音上添加重音符號。去掉重音符號以使法語拼寫英語化，對許多開發人員來說是不可能的（他們堅持我們要使用原始拼寫）。為了避免發生國際事件，我將為一些醬料添加別名。

```
from enum import Enum
class MotherSauce(Enum):
    BÉCHAMEL = "Béchamel"
    BECHAMEL = "Béchamel"
    VELOUTÉ = "Velouté"
    VELOUTE = "Velouté"
    ESPAGNOLE = "Espagnole"
    TOMATO = "Tomato"
    HOLLANDAISE = "Hollandaise"
```

有了這些，所有的鍵盤擁有者都將歡欣鼓舞。列舉絕對允許這種行為：只要鍵值（keys）不重複，它們就可以有重複的值。

然而，在某些情況下，你想強制要求值的唯一性（uniqueness）。也許你仰賴列舉總是包含某個固定數量的值，又或許這擾亂了一些顯示給顧客看的字串表徵（string representations）。不管是什麼情況，如果你想在你的 Enum 中保留唯一性，只需添加一個 @unique 裝飾器（decorator）。

```
from enum import Enum, unique
@unique
class MotherSauce(Enum):
    BÉCHAMEL = "Béchamel"
    VELOUTÉ = "Velouté"
    ESPAGNOLE = "Espagnole"
    TOMATO = "Tomato"
    HOLLANDAISE = "Hollandaise"
```

在我遇到的大多數用例中，創建別名比保留唯一性更有可能，所以我預設一開始就把列舉變成非唯一的，只有在需要時才添加 unique 裝飾器。

結語

列舉很簡單，但作為一種強大的溝通方法經常被忽視。任何時候，如果你想表示一個靜態的值群集中的單一個值，列舉應該是你首選的使用者定義型別。定義和使用它們都很容易。它們提供了豐富的運算，包括迭代、位元運算（在 Flag 列舉的情況下），以及對唯一性的控制。

請記住這些關鍵的限制：

- 列舉不是為了會在執行時期變化的動態鍵值與值映射（dynamic key-value mappings）而設計的。為此要使用字典（dictionary）。

- Flag 列舉只適用於支援非重疊值位元運算的值。

- 避免使用 IntEnum 和 IntFlag，除非對系統的互通性有絕對必要。

接下來，我將探討另一種使用者定義的型別：dataclass。列舉在指定單一變數中的一組值之間的關係方面非常出色，而資料類別（data classes）則定義多個變數之間的關係。

## 第九章

使用者定義型別：資料類別

資料類別（data classes）是使用者定義的型別，讓你把相關的資料組合在一起。許多型別，如整數、字串和列舉，都是純量（*scalar*），它們代表唯一的一個值。其他型別，如串列、集合和字典，代表同質的群集（homogeneous collections）。然而，你仍然需要有辦法將多個欄位的資料組成單一的一個資料型別。字典和元組在這方面是 OK 的，但它們有一些問題存在。可讀性很棘手，因為很難在執行時期知道一個字典或元組包含什麼。這使得閱讀和審查程式碼時很難對它們進行推理，這是對強健性的一大打擊。

當你的資料難以理解，讀者會做出不正確的假設，並且無法輕易發現錯誤。資料類別更容易閱讀和理解，而且型別檢查器知道如何自然地處理它們。

實際使用資料類別

資料類別代表一個異質的變數群集（heterogeneous collection of variables），所有的變數都被包成了一個複合型別（*composite type*）。複合型別由多個值所組成，並且應該總是代表某種關係（relationship）或邏輯分組（logical grouping）。舉例來說，Fraction（分數）是複合型別的一個很好的例子。它包含兩個純量值：一個 numerator（分子）和一個 denominator（分母）。

```
from fraction import Fraction
Fraction(numerator=3, denominator=5)
```

這個 Fraction 表示 numerator 和 denominator 之間的關係。numerator 和 denominator 是相互獨立的，改變一個並不會改變另一個。然而，藉由將它們結合成一個型別，它們就會被歸為一組，形成一個邏輯概念。

資料類別能讓你相當輕易建立這些概念。要用資料類別表示一個分數（fraction），你要這樣做：

```python
from dataclasses import dataclass
@dataclass
class MyFraction:
    numerator: int = 0
    denominator: int = 1
```

很簡單，不是嗎？類別定義前的 @dataclass 被稱為一個裝飾器（*decorator*）。你將在第 17 章中學習更多關於裝飾器的知識，至於現在，你只需要知道在你的類別前加上 @dataclass 就可以把它變成一個 dataclass。一旦你裝飾了類別，你需要列出你想作為關係表示的所有欄位（fields）。當務之急是提供一個預設值（default value）或一個型別，這樣 Python 就可以把它識別為那個 dataclass 的成員。在上面的例子中，我同時演示了這兩點。

透過像這樣建立關係，你正在增加源碼庫中的共用詞彙。與其讓開發者總是需要單獨實作每個欄位，不如提供一個可重複使用的分組。資料類別迫使你明確地為你的欄位指定型別，所以維護者發生型別混淆的可能性較小。

資料類別與其他使用者定義的型別可以內嵌（nested）在 dataclass 中。假設我正在建造一個自動煮湯機，而我需要將我湯的原料分組。使用 dataclass，這看起來會像這樣：

```python
import datetime
from dataclasses import dataclass
from enum import auto, Enum

class ImperialMeasure(Enum):    ❶
    TEASPOON = auto()
    TABLESPOON = auto()
    CUP = auto()

class Broth(Enum):    ❷
    VEGETABLE = auto()
    CHICKEN = auto()
    BEEF = auto()
    FISH = auto()
```

```
@dataclass(frozen=True) ❸
# 添加到湯汁中的成分
class Ingredient:
    name: str
    amount: float = 1
    units: ImperialMeasure = ImperialMeasure.CUP

@dataclass
class Recipe: ❹
    aromatics: set[Ingredient]
    broth: Broth
    vegetables: set[Ingredient]
    meats: set[Ingredient]
    starches: set[Ingredient]
    garnishes: set[Ingredient]
    time_to_cook: datetime.timedelta
```

❶ 追蹤不同液量（liquid measure）大小的一個列舉。

❷ 追蹤湯中使用哪些湯汁（broth）的一個列舉。

❸ 一個 dataclass，代表要放入湯裡的個別成分。請注意，參數 frozen=True（凍結為真）是資料類別的一個特殊特性，指出這個 dataclass 是不可變的（後面會有更多介紹）。這並不意味著這些原料來自超市的冷凍區（freezer section）。

❹ 表示湯的食譜的一個 dataclass。

我們能夠將多個使用者定義的型別（ImperialMeasure、Broth 和 Ingredient）全部組成複合型別 Recipe。從這個 Recipe 中，你可以推論出多個概念：

• 一個湯的食譜（soup recipe）是歸為一組的資訊。具體來說，它可以由它的成分（分成特定的類目）、使用的湯汁（broth）以及烹調需要多長時間來定義。

• 每種成分（ingredient）都有一個名稱（name）和你在食譜中需要的數量（amount）。

• 你有列舉來告訴你湯的湯汁和測量單位。這些本身並不是一種關係，但它們確實向讀者傳達了意圖。

• 成分的每個分組都是一個集合（set）而非一個元組（tuple）。這意味著使用者可以在建構之後變更它們，但仍然可以防止重複。

為了創建這個 dataclass，我做了以下工作：

```
pepper = Ingredient("Pepper", 1, ImperialMeasure.TABLESPOON)
garlic = Ingredient("Garlic", 2, ImperialMeasure.TEASPOON)
carrots = Ingredient("Carrots", .25, ImperialMeasure.CUP)
celery = Ingredient("Celery", .25, ImperialMeasure.CUP)
onions = Ingredient("Onions", .25, ImperialMeasure.CUP)
parsley = Ingredient("Parsley", 2, ImperialMeasure.TABLESPOON)
noodles = Ingredient("Noodles", 1.5, ImperialMeasure.CUP)
chicken = Ingredient("Chicken", 1.5, ImperialMeasure.CUP)

chicken_noodle_soup = Recipe(
    aromatics={pepper, garlic},
    broth=Broth.CHICKEN,
    vegetables={celery, onions, carrots},
    meats={chicken},
    starches={noodles},
    garnishes={parsley},
    time_to_cook=datetime.timedelta(minutes=60))
```

你也可以取得或設定個別的欄位：

```
chicken_noodle_soup.broth
>>> Broth.CHICKEN
chicken_noodle_soup.garnishes.add(pepper)
```

圖 9-1 顯示這個 dataclass 的構造。

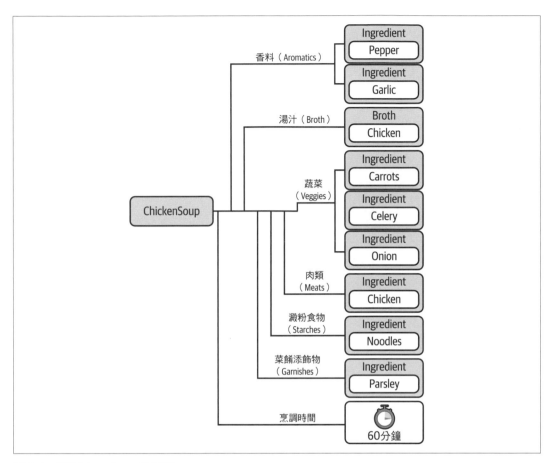

圖 9-1　這個 dataclass 的構造

透過型別的使用，我已經清楚說明了食譜的組成。使用者不能遺漏欄位。建立複合型別是透過你的源碼庫表達關係的最佳方式之一。

到目前為止，我只描述了一個 dataclass 中的欄位，但你也能夠以方法（methods）的形式添加行為。假設我想透過換上蔬菜湯汁和去除任何肉類來使任何的湯變成素食。我還想列出所有的成分，這樣你就可以確保沒有肉製品溜進來。

我可以像這樣直接新增方法到 dataclass：

```
@dataclass
class Recipe:
    aromatics: set[Ingredient]
```

```
    broth: Broth
    vegetables: set[Ingredient]
    meats: set[Ingredient]
    starches: set[Ingredient]
    garnishes: set[ingredient]
    time_to_cook: datetime.timedelta

    def make_vegetarian(self):
        self.meats.clear()
        self.broth = Broth.VEGETABLE

    def get_ingredient_names(self):
        ingredients = (self.aromatics |
                       self.vegetables |
                       self.meats |
                       self.starches |
                       self.garnishes)

        return ({i.name for i in ingredients} |
                {self.broth.name.capitalize() + " broth"})
```

這是對原始字典或元組的一大改進。我可以直接在我的 dataclass 中嵌入功能，促進可再用性（reusability）。若有使用者想得到所有的成分名稱或讓食譜變成素食，他們不必每次都記得要自己去做，只要呼叫這個函式就行了。這裡是在一個 dataclass 上直接呼叫函式的例子。

```
from copy import deepcopy
# 製作一個深層拷貝（deep copy），這樣修改一個湯
# 才不會改到原來的湯
noodle_soup = deepcopy(chicken_noodle_soup)
noodle_soup.make_vegetarian()
noodle_soup.get_ingredient_names()
>>> {'Garlic', 'Pepper', 'Carrots', 'Celery', 'Onions',
     'Noodles', 'Parsley', 'Vegetable Broth'}
```

用法

資料類別附有一些內建的函式，使它們非常容易使用。你已經看到，建構資料類別是很容易的，但你還能做什麼呢？

字串轉換

有兩個特殊的方法，__str__ 和 __repr__，可用來將你的物件轉換為其非正式和正式的字串表徵（string representation）[1]。注意到圍繞著它們的雙底線（double underscores），它們被稱為魔術方法（*magic methods*）。我將在第 11 章中進一步介紹魔術方法，至於現在，你可以把它們看作是你在一個物件上調用 str() 或 repr() 時，會被呼叫的函式。資料類別預設定義了這些函式：

```
# repr() 及 str() 兩者都會回傳下列輸出
str(chicken_noodle_soup)
>>> Recipe(
    aromatics={
        Ingredient(name='Pepper', amount=1, units=<ImperialMeasure.TABLESPOON: 2>),
        Ingredient(name='Garlic', amount=2, units=<ImperialMeasure.TEASPOON: 1>)},
    broth=<Broth.CHICKEN: 2>,
    vegetables={
        Ingredient(name='Celery', amount=0.25, units=<ImperialMeasure.CUP: 3>),
        Ingredient(name='Onions', amount=0.25, units=<ImperialMeasure.CUP: 3>),
        Ingredient(name='Carrots', amount=0.25, units=<ImperialMeasure.CUP: 3>)},
    meats={
        Ingredient(name='Chicken', amount=1.5, units=<ImperialMeasure.CUP: 3>)},
    starches={
        Ingredient(name='Noodles', amount=1.5, units=<ImperialMeasure.CUP: 3>)},
    garnishes={
        Ingredient(name='Parsley', amount=2,
                   units=<ImperialMeasure.TABLESPOON: 2>)},
    time_to_cook=datetime.timedelta(seconds=3600)
)
```

有點冗長，但這意味著你不會得到像 `<__main__.Recipe object at 0x7fef44240730>` 這樣更醜陋的東西，那是其他使用者定義型別預設的字串轉換。

相等性

如果你希望能夠測試兩個資料類別之間的相等性（equality，即 ==、!=），你可以在定義你的 dataclass 時指定 eq=True。

```
from copy import deepcopy

@dataclass(eq=True)
```

---

[1] 非正式的字串表徵可用於物件的列印。正式的字串表徵重現了關於該物件的所有資訊，讓它能夠被重新建構出來。

```
class Recipe:
    # ...

chicken_noodle_soup == noodle_soup
>>> False

noodle_soup == deepcopy(noodle_soup)
>>> True
```

預設情況下，相等性檢查將比較一個 dataclass 的兩個實體（instances）中的每一個欄
位。運作機制上，Python 在進行相等性檢查時，會呼叫一個名為 __eq__ 的函式。如果
你想為相等性檢查提供不同的預設功能，你可以編寫你自己的 __eq__ 函式。

關係比較

假設我想在我的 soup app 中為注重健康的人顯示營養資訊。我希望能夠透過不同的軸線
對湯進行排序，例如卡路里或碳水化合物的含量。

```
nutritionals = [NutritionInformation(calories=100, fat=1, carbohydrates=3),
                NutritionInformation(calories=50, fat=6, carbohydrates=4),
                NutritionInformation(calories=125, fat=12, carbohydrates=3)]
```

預設情況下，資料類別並不支援關係比較（<、>、<=、>=），所以你無法排序（sort）這
些資訊。

```
>>> sorted(nutritionals)

TypeError: '<' not supported between instances of
            'NutritionInformation' and 'NutritionInformation'
```

如果你希望可以定義關係比較（<、>、<=、>=），你得在 dataclass 的定義中設定
eq=True 和 order=True。所產生的比較函式將查看每個欄位，依照它們被定義的順序進行
比較。

```
@dataclass(eq=True, order=True)
class NutritionInformation:
    calories: int
    fat: int
    carbohydrates: int
nutritionals = [NutritionInformation(calories=100, fat=1, carbohydrates=3),
                NutritionInformation(calories=50, fat=6, carbohydrates=4),
                NutritionInformation(calories=125, fat=12, carbohydrates=3)]

>>> sorted(nutritionals)
```

```
[NutritionInformation(calories=50, fat=6, carbohydrates=4),
 NutritionInformation(calories=100, fat=1, carbohydrates=3),
 NutritionInformation(calories=125, fat=12, carbohydrates=3)]
```

如果你想控制如何定義比較，你可以在 dataclass 中編寫你自己的 __le__、__lt__、__gt__,和 __ge__ 函式，它們分別對應到小於等於（less-than-or-equals）、小於（less-than）、大於（greater-than）和大於等於（greater-than-or-equals）。舉例來說，如果你想讓你的 NutritionInformation 預設先按脂肪（fat）排序，然後再看碳水化合物（carbohydrates），最後看卡路里（calories）：

```
@dataclass(eq=True)
class NutritionInformation:
    calories: int
    fat: int
    carbohydrates: int

    def __lt__(self, rhs) -> bool:
        return ((self.fat, self.carbohydrates, self.calories) <
                (rhs.fat, rhs.carbohydrates, rhs.calories))

    def __le__(self, rhs) -> bool:
        return self < rhs or self == rhs

    def __gt__(self, rhs) -> bool:
        return not self <= rhs

    def __ge__(self, rhs) -> bool:
        return not self < rhs

nutritionals = [NutritionInformation(calories=100, fat=1, carbohydrates=3),
                NutritionInformation(calories=50, fat=6, carbohydrates=4),
                NutritionInformation(calories=125, fat=12, carbohydrates=3)]
```

```
>>> sorted(nutritionals)
    [NutritionInformation(calories=100, fat=1, carbohydrates=3),
     NutritionInformation(calories=50, fat=6, carbohydrates=4),
     NutritionInformation(calories=125, fat=12, carbohydrates=3)]
```

 如果你覆寫了比較函式，就別指定 order=True，因為這將引發 ValueError。

不可變性

有時，你需要表達一個 dataclass 不應該能被改變。在這種情況下，你可以指定一個 dataclass 必須是 frozen（凍結）的，或者說不能變更。任何時候你改變一個 dataclass 的狀態，你都會引入可能發生的各類錯誤：

- 你程式碼的呼叫者可能沒察覺那些欄位發生了變化，他們可能錯誤地假設那些欄位 是靜態的。

- 將單一個欄位設定為不正確的值可能與其他欄位的設定方式不相容。

- 若有多個執行緒（threads）在修改欄位，你就會有資料競態（data race）的風險，這意味著你無法保證修改被套用的相對順序。

如果你的 dataclass 是 frozen 的，這些錯誤情況都不會發生。要凍結一個 dataclass，請在該資料類別的裝飾器中添加 frozen=True：

```
@dataclass(frozen=True)
class Recipe:
    aromatics: Set[Ingredient]
    broth: Broth
    vegetables: Set[Ingredient]
    meats: Set[Ingredient]
    starches: Set[Ingredient]
    garnishes: Set[Ingredient]
    time_to_cook: datetime.timedelta
```

如果你想在一個集合中使用你的 dataclass，或者作為字典中的一個鍵值（key）使用，那麼它就必須是可雜湊（hashable）的。這意味著它必須定義一個 __hash__ 函式，該函式接受你的物件，並將其簡化為一個數字[2]。當你凍結一個 dataclass，只要你沒有明確地停用相等性檢查，而且所有欄位都是可雜湊的，它就會自動成為可雜湊的。

然而，這個不可變性有兩個注意事項。首先，當我說到不可變性的時候，我指的是 dataclass 中的欄位（fields），而不是包含該資料類別本身的變數。舉例來說：

```
# 假設 Recipe 是不可變的，因為
# frozen 在裝飾器中被設為真
soup = Recipe(
    aromatics={pepper, garlic},
    broth=Broth.CHICKEN,
```

---

2 雜湊（hashing）是一個複雜的主題，超出了本書的範圍。你可以在 Python 說明文件（*https://oreil.ly/ JDgLO*）中了解更多關於 hash 函式的資訊。

```
        vegetables={celery, onions, carrots},
        meats={chicken},
        starches={noodles},
        garnishes={parsley},
        time_to_cook=datetime.timedelta(minutes=60))


    # 這是一個錯誤
    soup.broth =  Broth.VEGETABLE

    # 這不是一個錯誤
    soup = Recipe(
        aromatics=set(),
        broth=Broth.CHICKEN,
        vegetables=set(),
        meats=set(),
        starches=set(),
        garnishes=set(),
        time_to_cook=datetime.timedelta(seconds=3600))
    )
```

如果你想讓型別檢查器在變數被重新繫結（rebound）時回報錯誤，你可以將變數注釋為 Final（關於 Final 的更多細節，請參閱第 4 章）。

其次，一個 frozen 的 dataclass 只能防止其成員被設定。如果成員是可變（mutable）的，你仍然能夠在那些成員上呼叫方法來修改它們的值。凍結的資料類別並沒有將不可變性延伸到它們的屬性。

舉例來說，這段程式碼是完全正確的：

```
    soup.aromatics.add(Ingredient("Garlic"))
```

即使它正在修改一個 frozen dataclass 的 *aromatics* 欄位，也不會引發錯誤。使用 frozen dataclass 時，使其成員不可變（如整數、字串或其他已凍結的資料類別）以避免這種陷阱。

與其他型別的比較

資料類別是相對較新的功能（在 Python 3.7 引進），很多舊有程式碼（legacy code）不會包含資料類別。評估是否採用資料類別時，你需要了解資料類別與其他構造相較之下的優勢所在。

資料型別 vs. 字典

正如第 5 章所討論的，字典對於鍵值與值的映射（mapping keys to values）而言是非常棒的，但只有當它們是同質的（所有鍵值的型別都相同，而且所有的值也都是相同型別），它們才是最合適的。用於異質資料時，字典對人類來說更難推理。此外，型別檢查器對字典的了解也不足以檢查出錯誤。

然而，資料類別對於根本上是異質的資料來說是一種自然選擇。程式碼的閱讀者知道型別中存在的確切欄位，型別檢查器也可以檢查正確的用法。如果你有異質資料，請在打算使用字典之前，先考慮資料類別。

資料型別 vs. TypedDict

第 5 章中還討論了 TypedDict 型別。這是對讀者和型別檢查器來說都合理的另一種儲存異質資料的方式。乍看之下，TypedDict 和資料類別都解決一種非常類似的問題，所以要決定哪一個比較適合，可能很困難。我的經驗法則是，把 dataclass 視為預設的，因為你可以在上面定義函式，而且你可以控制不可變性、比較能力、相等性和其他運算。然而，如果你已經在使用字典了（比如用來處理 JSON），你應該使用 TypedDict，前提是你不需要 dataclass 的任何好處。

資料型別 vs. namedtuple

namedtuple 是 collections 模組中的一個類似元組的群集型別。不同於元組，它允許你像這樣命名元組中的欄位：

```
>>> from collections import namedtuple
>>> NutritionInformation = namedtuple('NutritionInformation',
                                    ['calories', 'fat', 'carbohydrates'])
>>> nutrition = NutritionInformation(calories=100, fat=5, carbohydrates=10)
>>> print(nutrition.calories)

100
```

namedtuple 在使元組更易讀方面有很大的貢獻，但使用 dataclass 來代替它也是一樣。我幾乎總是選擇 dataclass 而不是 namedtuple。一個 dataclass，就像一個 namedtuple，提供具名欄位（named fields）和其他的好處，像是：

- 明確地對你的引數進行型別注釋

- 控制不可變性、比較能力和相等性

- 更容易在型別中定義函式

一般來說，只有當我明確需要與 Python 3.6 或之前版本相容時，我才會使用 namedtuple。

討論主題

你用什麼型別來表示你源碼庫中的異質資料？如果你使用字典，對開發者來說，知道字典中所有的鍵值與值對組（key-value pairs）有多容易？如果你使用元組，對開發者來說，知道個別欄位的含義有多容易？

結語

資料類別在 Python 3.7 中發行時改變了遊戲規則，因為它們能讓開發者定義完全型別化的異質型別，同時仍然保持輕量化。我在寫程式碼時，我發現自己越來越常使用資料類別。每當你遇到異質的、由開發者控制的字典或 namedtuple 時，資料類別會更合適。你可以在 dataclass 的說明文件（*https://oreil.ly/1toSU*）中找到大量的額外資訊。

然而，儘管資料類別很好，但它們不應該被普遍使用。一個資料類別的核心表示一種概念關係，但只有當資料類別中的成員彼此獨立時，它才真正合適。若有任何成員應該根據其他成員而受到限制，資料類別將使你的程式碼更難推理。任何開發者都可以在你資料類別的生命週期內變更欄位，這有可能造成一種非法的狀態。在那些情況下，你需要更穩重可靠的東西。在下一章中，我將教你如何使用類別（classes）來做到這一點。

## 第十章

使用者定義型別：類別

類別（classes）將是我在本書中要介紹的最後一種使用者定義型別。許多開發者很早就學會了類別，這既是一種好處，也是一種壞處。類別在許多框架和源碼庫中都有使用，所以精通類別的設計是值得的。然而，若開發者過早地學習類別，他們就會錯失「何時使用它們」以及更重要的「何時不使用它們」的細微差別。

回想一下你對類別的使用。你可以改用資料類別來表示那些資料嗎？或是一組自由的函式呢？我見過太多的源碼庫在不應該使用類別的情況下到處使用，可維護性也因此受到影響。

然而，我也遇到過一些源碼庫，它們是另一個方向的極端：根本不使用類別。這也會影響到可維護性，那很容易打破假設，並且到處出現不一致的資料。在 Python 中，你應該致力於維持一種平衡。類別在你的源碼庫中佔有一席之地，但重要的是要認識到它們的強處和弱點。現在是時候真正深入挖掘，拋開你的成見，學習類別如何幫助你編寫更強健的程式碼。

類別解剖學

類別旨在成為將相關資料分組聚集的另一種方式。它們在物件導向典範中已有幾十年的歷史，乍看之下，與你所學的資料類別並無太大區別。事實上，你能以撰寫 dataclass 的方式來撰寫一個類別：

```python
class Person:
    name: str = ""
    years_experience: int = 0
    address: str = ""
```

```
pat = Person()
pat.name = "Pat"
print(f"Hello {pat.name}")
```

看看上面的程式碼，你能使用一個 dict 或 dataclass 以一種不同的方式輕易地寫出它：

```
pat = {
    "name": "",
    "years_experience": 0,
    "address": ""
}

@dataclass
class Person():
    name: str = ""
    years_experience: int = 0
    address: str = ""
```

在第 9 章中，你學到了資料類別相對於原始字典的優勢，類別也提供了許多相同的好處。但是你可能（正確地）好奇為什麼你要使用類別而非再次使用資料類別？

事實上，考慮到資料類別的靈活性和便利性，類別可能會感覺低人一等。你沒有那些花俏的功能，例如 frozen 或 ordered。你沒有內建的字串方法可用。為什麼，你甚至不能像使用資料類別那樣漂亮地實體化一個 Person。

試著做這樣的事情：

```
pat = Person("Pat", 13, "123 Fake St.")
```

試著用一個類別這樣做的時候，你會立刻看到一個錯誤跟你打招呼：

```
TypeError: Person() takes no arguments
```

乍看之下，這真是令人沮喪。然而，這個設計決策是刻意的。你需要明確地定義一個類別是如何被建構出來的，這是透過一種叫做*建構器*（*constructor*）的特殊方法來完成的。與資料類別相比，這看起來像是一個缺點，但這能讓你對類別中的欄位有更精細的控制。接下來的幾個小節將描述如何使用這種控制能力來使你受益。首先，讓我們來看看一個類別的建構器實際上為你提供了什麼。

建構器

一個建構器描述如何初始化（initialize）你的類別。你以一個 __init__ 方法來定義一個建構器：

```
class Person:
    def __init__(self,
                 name: str,
                 years_experience: int,
                 address: str):
        self.name = name
        self.years_experience = years_experience
        self.address = address

pat = Person("Pat", 13, "123 Fake St.")
```

請注意，我對這個類別做了一些調整。我沒有像在資料類別中那樣定義變數，而是在一個建構器中定義所有的變數。建構器是一個特殊的方法，類別被實體化的時候，它就會被呼叫。它接受定義你的使用者資料型別所需的引數，以及一個叫作 self 的特殊引數。這個參數的具體名稱是任意的，但你會看到大多數程式碼使用 self 作為慣例。每次你實體化（instantiate）一個類別，self 引數參考的就是那個特定的實體，一個實體的屬性不會與另一個實體的屬性衝突，即便它們屬於同一類別。

那麼，為什麼要編寫一個類別呢？字典或資料類別的寫起來比較簡單，涉及的儀式也比較少。對於像前面列出的 Person 物件那樣的東西，我不反對。然而，類別可以傳達字典或資料類別不容易傳達的關鍵概念：不變式（*invariants*）。

不變式

一個不變式（invariant）是一個實體（entity）的一個特性（property），它在該實體的整個生命週期中保持不變。不變式是關於你的程式碼應持續成立的概念。程式碼的讀者和編寫者會對你的程式碼進行推理，並依靠這種推理來維持一切的正確性。不變式是理解你的源碼庫的基礎。下面是一些不變式的例子：

- 每名員工都有一個唯一的 ID；沒有員工的 ID 是重複的。

- 遊戲中的敵人只有在他們的健康點數高於零時才可以採取行動。

- 圓只能有一個正值的半徑。

- 披薩的醬汁上總是有起司。

不變式傳達物件不可改變的特性。它們可以反映數學特性、業務規則、協調保證，或是你想保持成立的任何其他東西。不變式不一定要對映現實世界，它們只需要對你的系統而言是真的就好。舉例來說，芝加哥風格的超厚披薩愛好者可能不同意最後一個與披薩有關的敘述，但如果你的系統只處理起司放在醬汁上的披薩，那麼將其編碼為一個不變式是 OK 的。不變式也只涉及一個特定的實體。你可以決定不變式的範疇（scope）、它是否在整個系統中都為真，又或者它是否只適用於特定的程式、模組或類別。本章將專注於類別和它們在維持（*preserving*）不變式中的作用。

所以，類別是如何幫助傳達不變式的呢？讓我們從建構器開始講起。你可以加入保障措施和斷言（assertions）來檢查一個不變式是否有被滿足，從那時起，該類別的使用者應該要能仰賴不變式在該類別的生命週期內都為真。讓我們來看看如何做到。

考慮一個想像中的自動披薩製作機，它每次都能做出一個完美的披薩。它將拿起麵團、把它滾成一個圓、放上醬汁和配料，然後烘烤那個披薩。我將列出一些我想在我的系統中維持的不變式（這些不變式對於世界上所有的披薩來說並不普遍為真，只對我想製作的披薩而言是真的）。

我希望以下敘述在披薩的生命週期內都是真的：

- 醬汁（sauce）永遠不會被放在配料（toppings）上面（在這種情況下，起司是一種配料）。

- 配料可以放在起司（cheese）上面或下面。

- 披薩最多只有一種醬汁。

- 麵團（dough）的半徑（radius）只能是整數。

- 麵團的半徑只能介於 6 至 12 英寸（inches）之間，包括兩端（15 至 30 公分之間）。

其中有些可能出於商業考量，有些可能出於健康因素，有些可能只是機器的限制，但其中每一項都應該在披薩的生命週期中保持成立。我將在披薩的製作過程中檢查這些不變式。

```
from pizza.sauces import is_sauce
class PizzaSpecification:
    def __init__(self,
                 dough_radius_in_inches: int,
                 toppings: list[str]):
        assert 6 <= dough_radius_in_inches <= 12, \
            'Dough must be between 6 and 12 inches'
```

```
        sauces = [t for t in toppings if is_sauce(t)]
        assert len(sauces) < 2, \
            'Can only have at most one sauce'

        self.dough_radius_in_inches = dough_radius_in_inches
        sauce = sauces[:1]
        self.toppings = sauce + \
            [t for t in toppings if not is_sauce(t)]
```

讓我們來分解一下不變式的這個檢查:

- dough_radius_in_inches 是一個整數。這並不能阻止呼叫者傳入浮點數、字串或任何其他東西給建構器,但如果配合型別檢查器(例如你在第一部中使用的那些)使用,你就能偵測到呼叫者傳遞的錯誤型別。如果你沒有使用型別檢查器,你將不得不做 isinstance() 檢查(或類似的東西)來代替。

- 這段程式碼斷言麵團的半徑在 6 到 12 英寸之間(包括兩端)。若非如此,就會擲出一個 AssertionError(阻止該類別的建構)。

- 這段程式碼斷言最多只有一種醬汁,如果不成立則擲出一個 AssertionError。

- 這段程式碼確保醬汁在我們的配料串列的開頭(可想而知,這將被用來告訴披薩製作者以何種順序放置配料)。

- 請注意,我沒有明確做任何事來保留「配料可以在起司之上或之下」的特性。這是因為實作的預設行為就滿足這個不變式。然而,你仍然可以選擇透過說明文件將此不變式傳達給你的呼叫者。

斷言(Assertions) vs. 例外(Exceptions)

在本書中,我將在某些情況下使用斷言,而在其他情況下提出例外。當斷言失敗,它會提出 AssertionError,那是一種例外型別。這可能使斷言和例外看起來可以互換,但實際上我是刻意挑選其中之一。

斷言並不保證會在執行時期(runtime)運行,因為你的程式碼在部署時可能帶有停用斷言的選項。在此例中,我把它們用於我一直預期為真的那些東西,除非系統中有開發人員搞砸了。這樣做的目的是為了在開發過程中捕捉失誤,並向其他開發者發出信號,讓他們不要創造出使斷言失效的情況。

另一方面，例外則向開發者表明，由於使用者的錯誤或惡意行為，一些事情可能
會發生。這不太可能發生，但其他開發者必須準備好在有事出錯時捕捉例外。

如果錯誤不是一種例外的用例，我可以選擇回傳一個 Optional 或 Union 來代替
（更多資訊請參閱第 4 章）。請注意，這只適用於函式回傳一個值的情況。本章
中的建構器不回傳任何值，所以使用 Optional 或 Union 是不恰當的。在這些情況
下，要向未來的開發者清楚表明可能擲出一個例外（或斷言），因為型別檢查器
不會有什麼幫助。

避免遭破壞的不變式

如果不變式可能會被打破，你就永遠都不要建構該類別，這一點非常重要。如果呼叫者
建構物件的方式會破壞不變式，你有兩條途徑可以選擇。

擲出一個例外

　　這將阻止物件被建構。這就是我在確保麵團半徑是合適的，而且我最多只有一個醬
　　的時候所做的。

修改資料

　　使資料符合不變式的要求。當我沒有按正確的順序獲得配料時，我本可擲出一個例
　　外，但是我重新排列了它們以滿足不變式。

如果你不想要例外怎麼辦？

如果你不想使用例外，你可以改為使用一個函式來創建你的類別（也被稱為一個
「工廠方法（factory method）」）。你可以藉由在類別的前面加上底線（_）來隱
藏你的類別不讓 help() 看到，然後在你的模組中建立一個函式來檢查不變式並實
體化該類別。如果無法滿足不變式，你可以回傳 None。請確保你使用 Optional 型
別（如第 4 章所述）來表示 None。

```
# 給維護人員的備註：只透過 create_pizza_spec 函式來創建這個
class _PizzaSpecification:
    # ...略過類別
```

```
def create_pizza_spec(dough_radius_in_inches: int,
                      toppings: list[str]) -> Optional[_PizzaSpecification]:
    try:
        return _PizzaSpecification()
    except:
        return None
```

如果你真的想，你可以把你的不變式檢查移到函式本身，但如果是那樣，你就是在處理一個沒有不變式的型別，而你應該使用一個資料類別。如果你更習慣函式型程式設計（functional programming）典範，並會讓你類別的大部分保持不可變（immutable），那麼這就不是問題了。

為何不變式是有益的？

編寫一個類別並想出不變式是很費工夫的事情。但我希望每次你將一些資料分組時都能有意識地考慮到不變式。請自問：

- 這些資料中是否應該有我無法透過型別系統捕捉到的任何形式的限制（如配料的順序）？

- 是否有些欄位是相互依存的（即改變一個欄位可能改到另一個欄位）？

- 是否有我想提供的關於資料的保證？

如果你對這些問題中的任何一個有肯定的回答，你就有你想要維持的不變式，而且應該撰寫一個類別。當你選擇撰寫一個類別，並定義一組不變式，你就是在做這幾件事：

1. 你遵守了「不要重複自己（Don't Repeat Yourself，DRY）」的原則 [1]，與其讓物件建構之前會進行檢查的程式碼散布各處，你把這些檢查都放在一個地方。

2. 你把更多的責任放在作者身上，以減輕讀者、維護者和呼叫者的工作。你程式碼的存在時間很可能會比你在其上的工作時間長。透過提供一個不變式（並很好地傳達它，請參閱下一節），你就減輕了那些後來者的負擔。

3. 你能更有效地推理程式碼。像 Ada（*https://www.adacore.com/about-ada*）這樣的語言和形式證明（formal proofs）這樣的概念，會被用在關鍵任務環境是有其原因的。它們減輕了開發人員的負擔，而其他程式人員也可以在一定程度上信任你的程式碼。

---

1 Andrew Hunt and David Thomas. *The Pragmatic Programmer: From Journeyman to Master*. Reading, MA: Addison-Wesley, 2000.

所有的這些都會減少錯誤的發生。你不會冒著人們錯誤建構物件或漏掉必要檢查的風險。你為人們製作了一個更容易思考的 API，減少了人們誤用你物件的風險。你也更能遵循最不意外法則（Law of Less Surprise）。你永遠不希望別人在使用你的程式碼時感到意外（你聽過多少次「等等，這個類別是那樣運作的？」）。透過定義不變式並堅持遵守它們，就可以減少別人驚訝的機會。

字典單純就是無法做到這一點。

考慮一個由字典表示的披薩規格（pizza specification）：

```
{
    "dough_radius_in_inches": 7
    "toppings": ["tomato sauce", "mozzarella", "pepperoni"]
}
```

沒有簡單的辦法來強迫使用者正確地建構這個字典。你必須仰賴呼叫者在每次調用時都做正確的事（隨著源碼庫的增長，這只會變得越來越困難）。也沒有辦法防止使用者隨意修改字典和破壞不變式。

誠然，你可以定義一些方法，在檢查了不變式之後再建構字典，並且只透過也會檢查不變式的函式來修改字典。又或者，你當然可以在資料類別上寫一個建構器和不變式的檢查方法。但是如果你都經歷了所有的這些麻煩事，那為何不乾脆寫一個類別呢？要注意你的選擇向未來的維護者傳達了什麼。在字典、資料類別和類別之間進行選擇時，你必須慎重。這些抽象概念中的每一個都傳達了非常特定的含義，如果你選錯了，你會讓維護者感到困惑。

還有一個好處是我沒有談到的，它與 SOLID（參閱接下來的補充說明）中的「S」有關：單一責任原則（Single Responsibility Principle）。單一責任原則指出，每個物件「應該有一個而且只有一個改變的理由」[2]。這聽起來很簡單，但在實務中，要知道一個改變理由適用的單位是很困難的。我給你的建議是，定義一組相關的不變式（例如你的麵團和配料），並為每組相關的不變式編寫一個類別。如果你發現自己寫的屬性或方法與這些不變式中任何一個都沒有直接關係，那麼你的類別就有低凝聚力（cohesion），這意味著它有太多的責任。

---

2 Robert C. Martin. "The Single Responsibility Principle." *The Clean Code Blog* (blog), May 8, 2014. *https://oreil.ly/ZOMxb*.

討論主題

思考你源碼庫中一些最重要的部分。該系統的哪些不變式是真的？這些不變式強制施加的情況如何，有讓開發人員無法打破它們嗎？

傳達不變式

現在，除非你能有效地傳達這些優點，否則你就無法實現它們。沒有人能對他們不知道的不變式進行推理。那麼，你如何做到這一點呢？好吧，對於任何的溝通，你都應該考慮你的聽眾。你有兩種類型的人，兩種不同的用例：

類別的消費者

這些人試圖解決他們自己的問題，並正在尋找工具來協助他們。他們可能正試著除錯一個問題，或要在源碼庫中找到一個能幫助他們的類別。

類別的未來維護者

人們會為你的類別增添功能，很重要的是他們不會破壞你所有的呼叫者都仰賴的不變式。

在設計你的類別時，你需要考慮到這兩點。

耗用你的類別

首先，你類別的消費者通常會查看你的原始碼，看看它是如何運作的，是否符合他們的需求。在建構器中放置斷言述句（或提出其他例外）是告訴使用者，你的類別能做什麼和不能做什麼的好辦法。建構器通常是開發者首先會看的地方（畢竟，如果他們不能實體化你的類別，他們如何使用它呢）。對於你無法在程式碼中表示的那些不變性（是的，它們是存在的），你想在你的使用者會用作 API 參考說明的東西裡記錄下來。你的說明文件越貼近程式碼，使用在查閱你的程式碼時，就越有可能找到它。

一個人頭腦中的知識是無法擴充或被發現的。Wiki 和說明文件入口是不錯的一步，但通常比較適合規模較大且不會很快過時的概念。源碼庫中的 README 會是更好的一步，但真正最好的地方是類別本身的註解或 docstring。

```
class PizzaSpecification:
    """
    This class represents a Pizza Specification for use in
    Automated Pizza Machines.

    The pizza specification is defined by the size of the dough and
    the toppings. Dough should be a whole number between 6 and 12
    inches (inclusive). If anything else is passed in, an AssertionError
    is thrown. The machinery cannot handle less than 6 inches and the
    business case is too costly for more than 12 inches.

    Toppings may have at most one sauce, but you may pass in toppings
    in any order. If there is more than one sauce, an AssertionError is
    thrown. This is done based on our research telling us that
    consumers find two-sauced pizzas do not taste good.

    This class will make sure that sauce is always the first topping,
    regardless of order passed in.
```

```
Toppings are allowed to go above and below cheese
(the order of non-sauce toppings matters).

"""
def __init__(...)
    # ...實作放在這裡
```

在我的職業生涯中，我與註解（comments）的關係有點爭議。開始的時候，我對所有的東西都進行註解，可能是因為我的大學教授要求這樣做。幾年後，鐘擺往另一個方向擺得太過，我變成一個主張「程式碼應自我說明」的人，意思是程式碼應該能夠獨立存在，自己就能解釋自己。畢竟，註解可能會過時，而且正如人們常說的那樣：「錯誤的註解比沒有註解更糟糕」。後來鐘擺又擺回來了，我了解到程式碼絕對應該自我說明它在做什麼（這只是最不意外法則的另一種應用），但註解有助於讓程式碼更容易親近。大多數人把這一點簡化為說明程式碼為什麼會有這樣的行為，但有時這是很模糊不清的。在上面的片段中，我的處理方式是記錄我的不變式（包括在程式碼中不明顯的那些），並以業務理由來支持它們。這樣一來，消費者就可以確定該類別的用途，以及該類別是否符合他們預期的用例。

那麼維護者呢？

你必須以不同的方式處理另一個群體，即你程式碼未來的維護者。這是個棘手的問題。你有註解來幫忙定義你的限制，但這並不能防止無意中更動不變式。修改不變式是一件需要謹慎處理的事。

人們會開始依賴這些不變式，即使它們沒有反映在函式特徵式或型別系統中。如果有人更動了不變式，該類別的每一個消費者都可能受到影響（有時這是無法避免的，但要意識到代價）。

為了幫忙捕捉這種問題，我將依靠一個老朋友作為安全網：單元測試（unit tests）。單元測試是會自動測試你自己的類別和函式的程式碼片段（關於單元測試的更多討論，請參閱第 21 章）。你絕對應該以你的預期和不變式為中心來撰寫單元測試，但我希望你能考慮一個額外的面向：幫助未來的測試編寫者知道什麼時候不變式也被打破了。我喜歡在情境管理器（context manager）的幫助下做到這一點，這是 Python 中的一種構造，它會在退出一個 with 區塊時強制執行程式碼（如果你不熟悉情境管理器，你將在第 11 章中學到更多）：

```
import contextlib
from pizza_specification import PizzaSpecification

@contextlib.contextmanager
def create_pizza_specification(dough_radius_in_inches: int,
                               toppings: list[str]):
    pizza_spec = PizzaSpecification(dough_radius_in_inches, toppings)
    yield pizza_spec
    assert 6 <= pizza_spec.dough_radius_in_inches <= 12
    sauces = [t for t in pizza_spec.toppings if is_sauce(t)]
    assert len(sauces) < 2
    if sauces:
        assert pizza_spec.toppings[0] == sauces[0]

    # 檢查我們斷言了所有非醬汁的順序
    # 請記住,沒有不變式指出我們不可以
    # 在往後的某個日期添加配料,
    # 所以我們只檢查已經傳入的那些
    non_sauces = [t for t in pizza_spec.toppings if t not in sauces]
    expected_non_sauces = [t for t in toppings if t not in sauces]
    for expected, actual in zip(expected_non_sauces, non_sauces):
        assert expected == actual


def test_pizza_operations():
    with create_pizza_specification(8, ["Tomato Sauce", "Peppers"]) \
        as pizza_spec:

        # 用 pizza_spec 來做些事情
```

像這樣使用情境管理器的美好之處在於,每一個不變式都可以作為測試的一個後置條件（postcondition）來檢查。這感覺像是在重複,直接違反了 DRY 原則,但在這種情況下,這是有必要的。單元測試是複式簿記（double-entry bookkeeping）的一種形式,你希望它們能在有一方錯誤地改變時發現錯誤。

不變式的檢查很慢嗎?

檢查所有的這些不變式有執行時間的成本,特別是對於比披薩更複雜的資料型別。檢查不變式為節省人類時間提供了真正的好處,但對於一個在緊湊的迴圈中多次創建的物件來說,開發人員可能想避開條件式或例外,以增進程式碼執行效能。如果你所處的情況是,程式沒有達到基準,你也對程式碼進行了效能評測,而不變式檢查是最大的罪魁禍首,那我希望你能這樣做:

持續在說明文件中記錄該類別所有的不變式，但是透過非常明確的方式來傳達，滿足不變式的責任在呼叫者身上，而不在類別本身。該類別仍然應該試著維護不變式以增進可推理性（reasonability），但它不能像你所希望的那樣做很多先決條件（precondition）檢查。你實質上是刻意為了速度而犧牲可維護性。至於可維護性會受到多大的影響，以及你會得到多大的速度提升，都要視具體情況而定。如果你選擇了這一途徑，請在你的環境中補充其他流程，以彌補可維護性的下降（更強大的 linting、更嚴格的程式碼審查…等等）。

封裝和維護不變式

我有個小秘密要告訴你。在上一節中我並不完全誠實。我知道，我知道，我很慚愧，我肯定那些眼神銳利的讀者已經發現了我的欺騙行為。

考慮這個：

```
pizza_spec = PizzaSpecification(dough_radius_in_inches=8,
                                toppings=['Olive Oil',
                                          'Garlic',
                                          'Sliced Roma Tomatoes',
                                          'Mozzarella'])
```

根本沒有什麼能阻止未來的開發者在事後改變一些不變式。

```
pizza_spec.dough_radius_in_inches = 100  # 不好的！
pizza_spec.toppings.append('Tomato Sauce')  # 第二種醬汁，糟了！
```

如果任何開發人員都能立即使其失效，那麼談論不變式的意義何在？好吧，事實證明，我還有另一個概念要討論：封裝（encapsulation）。

封什麼？現在嗎？

封裝。簡單地說，它是一個實體隱藏特性以及在那些特性上所進行的動作之能力。實際上，它意味著你可以決定呼叫者看得到哪些特性，並能限制他們如何存取它們或改變資料。這是透過一個 API（application programming interface，應用程式介面）來達成的。

大多數人想到 API 的時候，就會想到 REST 或 SDK（software development kits，軟體開發套件）等東西。但每個類別都有自己的 API，它是你如何與類別互動的基石。每個函式呼叫（function call）、每次特性存取（property access）、每次的初始化（initialization）都是物件的 API 的一部分。

到目前為止，我已經涵蓋了 `PizzaSpecification` 中 API 的兩個部分：初始化（建構器）和特性存取。關於建構器，我沒有更多的話要說了，它已經完成了驗證不變式的工作。現在，我會討論如何在你充實 API 的其餘部分（我們希望與這個類別捆綁在一起的運算）時保護這些不變式。

資料存取的防護

這使我們回到了本節開頭的問題：如何防止我們 API（我們類別）的使用者破壞不變式？藉由發出訊號表明這個資料應該是*私有*（*private*）的。

在許多程式語言中，有三種類型的存取控制（access control）：

Public（公開的）

> 任何其他程式碼都可以存取 API 的這一部分。

Protected（受保護的）

> 只有子類別（我們將在第 12 章中看到更多關於這些的資訊）應該存取 API 的這一部分。

Private（私有的）

> 只有此類別（以及此類別的任何其他實體）應該存取 API 的這一部分。

公開和受保護的屬性構成了你的公開 API，在人們大力仰賴你的類別之前，這些特性就應該要是相對穩定的。然而，一般的慣例是，人們不應該去觸碰你的私有 API。這應該能讓你自由地隱藏你認為沒必要被存取的東西。這就是你維護你不變式的方法。

在 Python 中，你向其他開發者發出訊號表明一個屬性應該被保護（protected）的方式是，在方法名稱前加上底線（_）。私有（private）屬性和方法則應該前綴兩個底線（__）。（注意，這和用兩個底線*包圍*的函式不同，那些代表特殊的魔術方法，我將在第 11 章中涵蓋）。在 Python 中，你沒有編譯器可以捕捉到違反這種存取控制的情況。沒有任何東西可以阻止開發者伸手亂動你受保護和私有的成員。要強制施加這一點，成為組織上的挑戰，這也是像 Python 這樣的動態定型語言野獸本質的一部分。設置 linting、強制要求程式碼風格、做徹底的程式碼審查，你應該把你的 API 當作你類別的核心教條，不允許它們被輕易地破壞。

使你的屬性受保護或私有化，有幾個好處存在。受保護的和私有的屬性不會出現在類別的 help() 中。這將減少有人在無意中使用這些屬性的機會。此外，私有屬性也不容易被存取。

考慮一下帶有私有成員的 PizzaSpecification：

```python
from pizza.sauces import is_sauce
class PizzaSpecification:
    def __init__(self,
                 dough_radius_in_inches: int,
                 toppings: list[str]):
        assert 6 <= dough_radius_in_inches <= 12, \
        'Dough must be between 6 and 12 inches'
        sauces = [t for t in toppings if is_sauce(t)]
        assert len(sauces) < 2, \
            'Can have at most one sauce'

        self.__dough_radius_in_inches = dough_radius_in_inches ❶
        sauce = sauces[:1]
        self.__toppings = sauce + \
            [t for t in toppings if not is_sauce(t)] ❷

pizza_spec = PizzaSpecification(dough_radius_in_inches=8,
                               toppings=['Olive Oil',
                                         'Garlic',
                                         'Sliced Roma Tomatoes',
                                         'Mozzarella'])

pizza_spec.__toppings.append('Tomato Sauce') # 糟糕
>>> AttributeError: type object 'pizza_spec' has no attribute '__toppings'
```

❶ 以英寸（inches）為單位的麵團半徑（dough radius）現在是一個私有成員。

❷ 配料（toppings）現在是一個私有成員。

當你在屬性前加上兩個底線時，Python 會做一些叫做名稱絞亂（name mangling）的事情。也就是說，Python 會在底層更改名稱，若有使用者濫用你的 API，就會變得非常明顯。我可以透過使用一個物件的 __dict__ 屬性來了解什麼是名稱絞亂：

```
pizza_spec.__dict__
>>> { '_PizzaSpecification__toppings': ['Olive Oil',
                                        'Garlic',
                                        'Sliced Roma Tomatoes',
                                        'Mozzarella'],
      '_PizzaSpecification__dough_radius_in_inches': 8
}

pizza_spec._PizzaSpecification__dough_radius_in_inches = 100
print(pizza_spec._PizzaSpecification__dough_radius_in_inches)
>>> 100
```

如果你看到像這樣的屬性存取，你應該提高警覺：開發者正在搞亂類別的內部結構，這可能會破壞不變式。幸運的是，在對源碼庫進行 linting 檢查時，這種情況很容易被發現（你將在第 20 章中學習更多關於 linters 的知識）。與你的共同貢獻者達成協議，不要去碰任何私有的東西，否則，你會發現自己處於一個無法維護的混亂之中。

我應該為每個私有成員編寫取值器（Getters）和設值器（Setters）嗎？

為每個成員都寫一個 getter（取值器）和 setter（設值器）是一種常見的失誤（特別是對於那些剛學習私有屬性的人來說）。如果你發現你的類別除了 getter 和 setter 之外幾乎什麼都沒有，你可能會想換成一個資料類別。你正在提供公開存取，只是步驟更多。

即使你的類別中有不變式，也要當心大量的 getter 方法。你不會想要回傳對可變屬性（如串列或字典）的參考（references）。在許多情況下，回傳該資料的一個拷貝（copy）可能就好了。如果你的呼叫者需要變動這些資料，試著迫使他們必須透過你所選的 API（或者寫一個新的 API，如果恰當的話，以保留你的不變式）。

運算

所以現在我有了一個不變式不能被（輕易）破壞的類別。我有一個可以建構的類別，但我不能變更或讀取它的任何資料。這是因為到目前為止，我只觸及了封裝一部分：資料的隱藏。我還需要講解一下如何將運算（operations）與資料捆綁在一起。進到方法（methods）的部分。

我相信你已經很好地掌握了存在於類別之外的函式（也被稱為「自由函式」，free functions）。我將關注的是存在於類別內的函式，也被稱為方法。

讓我們假設，對於我的披薩規格，我希望能夠在披薩排隊製作時添加配料。畢竟，我的披薩事業是一大成功（這是我的想像，至少讓我想一下吧），經常有長長的隊伍等待披薩的製作。但是，一個剛剛下單的家庭發現他們錯過了他們兒子最喜歡的配料，為了避免小朋友因為融掉的起司而哭鬧，他們需要在提交訂單後修改他們的訂單。我會定義一個新的函式，方便他們新增一種配料。

```python
from typing import List
from pizza.exceptions import PizzaException
from pizza.sauces import is_sauce
class PizzaSpecification:
    def __init__(self,
                 dough_radius_in_inches: int,
                 toppings: list[str]):
        assert 6 <= dough_radius_in_inches <= 12, \
            'Dough must be between 6 and 12 inches'

        self.__dough_radius_in_inches = dough_radius_in_inches
        self.__toppings: list[str] = []
        for topping in toppings:
            self.add_topping(topping) ❶


    def add_topping(self, topping: str): ❷
        '''
        新增一種配料到披薩上
        建構 pizza 的所有規則（一種醬汁、起司上
        沒有醬汁等）仍然適用。
        '''
        if (is_sauce(topping) and
                any(t for t in self.__toppings if is_sauce(t))):
            raise PizzaException('Pizza may only have one sauce')

        if is_sauce(topping):
```

```
                self.__toppings.insert(0, topping)
        else:
                self.__toppings.append(topping)
```

❶ 使用新的 add_topping 方法。

❷ 新的 add_topping 方法。

寫出一個只是把一種配料附加（appends）到一個串列上的方法是很容易的。但那是不對的。我有一個不變式要維護，而且我現在不能退縮。這段程式碼確保我們不會添加第二種醬汁，如果配料是一種醬汁，則要確保它先被鋪上。記住，一個不變式需要在物件的生命週期內保持成立，而那可能延伸到最初的建構之後很久。你所添加的每一個方法都應該繼續維持該不變式。

方法通常被分為兩類：存取器（accessors）和變動器（mutators）。有些人將其簡化為「getters（取值器）」和「setters（設值器）」，但我覺得這有點過於狹隘。「getters」和「setters」所描述的方法，通常只是回傳一個簡單的值或設定一個成員變數。有許多方法要複雜得多：設定多個欄位、進行複雜的計算，或操作資料結構。

存取器是用來取回資訊（retrieving information）的。如果你的不變式與如何表示資料有關，那這些就是你會關心的方法。舉例來說，披薩規格可能包括將其內部資料轉化為機器作業（滾麵團、加醬汁、放配料、烘烤）的方式。根據不變式的性質，你會想確保你不會產生無效的機器作業。

變動器是會改變你物件之狀態的東西。如果你有變動器，你就得格外小心，改變狀態時，你要維持所有不變式的成立才行。在一個現有的披薩上添加新的配料就是一種變動器。

這也是衡量一個函式是否應該放在你類別內部的一種好辦法。如果你的函式本身不在意不變式，或者更糟的，不關心類別的成員，那麼你可能會用一個自由函式來代替。這個函式最好存在於模組範疇（module scope）並且在你的類別之外。在一個已經很臃腫的類別中再塞進一個函式可能很有吸引力（因為那往往是最簡單的），但如果你致力於追求可維護性，那麼在一個類別中有不相關的函式就會導致一場噩夢（你會建立各種有趣的依存關係鏈；如果你曾經問過自己為什麼一個檔案依存另一個檔案，這通常就是原因所在）。也可能發生的情況是，你的類別根本就沒有不變式，而你應該只是把自由函式串起來就好。

這就是不變式。這不是開發人員會常提到的東西，但一旦你開始用不變式來思考，你就會發現類別的可維護性得到了很大的提升。記住，你用不變式來讓使用者能對你的物件進行推理，減少認知負擔。就算你花了額外的時間來寫程式碼，如果那能為之後不管為數多少的讀者節省理解的時間，那也算得到了報償。

結語

我在類別上花了相當多的時間，特別是相較於其他使用者定義的資料型別，例如列舉或資料類別。然而，這是刻意為之的。類別通常都很早就教了，而且很少被重新複習。我發現大多數開發者傾向於過度使用類別，而不考慮它們原本的用途。

決定如何創建使用者定義型別的過程中，我為你提供以下指引：

字典

字典主要是為了實作從鍵值（keys）到值（values）的映射（mappings）。如果你正在使用字典，但很少對其進行迭代或動態地要求鍵值，那麼你就沒有把它們當成關聯式映射（associative mapping）使用，而且大概需要不同的型別。有一個例外是在執行時期從資料來源取回資料時（例如，獲取 JSON、剖析 YAML、取回資料庫的資料等），這時 TypedDict 是合適的（參閱第 5 章）。然而，如果你不需要在其他地方把它們當作字典使用，你應該努力在剖析資料後，把那些東西弄到使用者定義的類別中。

列舉（*Enumerations*）

列舉對於表示離散的純量值之聯集（union）來說是非常好的。你不一定關心那些列舉值是什麼，你只是需要個別的識別字（identifiers）以區分程式碼中的不同情況（cases）。

資料類別（*Data classes*）

資料類別對於大部分是獨立的捆裝資料來說是非常好的。你可能對個別欄位的設置方式有一些限制，但在大多數情況下，使用者可以自由地獲取和設定個別屬性，到他們滿意為止。

類別（*Classes*）

類別都是關於不變式（invariants）。如果你有一個你想維持的不變式，就建立一個類別，在建構時斷言那個先決條件成立，並且不要讓任何方法或使用者的存取動作破壞那個不變式。

圖 10-1 是一個便利的流程圖，描述了這些經驗法則。

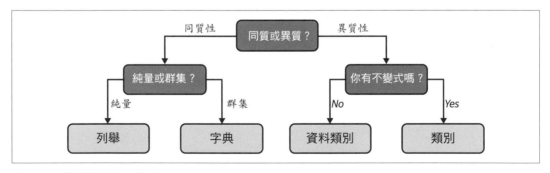

圖 10-1 挑選適當的抽象層

然而，知道選擇哪種型別只是戰鬥的一半。一旦你選擇了正確的型別，你就需要從消費者的角度使它能夠順暢互動。在下一章中，你將學習如何專注在型別的 API 上，來讓你的使用者定義型別更自然地被使用。

## 第十一章

定義你自己的介面

你已經學會了如何建立你自己的使用者定義型別（user-defined types），但創建它們只是成功的一半。現在，開發人員必須實際使用你的型別。為了做到這一點，他們會使用你型別的 API。這是一組型別和相關的函式，以及任何的外部函式，開發者會與之互動以使用你的程式碼。

一旦你讓你的型別出現在使用者面前，這些型別將以你從未想過的方式被運用（和濫用）。而一旦開發者依存於你的型別，就很難改變它們的行為了。這就產生了我所說的「程式碼介面的悖論（*Paradox of Code Interfaces*）」：

> 你有一次機會把你的介面弄對，但在它被使用之前，你都沒辦法知道它是否正確的。

只要開發者使用了你建立的型別，他們就會依存於這些型別所包含的行為。如果你試圖做一個回溯不相容（backward-incompatible）的改變，你就有可能破壞所有的呼叫端程式碼。變更你介面的風險大小與依存它的外部程式碼之數量成正比。

如果你能控制所有依存於你型別的程式碼，這個悖論就不適用，你可以改變之。但是一旦這個型別進入生產階段，而且人們開始使用它，你就會發現它很難改變。在一個大型源碼庫中，強建性和可維護性是很重要的，協調改變和獲得進行全面變更所需的支持是很昂貴的。如果你的型別被你組織掌控之外的實體（開源程式庫或平台 SDK）所使用，那就變得幾乎不可能。這很快就會導致難以處理的程式碼，而難以處理的程式碼則會拖慢開發人員的速度。

更糟糕的是，在有足夠多的人依存它之前，你無法真正知道一個介面用起來是否自然，這就引發了這個悖論。如果你甚至不知道它將如何被使用，你如何能開始設計一個介面？當然，你知道你會如何使用這個介面，那是很好的起點，但你在建立介面時會有一個隱含的偏見。對你來說感覺很自然的東西，對其他人來說不會感覺很自然。你的目標是讓你的使用者以最小的努力做正確的事情（並避免錯誤的事情）。理想情況下，使用者不需要做任何額外的事情就能正確使用你的介面。

我沒有銀彈（silver bullet）可以給你，沒有萬無一失的方法可以讓你寫的介面第一次就能滿足所有人的需求。取而代之，我將談論一些你可以套用的原則，讓你有最佳的機會。對於你需要對現有的 API 進行修改的情況，你將學到緩解的策略。你的 API 是給其他開發者的第一印象，讓它發揮作用。

討論主題

在你的源碼庫中，哪些介面很難使用？找出人們在使用你的型別時常犯的錯誤。也要找出你介面中很少被調用的部分，尤其是你覺得它們很有用的部分。為什麼使用者不呼叫那些有用的函式呢？討論一下，當開發者遇到這些難以使用的介面時，會出現哪些代價。

自然介面設計

你的目標，雖然看起來很艱難，但就是要讓你的介面使用起來很自然。換句話說，你要為你程式碼的呼叫者減少摩擦力。當程式碼難以使用時，會發生以下情況：

重複的功能

一些發現你的型別難以使用的開發者會撰寫他們自己的型別，重複了功能。讓不同的想法大規模競爭可能是健康的（例如相互競爭的開源專案），但這種分歧出現在你的源碼庫中是不健康的。開發人員面臨著眾多的型別，不知道該使用哪一個。由於注意力分散，他們開始無法理解彼此，就會犯下失誤，這就產生了臭蟲，而那就得花錢處理。此外，如果你想在這些型別中添加任何東西，你就得在功能有所分歧的所有地方新增它們，否則就會產生臭蟲，這就又需要花錢。

破碎的心智模型

開發人員為他們經手的程式碼建立了一個心智模型。如果某些型別難以推理，這種心智模型就會被打破。開發人員會誤用你的型別，導致微妙的臭蟲。也許他們沒有按照你要求的順序來呼叫方法。也許他們少呼叫了應該呼叫的方法。也許他們單純誤解了程式碼正在做的事情，並將錯誤的資訊傳入給它。任何的這些都會為你的源碼庫引入脆弱性。

縮減的測試

難以使用的程式碼也難以測試。不管它是一個複雜的介面、一大串的依存關係鏈，還是難解的互動，如果你無法輕易地測試程式碼，寫出來的測試就會減少。編寫的測試越少，當事情發生變化時，你發現的錯誤就越少。每當一個看似不相關的變化發生時，測試都會以微妙的方式壞掉，這是非常令人沮喪的。

難以使用的程式碼會使你的源碼庫變得不健康。設計你的介面時，你必須特別小心。試著遵守 Scott Meyers 的這個經驗法則：

讓介面易於正確使用，並且難以誤用[1]。

你希望開發者發現你的型別很容易使用，就彷彿一切行為都符合預期一樣（這是對第 1 章中提到的最不意外法則的微妙重述）。此外，你還想防止使用者以錯誤的方式使用你的型別。你的工作是思考你應該在介面中支援和禁止的所有行為。要做到這一點，你需要了解你協作者的心思。

從使用者的角度思考

要像使用者一樣思考是很困難的，因為你已經被贈與了知識的詛咒（Curse of Knowledge）。這不是什麼神秘的咒語，而是你與源碼庫相處的時間所帶來的副產品。隨著你建立起一些想法，你對它們變得如此熟悉，以致於你對新用戶是如何看待你程式碼的，顯得盲目。處理認知偏誤的第一步是承認它們的存在。從這一點出發，在你試圖進入使用者的思維空間時，你就能將偏見考慮進去。這裡有一些你可以採用的實用策略。

---

1 Kevlin Henney and Scott Meyers. "Make Interfaces Easy to Use Correctly and Hard to Use Incorrectly." Chap. 55 in *97 Things Every Programmer Should Know: Collective Wisdom from the Experts*. Sebastopol: O'Reilly Media, 2010.

測試驅動的開發

測試驅動的開發（*Test-driven development*，TDD），由 Kent Beck 在 2000 年代初所制定，是一個流行的框架，用來測試你的程式碼[2]。TDD 圍繞著一個簡單的迴圈：

- 添加一個失敗的測試。

- 編寫剛好足夠的程式碼來通過該測試。

- 重構（refactor）。

有整本書籍專門討論 TDD，所以我不會太詳細地介紹其機制[3]。然而，TDD 的意圖對於理解如何使用一個型別來說是非常棒的。

許多開發者認為，測試驅動的開發（先寫測試）與開發後測試（後寫測試）有類似的好處。在這兩種情況下，你都有測試過的程式碼，對吧？簡化到這個程度時，TDD 似乎不值得投入努力。

然而，這是個不幸的過度簡化。混淆源於將 TDD 視為一種測試方法，但事實上，它是一種設計方法（*design methodology*）。測試很重要，但它們只是此方法的一種副產品。真正的價值在於測試如何幫助你設計介面。

透過 TDD，你能夠在撰寫實作之前看到呼叫程式碼的樣子。由於你先寫了測試，你就有機會停下來問問自己，你與你型別的互動是否感覺沒有順暢。如果你發現自己在進行令人困惑的函式呼叫，建立起長長的依存關係關係鏈，或者不得不以固定的順序編寫測試，你就知道這是在提醒你，你所建置的型別太複雜了。在這些情況下，就重新評估或重構你的介面。甚至在撰寫程式碼之前，你就能簡化這些程式碼，這有多棒？

作為一個額外的好處，你的測試可以作為一種形式的說明文件。其他開發者會想知道如何使用你的程式碼，特別是那些在頂層說明文件中沒有描述的部分。一套優良的全面單元測試提供了關於你型別確切使用方式的活生生的說明文件，你希望它們留下一個好的第一印象。就像你的程式碼是你系統中行為的單一真相來源，你的測試是與你程式碼進行互動的單一真相來源。

2　Kent Beck. *Test Driven Development: By Example*. Upper Saddle River, NJ: Addison-Wesley Professional, 2002.

3　如果你想要更多的資訊，我推薦《*Test-Driven Development with Python*》（*https://oreil.ly/PJARR*）一書，由 Harry Percival 所著（O'Reilly，2017）。

README 驅動的開發

類似於 TDD，由 Tom Preston-Werner（*https://oreil.ly/qd16A*）所提出的 README 所驅動的開發（README-driven development，RDD）是另一種設計方法，目的是在編寫之前就抓出難以使用的程式碼。RDD 的目標是將你的最高階想法（top-level ideas）以及與你程式碼最重要的互動提煉成位於你專案中的單一說明文件：一個 README 檔。這是制定你程式碼不同部分互動方式的好辦法，並可能為使用者提供了得以遵循的較高階模式。

RDD 擁有以下一些好處：

- 不需要像瀑布方法（Waterfall methodology）那樣，一開始就建立每一層的說明文件。

- README 通常是開發人員看的第一個東西；RDD 為你提供了一個機會，讓你精心打造最好的第一印象。

- 在團隊討論的基礎上更改說明文件，會比更改寫好的程式碼要容易。

- 你不需要用 README 來解釋糟糕的程式碼決策；相反地，程式碼需要改變以支援理想的用例。

記住，只有當未來的開發者能夠真正維護它時，你才算成功地建置出可維護的軟體。賦予他們一切可以成功的機會，並從你的說明文件開始為他們創造出良好的體驗。

可用性測試

歸根結柢，你要考慮的是你的使用者是怎麼思考的。有一門專門研究這項任務的學科：使用者體驗（user experience，UX）。使用者體驗是另一個有無數書籍的領域，所以我只聚焦於在簡化程式碼方面讓我感到驚奇的一個策略：可用性測試（usability testing）。

可用性測試是主動詢問你的使用者對你的產品有什麼看法的過程。這聽起來很簡單，不是嗎？為了思考你用戶的行為，只要問他們就好了。你能做的最簡單的事情就是與潛在的使用者（在這裡是指其他開發者）交談，但這很容易被忽視。

透過「走廊測試（hallway testing）」來開始進行可用性測試是非常容易的。設計你的介面時，只要抓住第一個經過你走廊的人，請他們為你的設計提供回饋意見。這是能了解痛點又低成本的好辦法。不過，不要完全照字面那樣去做，你可以隨意詢問你在走廊上看到的任何人，並讓隊友、同儕或測試人員來評估你的介面。

然而，對於那些將被更廣泛的人使用的介面（例如熱門開源程式庫的介面），你可能需要更正式的東西。在這種情況下，可用性測試就是把你潛在的使用者帶到你正在編寫的介面之前。你給他們一系列的任務來完成，然後觀察。你的角色不是教導他們，也不是帶領他們完成練習，而是看他們在哪些方面有困難、在哪些方面表現出色。從他們的掙扎中學習，他們顯示出來的領域肯定是難以使用的那些。

 可用性測試對於你團隊中資歷較淺的成員來說是一項很棒的任務。他們的知識詛咒不會像資深成員那樣強烈，而且他們更有可能用嶄新的眼光來評估設計。

自然的互動

Donald Norman 將映射（mapping）描述為「控制（controls）和它們帶有現實世界中效果的動作（movements）」之間的關係。如果它「利用了物理類比（physical analogies）和文化準則（cultural standards），[導致] 立即的理解」[4]，那麼這種映射就是自然（natural）的。這是你撰寫一個介面時，會想要盡力追求的。你希望這種直接的理解能夠消除困惑。

在這種情況下，「控制和它們的動作」是構成你介面的函式與型別。而「現實世界中的效果」則代表程式碼的行為。為了讓人感覺自然，這些運算必須與使用者的心智模型（mental model）一致。這就是 Donald Norman 在談到「物理類比和文化準則」時的意思。你必須以一種他們能夠理解的方式與你程式碼的讀者產生連結，借鑒他們的經驗與知識。要做到這一點，最好的做法是將你的領域知識和其他常識映射到你的程式碼中。

在設計介面時，你需要考慮到使用者互動的整個生命週期，並問自己，它的整體是否能映射到不熟悉你程式碼的使用者所能理解的東西。對你的介面進行建模（model），使其對熟悉該領域的人來說易於理解，即便他們並不熟悉程式碼。當你這樣做的時候，你的介面就會變得很直觀，從而減少開發人員犯錯的機會。

4　這源自於 Donald Norman 所著的《*Design of Everyday Things*》（Basic Books）。這本經典書籍對於任何想要進入 UX 思維模式的人來說，都是不可或缺的。

實際動起來的自然介面

就本章而言，你將為一個自動化的雜貨店取貨服務（automated grocery pick-up service）的一部分設計一個介面。使用者會用他們的智慧型手機掃描他們的食譜，而這個 app 就會自動找出所需的原料。在使用者確認訂單後，應用程式會查詢當地雜貨店的原料供應情況並安排送貨。圖 11-1 顯示這個工作流程。

我會把焦點放在給定了一組食譜之後，負責建立一筆訂單的特定介面。

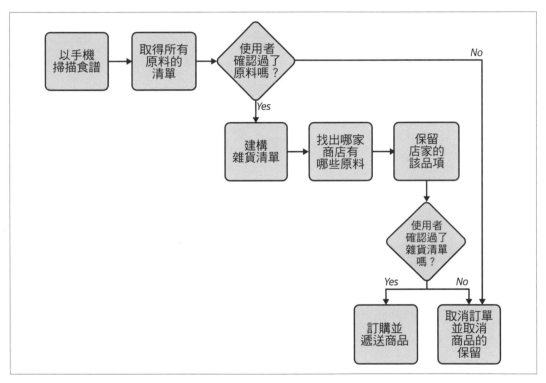

圖 11-1　自動化的雜貨店遞送服務 app 之工作流程

為了表示一個食譜（recipe），我會修改第 9 章 Recipe 資料類別的某些部分：

```python
from dataclasses import dataclass
from enum import auto, Enum

from grocery.measure import ImperialMeasure

@dataclass(frozen=True)
```

```
class Ingredient:
    name: str
    brand: str
    amount: float = 1
    units: ImperialMeasure = ImperialMeasure.CUP

@dataclass
class Recipe:
    name: str
    ingredients: list[Ingredient]
    servings: int
```

這個源碼庫也有用來取得當地雜貨店庫存狀態的函式與型別：

```
import decimal
from dataclasses import dataclass
from typing import Iterable

from grocery.geospatial import Coordinates
from grocery.measure import ImperialMeasure

@dataclass(frozen=True)
class Store:
    coordinates: Coordinates
    name: str


@dataclass(frozen=True)
class Item:
    name: str
    brand: str
    measure: ImperialMeasure
    price_in_cents: decimal.Decimal
    amount: float

Inventory = dict[Store, List[Item]]
def get_grocery_inventory() -> Inventory:
    # 取用 API 並充填字典
    # ... 略過 ...

def reserve_items(store: Store, items: Iterable[Item]) -> bool:
    # ... 略過 ...

def unreserve_items(store: Store, items: Iterable[Item]) -> bool:
    # ... 略過 ...
```

```
def order_items(store: Store, item: items: Iterable[Item]) -> bool:
    # ... 略過 ...
```

源碼庫中的其他開發人員已經寫好了程式碼，以便從智慧型手機的掃描中找出食譜，但現在他們需要產生原料清單（ingredient list），以便從每個雜貨店訂購。這就是你參與進來的地方。以下是他們目前的成果：

```
recipes: List[Recipe] = get_recipes_from_scans()

# 在此我們需要做些事情來取得訂單
order = ????
# 必要時，使用者可以做變更
display_order(order) # TODO：等到我們知道訂單是什麼的時候
wait_for_user_order_confirmation()
if order.is_confirmed():
    grocery_inventory = get_grocery_inventory()
    # HELP：有了雜貨庫存之後，現在我們要拿原料做什麼？
    grocery_list =   ????
    # HELP：我們需要為原料做一些保留的動作，
    # 以免其他人拿走
    wait_for_user_grocery_confirmation(grocery_list)
    # HELP：實際訂購原料 ????
    deliver_ingredients(grocery_list)
```

你的目標是填寫標有 HELP 或 ???? 的空白處。我希望你能養成，在開始寫程式碼之前，審慎設計介面的習慣。你會如何向非技術背景的產品經理或行銷人員描述程式碼的目的呢？在看下面的程式碼之前，花幾分鐘時間想想：你希望使用者如何與你的介面互動呢？

以下是我想出的方法（有很多的方式可以解決這個問題，如果你有差異很大的解法也 OK）。

1. 對於接收到的每個食譜，抓取所有的原料，並把它們聚集在一起。這就成為一個 Order（訂單）。

2. Order 是原料（ingredients）所成的一個串列，使用者可以根據需要添加或移除原料。然而，一旦確認，Order 就不應該可以改變。

3. 一旦確認了訂單，就取出所有的原料資訊，並找出哪些店家有那些商品。這就是一個 Grocery List（雜貨清單）。

4. 一個 Grocery List 包含商店清單和要從每家店取貨的物品。應用程式下單訂購之前，每件物品都在商店保留。商品可能來自不同的店家，這個 app 試圖找到最便宜的商品來滿足需求。

5. 一旦使用者確認了 GroceryList，就下單訂購。雜貨商品就會取消保留，並設定準備遞送。

6. 訂購的東西被送到使用者家中。

 你不用確切知道 get_recipe_from_scans 或 get_grocery_inventory 是如何實作的，就能想出一個實作，這不是很神奇嗎？這就是用型別來描述領域概念的好處：如果這些是用元組或字典來表示（或者沒有型別註釋，這讓我不寒而慄），你就必須在源碼庫中挖掘，找出你所處理的資料是什麼。

對介面的描述不包含任何程式碼概念，這全都是以雜貨店領域的工作者所熟悉的方式來描述的。設計介面時，你會想要盡可能自然地映射到領域中去。

讓我們從訂單處理開始，先創建一個類別：

```python
from typing import Iterable, Optional
from copy import deepcopy
class Order:
    ''' 代表一個原料清單的 Order 類別 '''
    def __init__(self, recipes: Iterable[Recipe]):
        self.__ingredients: set[Ingredient] = set()
        for recipe in recipes:
            for ingredient in recipe.ingredients:
                self.add_ingredient(ingredient)

    def get_ingredients(self) -> list[Ingredient]:
        ''' 回傳依照字母順序排列過的一個原料清單 '''
        # 回傳一個拷貝，使用者才不會不小心搞亂
        # 我們的內部資料
        return sorted(deepcopy(self.__ingredients),
                        key=lambda ing: ing.name)

    def _get_matching_ingredient(self,
                                 ingredient: Ingredient) -> Optional[Ingredient]:
        try:
            return next(ing for ing in self.__ingredients if
                        ((ing.name, ing.brand) ==
                         (ingredient.name, ingredient.brand)))
```

```
        except StopIteration:
            return None

    def add_ingredient(self, ingredient: Ingredient):
        ''' 若尚未加入，就新增該原料，
            或是在已經有了的情況下，遞增其數量
        '''
        target_ingredient = self._get_matching_ingredient(ingredient)
        if target_ingredient is None:
            # 初次加入的原料，新增之
            self.__ingredients.add(ingredient)
        else:
            # 將原料加到現有的集合
            ????
```

不算太壞的開始。如果我看一下我上面描述的第一步，它與程式碼相當吻合。我是從每個食譜中獲取原料，並將它們聚集在一個集合中。我在如何表示添加原料到我已經在追蹤的集合方面遇到了一些麻煩，但我保證稍後會回頭討論這個問題。

至於現在，我想確保我有正確表示一個 Order 的不變式。如果該訂單被確認，使用者就不能修改裡面的任何東西。我將修改 Order 類別來做以下事情：

```
# 建立一個新的例外型別，讓使用者能明確捕捉這種錯誤
class OrderAlreadyFinalizedError(RuntimeError):
    # 繼承自 RuntimeError 以允許使用者
    # 在提出這個例外時提供一個訊息
    pass


class Order:
    ''' 表示一個原料清單的 Order 類別
        一旦確認，就不能修改
    '''
    def __init__(self, recipes: Iterable[Recipe]):
        self.__confirmed = False
        # ... 略過 ...

    # ... 略過 ...

    def add_ingredient(self, ingredient: Ingredient):
        self.__disallow_modification_if_confirmed()
        # ... 略過 ...


    def __disallow_modification_if_confirmed():
```

```
        if self.__confirmed:
            raise OrderAlreadyFinalizedError('Order is confirmed -'
                                             ' changing it is not allowed')

    def confirm(self):
        self.__confirmed = True

    def unconfirm(self):
        self.__confirmed = False

    def is_confirmed(self):
        return self.__confirmed
```

現在,我已經把我清單上的前兩個項目用程式碼表示出來了,而且程式碼與描述對映的很好。藉由使用一個型別來表示 Order,我已經為呼叫端程式碼建立了一個可以操作的介面了。你可以用 order = Order(recipes) 來構建一個訂單,然後用那個訂單來新增原料、改變現有原料的數量,並處理確認邏輯。

唯一缺少的是那個 ????,就是要新增我已經在追蹤的原料(例如額外添加 3 杯麵粉)時。我的第一直覺是直接把數量加在一起,但如果計量單位不同,這就行不通了,比如把 1 杯的橄欖油加到 1 匙的橄欖油時,2 匙和 2 杯都不是正確的答案。

我可以在程式碼中直接進行型別轉換,但這感覺並不自然。我真正想做的是類似 already_tracked_ingredient += new_ingredient 的事情。但這樣做會出現例外:

```
    TypeError: unsupported operand type(s) for +=: 'Ingredient' and 'Ingredient'
```

然而,這是可以達成的,只是要用一點 Python 的魔力來使之成為現實。

魔術方法

魔術方法(*magic methods*)能讓你在 Python 中定義內建運算被調用時的自訂行為。一個魔術方法的前面與後面帶有兩個底線(underscores)。因為這個原因,它們有時被稱作 *dunder* methods(或 *double underscore* methods,雙底線方法)。你已經在前面的章節中見過它們了:

- 在第 10 章中,我使用 __init__ 方法來建構一個類別。每當一個類別被建構時,__init__ 就會被呼叫。

- 在第 9 章中,我使用了 __lt__、__gt__ 和其他方法,分別定義兩個物件用 < 或 > 等進行比較時會發生什麼事。

- 在第 5 章中，我介紹了 __getitem__ 用以攔截透過方括號（brackets）進行索引的呼叫，例如 recipes['Stromboli']。

我可以使用魔術方法 __add__ 來控制加法（addition）的行為：

```
@dataclass(frozen=True)
class Ingredient:
    name: str
    brand: str
    amount: float = 1
    units: ImperialMeasure = ImperialMeasure.CUP

    def __add__(self, rhs: Ingredient):
        # 確定我們在新增相同的原料
        assert (self.name, self.brand) == (rhs.name, rhs.brand)
        # 建置轉換表 (lhs, rhs): multiplication factor
        conversion: dict[tuple[ImperialMeasure, ImperialMeasure], float] = {
            (ImperialMeasure.CUP, ImperialMeasure.CUP): 1,
            (ImperialMeasure.CUP, ImperialMeasure.TABLESPOON): 16,
            (ImperialMeasure.CUP, ImperialMeasure.TEASPOON): 48,
            (ImperialMeasure.TABLESPOON, ImperialMeasure.CUP): 1/16,
            (ImperialMeasure.TABLESPOON, ImperialMeasure.TABLESPOON): 1,
            (ImperialMeasure.TABLESPOON, ImperialMeasure.TEASPOON): 3,
            (ImperialMeasure.TEASPOON, ImperialMeasure.CUP): 1/48,
            (ImperialMeasure.TEASPOON, ImperialMeasure.TABLESPOON): 1/3,
            (ImperialMeasure.TEASPOON, ImperialMeasure.TEASPOON): 1
        }

        return Ingredient(rhs.name,
                          rhs.brand,
                          rhs.amount + self.amount * conversion[(rhs.units,
                                                               self.units)],
                          rhs.units)
```

現在定義好 __add__ 方法之後，我可以用 + 運算子（operator）把原料加在一起。add_ingredient 方法看起來可能像下面這樣：

```
def add_ingredient(self, ingredient: Ingredient):
    ''' 若尚未加入，就新增該原料，
        或是在已經有了的情況下，遞增其數量 '''

    target_ingredient = self._get_matching_ingredient(ingredient)
    if target_ingredient is None:
        # 初次加入的原料，新增之
        self.__ingredients.add(ingredient)
```

```
else:
    # 將原料加到現有的集合
    target_ingredient += ingredient
```

我現在可以自然地表達原料的添加了。但不僅如此,我還可以定義減法、或乘法與除法(用於縮放供應份數),或者進行比較。有這種自然的運算可用時,使用者要理解你的源碼庫,就容易多了。在 Python 中,幾乎每一種運算的背後都有一個魔術方法。那是非常多的方法,我甚至無法一一列舉。然而,表 11-1 中列出了一些常見的方法。

表 11-1　Python 中常見的魔術方法

魔術方法	用於
__add__、__sub__、__mul__、__div__	算術運算(加、減、乘、除)
__bool__	為 if <expression> 檢查隱含地轉換為 Boolean 值
__and__、__or__	邏輯運算(and 和 or)
__getattr__、__setattr__、__delattr__	屬性存取(例如 obj.name 或 del obj.name)
__le__、__lt__、__eq__、__ne__、__gt__、__ge__	比較(<=、<、==、!=、>、>=)
__str__、__repr__	轉換為字串(string,str())或可重製(reproducible,repr())的形式

如果你想了解更多,請查閱 Python 關於資料模型的說明文件(*https://oreil.ly/jHBaZ*)。

討論主題

在你的源碼庫中,有哪些型別可以從更自然的映射中受益?討論一下魔術方法用於何處可能是合理的,而在哪裡可能沒有意義。

情境管理器(Context Managers)

你的程式碼現在可以處理訂單了,現在是填入另一半的時候了,也就是雜貨清單的處理。我想讓你從閱讀中休息一下,想想如何填補雜貨清單處理程式碼的空白。把你從上一節學到的東西拿出來,建立一個介面,自然地映射到撰寫好的問題描述中。

這裡是雜貨清單處理的注意事項：

1. 一個 Grocery List 包含一個商店清單和每家店要取的商品。每個項目都在商店保留，直到應用程式下單訂購為止。商品可能來自不同的商店，此 app 會試著找到最便宜的商品來匹配。

2. 一旦使用者確認了 GroceryList，就下單訂購。雜貨商品就解除保留，並設為準備遞送。

從呼叫端程式碼的角度來看，我的情況是這樣的：

```
order = Order(recipes)
# 若有必要，使用者可以做變更
display_order(order)
wait_for_user_order_confirmation()
if order.is_confirmed():
    grocery_inventory = get_grocery_inventory()
    grocery_list =  GroceryList(order, grocery_inventory)
    grocery_list.reserve_items_from_stores()
    wait_for_user_grocery_confirmation(grocery_list)
    if grocery_list.is_confirmed():
        grocery_list.order_and_unreserve_items()
        deliver_ingredients(grocery_list)
    else:
        grocery_list.unreserve_items()
```

有了這個雜貨清單介面，這當然就很容易使用（如果我自己真的這麼說的話）。程式碼在做什麼很清楚，如果讓介面直觀就是全部，那我就成功了。但我忘了 Scott Meyers 說的另一半話。我忘了使程式碼難以被錯誤地使用。

再看一次。如果使用者不確認他們的訂單會怎樣？如果在等待時有例外被擲出怎麼辦？如果這種情況發生了，我永遠都不會取消對商品的保留，使得它們被永久保留。當然，我可以期望呼叫端程式碼總是有試著捕捉例外，但很容易就會忘記那樣做。事實上，這也很容易被錯誤地使用，你同意嗎？

 你不能只關注快樂路徑（happy path），也就是一切按計劃進行時的程式碼執行路徑。你的介面也必須處理可能出現問題的所有情況。

完成一個運算時想要自動調用某種函式是 Python 中常見的情況。檔案的開啟與關閉、工作階段的認證與登出，資料庫命令的批次處理與提交，這些都是你會想要確保第二個運算有被調用的例子，不管前面的程式碼做了什麼。如果你不這樣做，你經常會洩漏資源或以其他方式束縛系統。

很有可能，你實際上已經碰過處理這種問題的方式：使用一個 with 區塊。

```
with open(filename, "r") as handle:
    print(handle.read())
# 此時這個 with 區塊已經結束，關閉了檔案權柄（file handle）
```

這是你在 Python 之旅中很早就學過的最佳實務做法。一旦 with 區塊完成（當程式碼回傳到 with 述句原始的縮排層次），Python 會關閉已開啟的檔案。這是確保一個運算有發生的便利方式，即使沒有明確的使用者互動也一樣。這就是你要讓你的雜貨店介面難以被錯誤使用的關鍵所在：如果你能使雜貨清單自動取消商品的保留，不管程式碼採取什麼路徑，那會怎樣呢？

要做到這一點，你需要使用一個情境管理器（*context manager*），它是一種 Python 構造，可以讓你運用 with 區塊。使用情境管理器，我可以使我們的雜貨清單程式碼具備更強的容錯性。

```
from contextlib import contextmanager


@contextmanager
def create_grocery_list(order: Order, inventory: Inventory):
    grocery_list = _GroceryList(order, inventory)
    try:
        yield grocery_list
    finally:
        if grocery_list.has_reserved_items():
            grocery_list.unreserve_items()
```

任何以 @contextmanager 裝飾的函式都可以和 with 區塊一起使用。我建構了一個 _GroceryList（注意它是私有的，所以除了使用 create_grocery_list 之外，沒有人應該以其他方式建立一個雜貨清單），然後產出（*yield*）它。產出一個值會中斷這個函式，將所產出的值回傳給呼叫端程式碼。然後使用者可以像這樣使用它：

```
# ... 略過 ...
if order.is_confirmed():
    grocery_inventory = get_grocery_inventory()
    with create_grocery_list(order, grocery_inventory) as grocery_list:
        grocery_list.reserve_items_from_stores()
```

```
wait_for_user_grocery_confirmation(grocery_list)
grocery_list.order_and_unreserve_items()
deliver_ingredients(grocery_list)
```

在上面的例子中，所產出的值成為了 grocery_list。退出 with 區塊時，執行權回歸到情境管理器，就緊接在 yield 述句之後。不管有沒有例外被擲出，或是 with 區塊是否正常完成，都沒有關係，因為我把我們的 yield 包在一個 try...finally 區塊中，雜貨清單一定會清除所保留的任何項目。

這就是你能有效地強迫使用者進行清理工作的方式。你消除了在使用情境管理器時可能發生的一整類錯誤：遺漏的錯誤。遺漏的錯誤很容易犯下，實際上就是你什麼都不做就會發生。取而代之，情境管理器會讓使用者做正確的事情，即使是在他們什麼都沒做的時候。當使用者可以不知不覺就做出正確的事情，這肯定是強健源碼庫的跡象。

 如果程式被強行關閉，如作業系統的強制殺除（force kill）或斷電，情境管理器將不會完成。情境管理器只是一個工具，用來防止開發人員忘記進行清理工作，請確保你的系統仍然能夠處理在開發人員掌控之外的事情。

結語

你可以建立世界上所有的型別，但如果其他開發人員不能毫無錯誤地運用它們，你的源碼庫將受到不良影響。就像房子需要有堅固的地基才能挺立一樣，你建立的型別和圍繞著它們的詞彙需要堅如磐石，這樣你的源碼庫才會健康。當你的程式碼有自然的介面，未來的開發者才能善用這些型別，並毫不費力地建置新的功能。對那些未來的開發者要有同理心，並謹慎地設計你的型別。

你需要考慮你的型別所代表的領域概念，以及使用者如何與這些型別互動。透過建立一個自然的映射，你將現實世界的動作與你的源碼庫聯繫起來。你所構建的介面應該讓人感到直觀，要記得，它們應該易於正確使用，而且難以錯誤使用。使用你所掌握的每一種技巧和竅門，從正確的命名到魔術方法再到情境管理器。

在下一章中，我將涵蓋的是，在你創建子型別（subtypes）時，型別之間是如何相互關聯的。子型別是對一個型別的介面進行特化（specializing）的一種方式，它們允許在不修改原始型別的情況下進行擴充。對現有程式碼的任何修改都是一種潛在的退化，所以能在不改變舊型別的情況下創建新型別，可以大大減少不穩定的行為。

## 第十二章

衍生子型別

第二部主要內容都集中在建立你自己的型別和定義介面。這些型別並不是孤立存在的，型別之間往往是相互關聯的。到目前為止，你已經見過了合成（*composition*），其中型別使用其他型別作為成員。在這一章中，你將學習衍生子型別（*subtyping*），或在其他型別的基礎上創建型別。

如果應用得當，衍生子型別能讓你源碼庫的擴充工作變得非常容易。你可以引入新的行為而不必擔心破壞源碼庫的其他部分。然而，建立子型別關係時，你必須小心謹慎；如果你做得不好，你可能會以意想不到的方式降低你的源碼庫的強健性。

我將從最常見的子型別關係之一開始：繼承（inheritance）。繼承被看作是物件導向程式設計（object-oriented programming，OOP）[1]的一個傳統支柱。如果沒有正確應用，繼承也可能會變得很棘手。然後我將繼續介紹 Python 程式語言中存在的其他形式的子型別。你還會學到一個更基本的 SOLID 設計原則，即里氏替換原則（Liskov Substitution Principle）。這一章將幫助你理解何時何地適合衍生子型別，而哪裡不適用。

---

[1] 物件導向程式設計是一種程式設計典範（programming paradigm），你圍繞封裝的資料及其行為來組織你的程式碼。如果你想要 OOP 的介紹，我推薦 Brett McLaughlin、Gary Pollice 和 Dave West 所著的《*Head First Object-Oriented Analysis and Design*》（*https://oreil.ly/6djy9*）（O'Reilly）。

繼承

大多數開發人員在談到衍生子型別時，都會立即想到繼承。繼承（*inheritance*）是從另一個型別創建出一個新型別的一種方式，會把所有的行為複製到新型別中。這個新型別被稱為**孩子類別**（*child class*）、**衍生類別**（*derived class*）或**子類別**（*subclass*）。與此相對，被繼承的型別被稱為**父類別**（*parent class*）、**基礎類別**（*base class*）或**超類別**（*superclass*）。以這種方式談論型別時，我們說這種關係是一種 *is-a*（是一個）關係。衍生類別的任何物件也都是基礎類別的實體（instance）。

為了說明這一點，你要設計一個 app 幫助餐館老闆組織營運工作（追蹤財務狀況、客製化菜單等）。在這種情況下，一家餐廳有以下行為：

- 一家餐廳有以下屬性：名稱、地點、員工名單及他們的排班表、庫存、菜單和當前財務狀況。所有這些屬性都是可變的，一家餐廳甚至也可以重新取名或改變位置。當一家餐廳改變位置，它的位置屬性會反映它的最終目的地。

- 一名老闆可以擁有多家餐廳。

- 員工可以從一家餐廳轉移到另一家，但他們不能同時在兩家餐廳工作。

- 一道菜被訂購後，所使用的原料就會從庫存中移除。當一個特定的項目在庫存中被耗盡時，任何需要該原料的菜餚就無法再透過菜單提供。

- 每當賣出一個菜單項目，餐廳的資金就會增加。每當購買新的庫存時，餐廳的資金就會減少。每名員工在該餐廳每工作一小時，餐廳的資金就會根據該雇員的工資或薪水而減少。

餐廳老闆將使用這個 app 來查看他們擁有的所有的餐廳，管理他們的庫存，並即時追蹤利潤。

由於有關於餐廳的具體不變式，我將用一個類別來表示一個餐廳：

```
from restaurant import geo
from restaurant import operations as ops
class Restaurant:
    def __init__(self,
                 name: str,
                 location: geo.Coordinates,
                 employees: list[ops.Employee],
                 inventory: list[ops.Ingredient],
```

```
                    menu: ops.Menu,
                    finances: ops.Finances):
        # ... 略過 ...
        # 注意到位置（location）指的是供餐時
        # 餐廳的所在位置

    def transfer_employees(self,
                          employees: list[ops.Employee],
                          restaurant: 'Restaurant'):
        # ... 略過 ...

    def order_dish(self, dish: ops.Dish):
        # ... 略過 ..

    def add_inventory(self, ingredients: list[ops.Ingredient],
                     cost_in_cents: int):
        # ... 略過 ...

    def register_hours_employee_worked(self,
                                      employee: Employee,
                                      minutes_worked: int):
        # ... 略過 ...

    def get_restaurant_data(self) -> ops.RestaurantData:
        # ... 略過 ...

    def change_menu(self, menu: ops.Menu):
        self.__menu = menu

    def move_location(self, new_location: geo.Coordinates):
        # ... 略過 ...
```

除了上述的「標準」餐廳（restaurant）外，還有一些「特殊」餐廳：餐車（food truck）和快閃攤位（pop-up stall）。

餐車是流動的：它們會開到不同的地點，根據場合改變它們的菜單。快閃攤位是臨時性的，它們只在有限的時間內出現（通常是為某種活動，如節日或市集），並提供有限的菜單項目。雖然在經營方式上略有不同，但餐車和快閃攤位仍然都是餐廳。這就是我說的 *is-a* 的關係：餐車是一個（*is a*）餐廳，而快閃攤位是一個餐廳。因為這是一種 *is-a* 關係，所以繼承是適用的構造。

你定義衍生類別時，你是藉由指定基礎類別來表示繼承關係：

```
class FoodTruck(Restaurant):
    # ... 略過 ...

class PopUpStall(Restaurant):
    # ... 略過 ...
```

圖 12-1 顯示了這種關係的典型繪製方式。

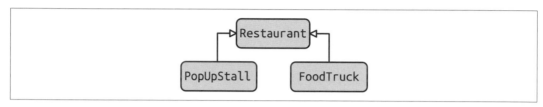

圖 12-1　餐廳的繼承樹

以這種方式定義繼承，你確保衍生類別將繼承基礎類別的所有方法和屬性，而不需要重新定義它們。

這意味著，如果你要實體化（instantiate）一個衍生類別，如 FoodTruck，你將能夠使用相同的所有方法，就像你與 Restaurant 進行互動一樣。

```
food_truck = FoodTruck("Pat's Food Truck", location, employees,
                       inventory, menu, finances)
food_truck.order_dish(Dish('Pasta with Sausage'))
food_truck.move_location(geo.find_coordinates('Huntsville, Alabama'))
```

這樣做的好處是，一個衍生類別可以被傳遞給預期基礎類別的函式，而型別檢查器不會有任何抱怨：

```
def display_restaurant_data(restaurant: Restaurant):
    data = restaurant.get_restaurant_data()
    # ... 在此略過繪製程式碼 ...

restaurants: list[Restaurant] = [food_truck]
for restaurant in restaurants:
    display_restaurant_data(restaurant)
```

預設情況下，衍生類別的運作方式與基礎類別完全一樣。如果你想讓衍生類別做一些不同的事情，你可以覆寫（override）方法或重新定義衍生類別中的方法。

假設我想讓我的餐車在位置改變時，自動開到下一個地點。然而，對於這個用例，在查詢餐廳資料時，我只想要最終的位置，而不是餐車在行駛過程中的位置。開發人員可以呼叫另一個方法來顯示當前的位置（用於個別的僅限餐車地圖中）。我將在 FoodTruck 的建構器中設置一個 GPS 定位器（locator），並覆寫 move_location 來啟動自動駕駛：

```
from restaurant.logging import log_error
class FoodTruck(Restaurant):
    def __init__(self,
                 name: str,
                 location: geo.Coordinates,
                 employees: list[ops.Employee],
                 inventory: list[ops.Ingredient],
                 menu: ops: Menu,
                 finances: ops.Finances):
        super().__init__(name, location, employees,inventory, menu, finances)
        self.__gps = initialize_gps()

    def move_location(self, new_location: geo.Coordinates):
        # 排程一項任務，駕駛到新的位置
        schedule_auto_driving_task(new_location)
        super().move_location(new_location)

    def get_current_location(self) -> geo.Coordinates:
        return self.__gps.get_coordinates()
```

我用了一個特殊的函式 super() 來存取基礎類別。當我呼叫 super().__init__()，我實際上是在呼叫 Restaurant 的建構器。我呼叫 super().move_location 時，我是在呼叫 Restaurant 的 move_location，而非 FoodTruck 的 move_location。如此一來，程式碼就可以表現得和基礎類別完全一樣。

花點時間反思一下透過衍生子類別擴充程式碼的意義。你可以在現有的程式碼中插入新行為而不需要修改現有程式碼。如果你避免了現有程式碼的修改，你就會大幅減少引入新臭蟲的機會；如果你沒有改到消費者所依存的程式碼，你就不會在無意中破壞他們的假設。一個精心設計的繼承結構可以大大改善可維護性。遺憾的是，反過來也是如此：繼承設計得不好，可維護性就會受到不良影響。使用繼承時，你總是需要考慮到替換你的程式碼有多容易。

多重繼承（Multiple Inheritance）

在 Python 中，有可能繼承自多個類別：

```
class FoodTruck(Restaurant, Vehicle):
    # ... 略過 ...
```

在這種情況下，你繼承了兩個基礎類別的所有方法和屬性。當你呼叫 super()，你現在必須確切決定哪個類別被初始化。對初學者來說，這可能會變得非常混亂，而且有一套複雜的規則來管理方法的解析順序（resolution order of methods）。你可以在 Python 說明文件（*https://oreil.ly/BZox9*）中進一步了解方法的解析順序（Method Resolution Ordering，MRO）和多個基礎類別如何互動。

不要經常使用多重繼承。當一個類別從它的那些基礎類別中繼承了兩組獨立的不變式，這會為你的讀者帶來額外的認知負擔。他們不僅要在腦子裡記住兩組不變式，還要記住這些不變式之間潛在的交互作用。此外，圍繞 MRO 的複雜規則使得你在不完全理解 Python 行為的情況下，非常容易犯下錯誤。對於你絕對必須使用多重繼承的情況，請以註解詳加說明它，解釋你為什麼需要它，以及你是如何使用它的。

然而，對於多重繼承，有一種情況我很喜歡：mixins（混合類別）。mixins 是你可以從之繼承泛用功能的類別。這些基礎類別通常不包含任何不變式或資料，它們單純只是一組不打算被覆寫的方法。

舉例來說，在 Python 標準程式庫（standard library）中，有建立 TCP socket 伺服器的抽象層可用：

```
from socketserver import TCPServer
class Server(TCPServer):
    # ... 略過 ...
```

你可以透過同時也繼承 socketserver.ThreadingMixIn 來自訂這個伺服器，以運用多個執行緒：

```
from socketserver import TCPServer, ThreadingMixIn
class Server(TCPServer, ThreadingMixIn):
    # ... 略過 ...
```

這個 mixin 不會帶入任何不變式，它的任何方法都不需要在衍生類別中呼叫或覆寫。僅僅只是繼承 mixin 的這個動作就能提供你所需的一切。這種簡化使維護者更容易對你的類別進行推理。

可替換性

如前所述，繼承是為一種 *is-a* 關係建立模型。用 *is-a* 關係來描述一個東西，聽起來很簡單，但你會對於事情可能錯得多離譜而感到驚訝。為了正確地為 *is-a* 關係建模，你需要了解可替換性（substitutability）。

可替換性指出，當你衍生自一個基礎類別，你應該能在用到基礎類別的每個地方使用該衍生類別。

如果我想建立一個可以顯示相關餐廳資料的函式：

```
def display_restaurant(restaurant: Restaurant):
    # ... 略過 ...
```

我應該能夠傳入一個 Restaurant、一個 FoodTruck 或一個 PopUpStall，而這個函式應該是不知情的。同樣地，這聽起來很簡單，那有什麼問題嗎？

確實有一個問題存在。為了跟你解釋，我想暫時從食物的概念中抽身出來，回到任何一年級學生都應該能夠回答的一個基本問題：一個正方形（square）是一個矩形（rectangle）嗎？

得自你早期的學校生活，你可能知道答案是「是的，一個正方形是一個矩形」。矩形是有四條邊的一種多邊形（polygon），而兩條邊的每個交點都是一個 90 度角。正方形也是如此，但有一個額外的要求，即每條邊的長度必須完全相同。

若我要以繼承來為此建模，我可能會像這樣做：

```
class Rectangle:
    def __init__(self, height: int, width: int):
        self._height = height
        self._width = width

    def set_width(self, new_width):
        self._width = new_width
```

```
    def set_height(self, new_height):
        self._height = new_height

    def get_width(self) -> int:
        return self._width

    def get_height(self) -> int:
        return self._height

class Square(Rectangle):
    def __init__(self, length: int):
        super().__init__(length, length)

    def set_side_length(self, new_length):
        super().set_width(new_length)
        super().set_height(new_length)

    def set_width(self, new_width):
        self.set_side_length(new_width)

    def set_height(self, new_height):
        self.set_side_length(new_height)
```

所以是的，從幾何學的角度來看，一個正方形確實是一個矩形。但是這個假設在映射到 *is-a* 關係時是有缺陷的。花點時間，看看你是否能抓到我假設的破綻。

還是沒發現嗎？這裡有一個提示：如果我問你，在每個用例中，一個 Rectangle 都可替換成一個 Square 嗎？你能為矩形構建一個正方形不能替換上去的用例嗎？

假設這個 app 的使用者會在餐廳地圖上選擇正方形和長方形區域來衡量市場規模。使用者可以在地圖上畫一個形狀，然後視需要展開。處理這個問題的函式之一如下：

```
def double_width(rectangle: Rectangle):
    old_height = rectangle.get_height()
    rectangle.set_width(rectangle.get_width() * 2)
    # 檢查高度（height）沒改變
    assert rectangle.get_height() == old_height
```

在這段程式碼中，如果我傳入一個 Square 作為引數，會發生什麼事？突然間，之前通過的斷言會開始失敗，因為長度改變時，正方形的高度也會改變。這是災難性的；繼承的整個意圖就是要在不破壞現有程式碼的情況下擴充功能。在此例中，由於傳入了一個 Square（因為它也是一個 Rectangle，所以型別檢查器不會抱怨），我已經引入了一個等待發生的錯誤。

這種錯誤對衍生類別也會有影響。上面的錯誤源自於在 Square 中覆寫 set_width，使得高度也會改變。如果 set_width 沒有被覆寫，而是 Rectangle 的 set_width 函式被調用呢？好吧，如果是這種情況，並且你把一個 Square 傳入了這個函式，斷言就不會失敗。取而代之，一些不太明顯但更有害的事情發生了：該函式成功執行了。你不會再收到帶有堆疊軌跡（stack trace）的 AssertionError，從而使你找到這個錯誤。現在，你建立的正方形不再是一個正方形，其寬度（width）改變了，但高度沒有改變。你犯下一個大罪，破壞了該類別的不變式。

這之所以如此險惡，是因為繼承的目的是讓現有程式碼和新的程式碼脫鉤，或者說消除兩者間的依存關係。基礎類別的實作者和消費者在執行時期對不同的衍生類別沒有任何看法。有可能衍生類別的定義存在於一個完全不同的源碼庫中，由不同的組織所擁有。在這種錯誤情況下，你讓衍生類別的每一次改變，都需要查看基礎類別的每一次呼叫和使用，以評估你的改變是否會破壞程式碼。

為了解決這個問題，你有幾個選擇。首先，你可以一開始就不讓 Square 繼承 Rectangle，從而避免整個問題。其次，你可以限制 Rectangle 的方法，使得 Square 不會和它產生矛盾（比如讓欄位不可變）。最後，你可以完全廢除這個類別階層架構，而在 Rectangle 中提供一個 is_square 方法。

這類錯誤可能會以微妙的方式破壞你的源碼庫。考慮一下這樣的用例：我想把我的餐廳變成加盟的連鎖餐廳，而加盟店可以建立自己的菜單，但一定還是要有一套共同的菜餚。

這裡有一個可能的實作：

```python
class RestrictedMenuRestaurant(Restaurant):

    def __init__(self,
                 name: str,
                 location: geo.Coordinates,
                 employees: list[ops.Employee],
                 inventory: list[ops.Ingredient],
                 menu: ops.Menu,
                 finances: ops.Finances,
                 restricted_items: list[ops.Ingredient]):
        super().__init__(name,location,employees,inventory,menu,finances)
        self.__restricted_items = restricted_items

    def change_menu(self, menu: ops.Menu):
        if any(not menu.contains(ingredient)
```

```
        for ingredient in self.__restricted_items):
    # 新的菜單必須含有受限的成分
    return super().change_menu(menu)
```

在這種情況下，如果任何受限的項目不在新菜單中，該函式就會提前回傳。獨立來看是合理的東西，放到繼承階層架構中就會完全崩潰。讓你自己站到另一名開發者的立場上，一個想在這個 app 中實作變更菜單的 UI 的人。他們會看到一個 Restaurant 類別，並針對該介面進行編程。當一個 RestrictedMenuRestaurant 不可避免地被用來代替一個 Restaurant 時，這個 UI 會試著變更一個菜單，但沒有跡象顯示更新實際上沒有發生。要想早點發現這個錯誤，唯一的辦法就是讓開發人員在源碼庫中打撈出破壞不變式的那些衍生類別。如果說這本書有什麼主題的話，那就是在任何時候，若有開發人員不得不在源碼庫中搜尋以了解一段程式碼，那麼這肯定是脆弱的一個跡象。

如果我把程式碼寫成擲出一個例外而不是直接回傳呢？遺憾的是，這也不能解決任何問題。現在，當使用者改變一個 Restaurant 的菜單時，他們很可能會收到一個例外。如果他們查看 Restaurant 類別的程式碼，會發現沒有跡象表明他們需要考慮到例外。他們也不應該偏執地把每個呼叫都包在 try...except 區塊中，擔心某處的某個衍生類別可能擲出一個例外。

在這兩種情況下，當一個類別繼承自基礎類別，但其行為並不完全像是基礎類別那樣時，就會引入微妙的錯誤。這些錯誤的發生需要特定的條件組合：程式碼必須執行基礎類別上的方法，它必須依存於該基礎類別的特定行為，而且有一個打破該行為的衍生類別被用來代替該基礎類別。棘手的是，這些條件中的任何一個都可能在原本的程式碼寫好的很久之後被引入。這就是為什麼可替換性如此重要。事實上，可替換性的重要體現在一個非常重要的原則中：Liskov Substitution Principle（里氏替換原則）。

以 Barbara Liskov 命名的 Liskov Substitution Principle（LSP）敘述如下 [2]：

> 子型別需求：讓 Φ(X) 是關於型別為 T 的物件 X 的一個可證明特性。那麼 Φ(Y) 對於 S 型別的物件 Y 而言也應該為真，其中 S 是 T 的一個子型別。

不要讓這些形式符號嚇到你。LSP 相當簡單：一個子型別（subtype）要存在，它必須固守與超型別（supertype）相同的所有特性（行為）。這一切都歸結為可替換性（substitutability）。每當你考慮到超型別的特性以及它們對子型別的意義時，你都應該牢記 LSP。設計繼承時，要考慮過以下幾點：

---

2   Barbara H. Liskov and Jeannette M. Wing. "A Behavioral Notion of Subtyping." *ACM Trans. Program. Lang. Syst.* 16, 6 (Nov. 1994), 1811–41. *https://doi.org/10.1145/197320.197383*.

不變式（*Invariants*）

第 10 章主要關注不變式（關於你的型別必定不能違反的真理）。當你從其他型別衍生出子型別時，那些子型別**必須**維持所有的不變式。我從 Rectangle 衍生出子型別 Square 時，我忽略了高度和寬度可以相互獨立設定的不變式。

先決條件（*Preconditions*）

先決條件是在與一個型別的特性互動（例如呼叫一個函式）之前必須為真的任何東西。如果超型別定義了要發生的先決條件，那麼子型別就**必定不能**更受限。這就是我從 Restaurant 衍生出子型別 RestrictedMenuRestaurant 時發生的情況。我新增了一個額外的先決條件，即改變菜單時某些成分是必不能少的。藉由擲出一個例外，我使得以前的好資料現在會產生失敗情況。

後置條件（*Postcondition*）

後置條件是與一個型別的特性互動後必須為真的任何東西。如果一個超型別定義了後置條件，子型別就必定不能**弱化**那些後置條件。如果一個後置條件有任何的保證沒有被達成，那麼它就是被削弱了。當我從 Restaurant 衍生出 RestrictedMenuRestaurant 子型別，並提前回傳而非更改菜單時，我就違反了一個後置條件。基礎類別保證了一個後置條件，即無論菜單內容如何，菜單都會被更新。當像我這樣衍生子型別時，我就不能再保證這個後置條件了。

如果任何時候你在一個被覆寫的函式中打破了不變式、先決條件或後置條件，你就等同於在乞求錯誤出現。以下是我在評估繼承關係時，會在衍生類別被覆寫的函式中尋找的一些危險訊號：

條件式地檢查引數

要知道一個先決條件是否更為受限，有一個好辦法是看函式的開頭是否有任何 if 述句來檢查傳入的參數。如果有的話，它們很有可能與基礎類別的檢查不同，這通常意味著衍生類別正進一步限制引數。

提前回傳的述句

如果一個子型別的函式提前回傳（在函式區塊的中間），這表明該函式的後半部分不會執行。檢查那後半部分，看看是否有任何後置條件的保證，你不希望因為提前回傳而忽略了那些條件。

擲出一個例外

子型別應該只擲出與超型別所擲出的例外相匹配的例外（無論是確切的型別，還是衍生的例外型別）。若有任何例外是不同的，呼叫者就不會預期到它們，更不用說寫程式碼來捕捉它們了。如果你在基礎類別根本沒有指出例外的任何可能性的情況下擲出一個例外，那就更糟糕了。我見過的最明目張膽的違反行為是擲出 `NotImplementedError` 例外（或類似的）。

沒有呼叫 super()

根據可替換性的定義，子型別必須提供與超型別相同的行為。如果你沒有呼叫 `super()` 作為你子型別覆寫函式的一部分，你的子型別在程式碼中就沒有定義與該行為的關係。即使你把超型別的程式碼複製貼上到你的子型別中，也不能保證這些程式碼會保持同步；可能會有開發人員對超型別的函式做出一個無害的改變，但甚至沒有意識到還有一個子型別也需要一同變更。

以繼承為型別建立模型時，你需要特別小心。任何的錯誤都可能引入微妙的臭蟲，可能會產生災難性的影響。用繼承進行設計時，要非常謹慎。

討論主題

你在你源碼庫中遇到過任何的這些危險訊號嗎？繼承其他類別的時候，是否導致了令人驚訝的行為？討論一下為什麼這些會打破假設，以及在這些情況下會發生什麼錯誤。

設計考量

無論何時，只要你在編寫打算被衍生出子類別的類別，都要採取預防措施。你的目標是讓其他開發者盡可能容易地編寫衍生類別。以下是編寫基礎類別的一些準則（我將在後面涵蓋衍生類別的準則）。

不要更動不變式

正常來說，更動不變式一開始就是一種壞主意。可能有無數的程式碼依存於你的型別，而更改不變式會破壞對你程式碼的假設。不幸的是，如果基礎類別更改了不變式，衍生類別也可能跟著崩潰。如果你必須改變你的基礎類別，試著只添加新的功能，不要修改現有的功能。

將不變式與受保護的欄位連結起來時要特別小心

受保護的欄位本來就是為了與衍生類別進行互動的。如果你把不變式綁到這些欄位，你就從根本上限制了應該被調用的運算。這就產生了其他開發者可能沒有意識到的一種緊張關係。最好的辦法是將不變式保留在私有資料上，並強迫衍生類別必須透過公開或受保護的方法，才能與那個私有資料互動。

為你的不變式提供說明文件

這是你能幫助其他開發者的第一件最重要的事情。雖然有些不變式是可以用程式碼表示的（正如你在第 10 章中看到的那樣），但就是有一些不變式是無法由電腦用數學證明的，例如關於例外是否被擲出的保證。你必須在設計基礎類別時，記錄這些不變式，並讓衍生類別很容易發現它們，例如放在 docstring 中。

最後，衍生類別有責任遵守基礎類別的不變式。如果你正在編寫一個衍生類別，請注意以下的準則：

了解基礎類別的不變式

不知道那些不變式，你就無法正確地編寫衍生類別。你的工作是了解基礎類別的所有不變式，以便保留它們。查閱程式碼、說明文件和其他與該類別有關的東西，來了解你應該做的和不應該做的。

在基礎類別中擴充功能

如果你需要寫一些與當前不變式不一致的程式碼，你可能想把那些功能放在基礎類別中。以不支援可覆寫的方法為例。與其擲出一個 NotImplementedError，你可以在基礎類別中建立一個表示功能支援的 Boolean 旗標。如果你要這樣做，請注意本章前面關於修改基礎類別的所有準則。

每個被覆寫的方法都應該包含 super()

如果你不在被覆寫的方法中呼叫 super()，你就不能保證你的子類別之行為與基礎類別完全一樣，特別是基礎類別在未來有任何改變的時候。如果你要覆寫一個方法，請確保你有呼叫 super()。只有當基礎方法是空的（例如一個抽象基礎類別），並且你確信它在源碼庫的剩餘生命週期內將保持空的時候，你才可以不這麼做。

合成

知道什麼時候不使用繼承也很重要。我見過的最大的錯誤之一就是僅僅為了程式碼的再利用（reuse）而使用繼承。不要誤會我的意思，繼承是程式碼再利用的好方法，但繼承的主要原因是為一種關係建模，其中子型別可以代替超型別使用。如果你在假設超型別的程式碼中從未與子型別互動，那麼你就不是在為一種 *is-a* 關係建模。

在這種情況下，你要使用合成（composition），也被稱為 *has-a*（有一個）關係。合成是指你把成員變數放在一個型別裡面。我主要使用合成來將型別組合在一起。舉例來說，前面的那個餐廳：

```python
class Restaurant:
    def __init__(self,
                 name: str,
                 location: geo.Coordinates,
                 employees: list[ops.Employee],
                 inventory: list[ops.Ingredient],
                 menu: ops: Menu,
                 finances: ops.Finances):
        self.name = name
        self.location = location
        self.employees = employees
        # ... 等等等略過 ...
```

 討論主題

在你的源碼庫中，哪裡過度使用了繼承？你是否有在任何地方把它當作再利用的管道？討論一下如何將其轉變為使用合成。

在建構器中設置的每個成員欄位都是合成的例子。Restaurant 可以替代 Menu（*is-a* 關係）是沒有意義的，但是餐廳的組成部分之一為菜單（*has-a* 關係）是有意義的。在任何需要再利用程式碼但又不打算互相替換型別的時候，你都應該選擇合成而不是繼承。

作為一種再利用機制，合成比繼承更可取，因為它是一種較弱的**耦合**（coupling）形式，這是實體之間的依存關係（dependencies）的另一種說法。在其他條件都相同的情況下，你會想要有較弱的耦合，因為這使得重組類別和重構功能更加容易。如果類別之間的耦合度很高，那麼其中一個的變化會更直接地影響另一個的行為。

Mixins 是優先選用合成而非繼承的例外,因為它們是明確要被繼承的類別,以提供對一個型別之介面的補充功能。

使用繼承的時候,衍生類別要受制於基礎類別的變化。開發者不僅要認識到公開介面的變化,還要認識到對不變式和受保護成員的改變。相較之下,當另一個類別擁有你類別的一個實體,該類別只會受到變化的一個子集之影響:衝擊到它所依存的公開方法和不變式的那些變化。透過限制變化的影響,你就減少了假設被破壞的機會,降低了脆弱性。要想寫出強健的程式碼,就要慎重地使用繼承。

繼承之外的子型別

本章大部分內容都集中在基於類別的子型別衍生,或者說繼承上。然而,從數學上講,衍生子型別的概念要廣泛得多。在第 2 章中,我描述過,型別實際上只是圍繞行為的一種溝通方法。你也可以把這個概念套用到子型別:一個子型別是一組行為,可以完全代替其他超型別的行為使用。

事實上,鴨子定型(duck typing)也是一種子型別與超型別的關係:

```python
def double_value(x):
    return x + x

>>> double_value(3)
6
>>> double_value("abc")
abcabc
```

在這種情況下,超型別是參數。它支援相加的方法,後者必須回傳與它的加數(addends)相同的型別。注意,在 Python 中,超型別不一定要是一個具名的型別(named type),重點在於預期的行為。

本章前面圍繞著設計你超型別和子型別的準則不僅適用於繼承。鴨子定型是衍生子型別的一種形式,相同的準則也都適用。另外,身為一名消費者,要確保你沒有傳入那些不能替代超型別的參數。否則,你會讓你的其他開發者變得更加辛苦。鴨子定型掩蓋了超型別與子型別的關係,就像繼承一樣。堅持本章的準則,以避免頭痛。

結語

子型別關係是程式設計中一個非常強大的概念。你可以用它們來擴充現有的功能，而不用修改它。然而，繼承常常被過度使用，或者使用不當。只有在子型別可以直接替代其超型別的情況下它們才可以被使用。如果不是這樣的話，就用合成來代替。

引入超型別或子型別時，應該特別小心。開發者可能不容易知道與單一個超型別相關的所有子型別，有些子型別甚至可能存在於其他源碼庫中。超型別和子型別是非常緊密耦合的，所以你進行修改時都要小心謹慎。透過適當的努力，你可以獲得子型別的所有好處，而不會引入一系列令人頭痛的問題。

在下一章中，我將重點討論子型別的一個具體應用，即協定（protocols）。這些是型別檢查器和鴨子定型之間的缺失環節。協定以一種重要的方式彌合了這一差距：它們幫助你的型別檢查器捕捉一些在超型別／子型別（supertype/subtype）關係中引入的錯誤。任何時候你能捕捉到更多的錯誤，特別是透過型別檢查器，你就為你源碼庫的強健性做出了貢獻。

## 第十三章

協定

我要坦白一下，我一直在迴避 Python 型別系統中乍看之下很矛盾的一些東西。這與 Python 執行時期型別系統（runtime type system）和靜態型別提示（static type hints）之間的一個關鍵哲學差異有關。

在第 2 章中，我描述了 Python 是如何支援鴨子定型（duck typing）的。請回想一下，這意味著只要物件支援一組特定的行為，你就可以在特定情境中使用該物件。你不需要任何形式的父類別或預先定義的繼承結構才能使用鴨子定型。

然而，型別檢查器（typechecker）不知道如何在沒有任何幫助的情況下處理鴨子定型。型別檢查器知道如何處理在靜態分析時已知的型別，但它要如何處理在執行時做出的鴨子定型決策呢？

為了補救這個問題，我將引入協定（protocols），這是在 Python 3.8 中引入的一項功能。協定解決了上面列出的矛盾：它們在型別檢查的過程中注釋了鴨子定型的變數。我將涵蓋為什麼你需要協定、如何定義你自己的協定，以及如何在進階場景中使用它們。但是在開始之前，你需要了解 Python 的鴨子定型和靜態型別檢查器之間缺少的連結。

定型系統之間的緊張關係

在本章中，你將為一家自動化午餐店建置數位菜單系統。這家餐廳有各種「可分割」的條目，意味著你可以有一半的訂單。熟食三明治、捲餅和湯可以分割，但飲料和漢堡等不能分割。為了減少重複，我希望有一個方法可以完成所有的分割工作。這裡有一些條目作為例子。

```
class BLTSandwich:
    def __init__(self):
        self.cost = 6.95
        self.name = 'BLT'
        # 此類別處理完全建構好的 BLT 三明治
        # ...

    def split_in_half(self) -> tuple['BLTSandwich', 'BLTSandwich']:
        # 將一個三明治分割為一半的指示
        # 沿著對角線切割，分開包裝等
        # 接著回傳兩個三明治

class Chili:
    def __init__(self):
        self.cost = 4.95
        self.name = 'Chili'
        # 此類別處理一個完全裝滿的辣醬油（chili）
        # ...

    def split_in_half(self) -> tuple['Chili', 'Chili']:
        # 如何將辣醬油分為一半的指示
        # 舀入新容器、封上蓋子
        # 接著回傳兩杯辣醬油
        # ...

class BaconCheeseburger:
    def __init__(self):
        self.cost = 11.95
        self.name = 'Bacon Cheeseburger'
        # 此類別處理一個美味的培根起司堡（Bacon Cheeseburger）
        # ...

    # 注意！沒有 split_in_half 方法
```

現在，分割方法（split method）看起來可能像這樣：

```
import math
def split_dish(dish: ???) -> ????:
    dishes = dish.split_in_half()
    assert len(dishes) == 2
    for half_dish in dishes:
        half_dish.cost = math.ceil(half_dish.cost) / 2
        half_dish.name = "½ " + half_dish.name
    return dishes
```

參數 order 的型別應該是什麼？記住，型別是一組行為，不一定是具體的 Python 型別。我可能沒有這組行為的名稱，但我確實想確保我有支援它們。在這個例子中，該型別必須有這些行為：

- 該型別必須有一個叫做 split_in_half 的函式。這個函式必須回傳有兩個物件的可迭代群集（iterable collection）。

- 從 split_in_half 回傳的每個物件必須有一個叫做 cost 的屬性。這個 cost 必須能夠套用上限，並且能以整數除法除以二。這個 cost 必須是可變的。

- 從 split_in_half 回傳的每個物件必須有一個叫做 name 的屬性。這個 name 必須能在它前面設置文字 "½ " 作為前綴。這個 name 必須是可變的。

Chili 或 BLTSandwich 物件作為子型別運作得很好，但 BaconCheeseburger 就不行。BaconCheeseburger 不具備該程式碼所要的結構。如果你試圖傳入 BaconCheeseburger，你會得到一個 AttributeError，指出 BaconCheeseburger 沒有名為 split_in_half() 的方法。換句話說，BaconCheeseburger 與預期型別的結構並不匹配。事實上，這就是鴨子定型另一個名稱的由來：**結構性子型別**（*structural subtyping*），或者基於結構的子型別（subtyping based on structure）。

相較之下，你在本書的這一部分所探索的大多數型別提示（type hinting）被稱為**名義子型別**（*nominal subtyping*）。這意味著具有不同名稱的型別是相互獨立的。你看到問題所在了嗎？這兩種類型的子型別是彼此對立的。一種是基於型別的名稱，而另一種基於結構。為了在型別檢查中捕捉錯誤，你需要拿出一個具名型別（named type）：

```
def split_dish(dish: ???) -> ???:
```

那麼，再問一次，該參數的型別應為什麼？我在下面列出了一些選擇。

將型別留空或使用 Any

```
def split_dish(dish: Any)
```

我無法寬恕這樣做，在一本關於強健性的書中當然不行。這沒有向未來的開發者傳達任何意圖，而且型別檢查器也不會發現常見的錯誤。繼續前進吧！

使用 Union

```
def split_dish(dish: Union[BLTSandwich, Chili])
```

這比留白要好一點了。一個訂單（order）可以是 BLTSandwich 或 Chili。而對於這個有限的例子來說，它確實有效。然而，這對你來說應該會有一點感覺不對勁。我需要弄清楚如何調和結構性子型別和名義子型別，而我所做的只是在型別特徵式（type signature）中寫定幾個類別。

這樣做更糟糕的地方在於，它很脆弱。每次有人需要添加一個可以分割的類別，他們都必須記得更新這個函式。你只能希望這個函式就在類別定義處的附近，這樣未來的維護者可能會無意中發現它。

這裡還有一個隱藏的危險。如果這個自動化的午餐製作機是一個程式庫，是要讓不同的供應商用在自動售貨亭中的，那該怎麼辦？可想而知，他們會引入這個午餐製作程式庫，寫出他們自己的類別，並在這些類別上呼叫 split_dish。由於 split_dish 的定義在程式庫的程式碼中，消費者很少有合理的方式可以讓他們的程式碼進行型別檢查。

使用繼承

一些在物件導向語言（如 C++ 或 Java）方面有經驗的人可能會高聲呼喊，在這裡使用介面類別（interface class）是合適的。讓這兩個類別都繼承自某個定義了你所需的方法的基礎類別，是很簡單的事。

```
class Splittable:
    def __init__(self, cost, name):
        self.cost = cost
        self.name = name

    def split_in_half(self) -> tuple['Splittable', 'Splittable']:
        raise NotImplementedError("Must implement split in half")

class BLTSandwich(Splittable):
    # ...

class Chili(Splittable):
    # ...
```

這個型別階層架構的模型顯示於圖 13-1。

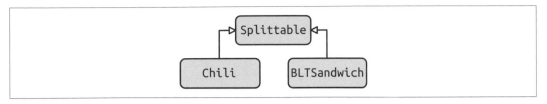

圖 13-1　可分割（splittable）的型別階層架構

而這確實行得通：

```
def split_dish(dish: Splittable):
```

事實上，你甚至可以注釋回傳型別：

```
def split_dish(dish: Splittable) ->
    tuple[Splittable, Splittable]:
```

但是如果有一個更複雜的類別階層架構在起作用呢？如果你類別的階層架構看起來像圖 13-2 那樣呢？

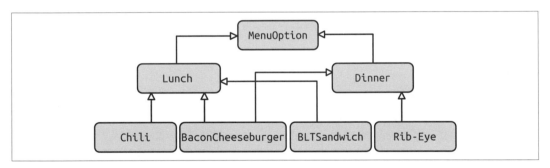

圖 13-2　一個更複雜的型別階層架構

現在，你有一個艱難的決定擺在面前。你要把 Splittable 類別放在型別階層架構的什麼地方？你不能把它放在此樹狀結構的父類別中，並非每道菜都應該是可分割的。你可以把 Splittable 類別變成 SplittableLunch 類別，並把它塞到在 Lunch 和任何一個可以被分割的類別之間，就像圖 13-3 那樣。

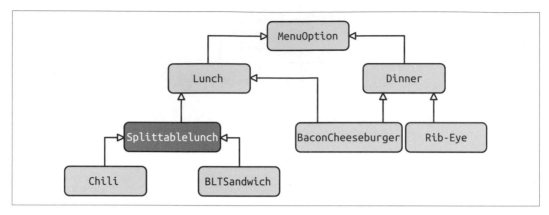

圖 13-3　一個注入了 Splittable 的更複雜的型別階層架構

這將隨著你的源碼庫的增長而分崩離析。首先，如果你想在其他地方使用 Splittable（比如說用於晚餐，或支票，或任何其他東西），你將不得不重複這些程式碼，沒有人會想要一個繼承自 SplittableLunch 的計費系統。另外，Splittable 可能不是你想引入的唯一父類別。你可能還有其他的屬性，例如可以共用一道主菜、可以在路邊取貨，指定它允許替換等等。你要寫的類別數量隨著你引入的每個選項而暴增。

使用 Mixins

現在，有些語言透過我在第 11 章中介紹的 mixins（混合類別）來解決這個問題。mixins 把負擔轉移到類別階層架構底部的每一個類別上，而不會對上面的任何類別造成污染。如果我想讓我的 BLTSandwich 是 Shareable（可共用）的、PickUppable（可拾取）的、Substitutable（可替換）的，以及 Splittable（可分割）的，那麼除了 BLTSandwich 之外，我不需要修改其他任何東西。

```
class BLTSandwich(Shareable,
                  PickUppable,
                  Substitutable,
                  Splittable):
    # ...
```

只有需要該功能性的類別需要改變。你減少了在大型源碼庫中協調的需要。儘管如此，這並不完美；使用者仍然需要在他們的類別中添加多重繼承以解決這個問題，而如果你能儘量減少型別檢查所需的變化，那就更好了。你匯入父類別時，還會引入一個實際的依存關係，這可能不是很理想。

事實上，上面的選擇沒有一個感覺是正確的。你只是為了型別檢查而修改現有的類別，這對我來說感覺非常不 *pythonic*。許多開發者之所以喜愛 Python，正是因為它不需要像這樣囉嗦。幸運的是，有一個更好的解決方案，那就是協定（*protocols*）。

協定

協定提供了縮小型別提示和執行時期型別系統之間差距的一種方式。它們允許你在型別檢查過程中提供結構性子型別。事實上，你可能已經熟悉了一個協定而不自知：迭代器協定（iterator protocol）。

迭代器協定是定義好的一組行為，物件可以實作這些行為。如果一個物件實作了這些行為，你就可以在該物件上跑迴圈。請考慮：

```python
from random import shuffle
from typing import Iterator, MutableSequence
class ShuffleIterator:
    def __init__(self, sequence: MutableSequence):
        self.sequence = list(sequence)
        shuffle(self.sequence)

    def __iter__(self):
        return self

    def __next__(self):
        if not self.sequence:
            raise StopIteration
        return self.sequence.pop(0)

my_list = [1, 2, 3, 4]
iterator: Iterator = ShuffleIterator(my_list)

for num in iterator:
    print(num)
```

請注意，為了使型別生效，我沒有必要從 Iterator 衍生子類別。這是因為 ShuffleIterator 有迭代器工作所需的兩個方法：一個 __iter__ 方法用來在迭代器上跑迴圈，以及一個 __next__ 方法用來獲取序列中的下一個項目。

這正是我想透過 Splittable 範例達成的那種模式。我希望能夠讓型別根據程式碼的結構來運作。要做到這一點，你可以定義你自己的協定。

定義一個協定

定義一個協定是非常簡單的。如果你想讓某樣東西可被分割,你能以一個協定的形式來定義 Splittable:

```
from typing import Protocol
class Splittable(Protocol):
    cost: int
    name: str

    def split_in_half(self) -> tuple['Splittable', 'Splittable']:
        """ 不需要實作 """
        ...
```

這看起來與本章前面衍生子類別的例子很接近,但你使用它的方式稍有不同。

為了使 BLTSandwich 可以被分割,你不必在類別中指出任何不同的東西。沒必要衍生子類別:

```
class BLTSandwich:
    def __init__(self):
        self.cost = 6.95
        self.name = 'BLT'
        # 此類別處理完全建構好的 BLT 三明治
        # ...

    def split_in_half(self) -> ('BLTSandwich', 'BLTSandwich'):
        # 將一個三明治分割為一半的指示
        # 沿著對角線切割,分開包裝等
        # 接著回傳兩個三明治
```

BLTSandwich 沒有明確的父類別。如果你想明確一點,你仍然可以從 Splittable 衍生子類別,但這不是必要的。

split_dish 函式現在就可以使用支援新 Splittable 協定的任何東西。

```
def split_dish(order: Splittable) -> tuple[Splittable, Splittable]:
```

討論主題

在你的源碼庫中哪裡可以使用協定呢?討論一下你大量使用鴨子定型或編寫泛型程式碼(generic code)的地方。討論如果不使用協定,這些地方的程式碼如何很容易被濫用。

型別檢查器將檢測到一個 BLTSandwich 是 Splittable 的，只需憑藉它所定義的欄位和方法。這極大地簡化了類別的階層架構。你不需要一個複雜的樹狀結構，即使你增加了更多的協定。你可以單純為每一組必要行為定義一個不同的協定，包括 Shareable、Substitutable 或 PickUppable。然後依存於這些行為的函式就可以仰賴這些協定，而非任何一種基礎類別。原本的類別不需要以任何形式變更，只要它們有實作所需的功能性就行了。

協定是否消除了繼承的需要？

一旦你習慣了協定，繼承就顯得多餘了。雖然繼承對於名義子型別來說很合理，但對於任何與結構性子型別有關的東西來說，它都太沉重了。你是在引入不需要存在的連結，增加你系統的維護成本。

要決定是使用協定還是子類別，我希望你能記住第 12 章中習得的教訓。從另一個類別衍生出來的子類別或遵守某個協定的任何東西都是一個子型別（subtype）。因此，它需要堅持父型別的契約。如果該契約只是定義了型別的結構（比如說 Splittable，它只需要定義某些屬性），那就使用協定。然而，如果父型別的契約定義了需要維持的行為，例如在特定條件下如何作業，則使用繼承來更好地反映 *is-a* 關係。

進階用法

到目前為止，我已經涵蓋了協定的主要用例，但還有一點我想告訴你。你不會經常使用這些功能，但它們填補了協定的一個重要空白。

複合協定

我在上一節談到了一個類別如何滿足多個協定。舉例來說，單一個午餐項目能夠是 Splittable、Shareable、Substitutable 與 PickUppable 的。雖然你可以很容易地混入這些協定，但如果你發現超過一半以上的午餐條目都屬於這一種呢？你可以把這些午餐條目指定為 StandardLunchEntry，讓你能將這所有的四個協定作為單一個型別來參考。

你的第一個嘗試可能只是撰寫一個型別別名（type alias）來涵蓋你的基礎：

```
StandardLunchEntry = Union[Splittable, Shareable,
                           Substitutable, PickUppable]
```

然而，這會匹配滿足至少一個協定的任何東西，而非四個全都滿足。要匹配所有的四個協定，你需要使用一個複合協定：

```
class StandardLunchEntry(Splittable, Shareable, Substitutable,
                         PickUppable, Protocol):
    pass

# 記住，你不需要明確地從協定衍生出子類別
# 在此我這樣做是為了更清楚起見
class BLTSandwich(StandardLunchEntry):
    # ... 略過 ...
```

然後，你就能在一個項目必須支援所有四個協定的任何地方使用 `StandardLunchEntry` 了。這能讓你將協定歸為一組，而不需要一次又一次在你的源碼庫中重複相同的組合。

 `StandardLunchEntry` 也是衍生自 Protocol 的子類別。這是必要的，若忽略，`StandardLunchEntry` 就不會是一個協定，即便它也是衍生其他協定的子類別。更廣義的說：從一個協定衍生出來的子類別並不會自動變成一個協定。

可在執行期檢查的協定

在所有這些協定的討論中，我一直停留在靜態型別檢查的領域。但有時，你就是得在執行時期檢查一個型別。遺憾的是，現成的協定並不支援任何形式的 `isinstance()` 或 `issubclass()` 檢查。不過要添加也很容易：

```
from typing import runtime_checkable, Protocol

@runtime_checkable
class Splittable(Protocol):
    cost: int
    name: str

    def split_in_half(self) -> tuple['Splittable', 'Splittable']:
        ...

class BLTSandwich():
```

```
    # ... 略過 ..

  assert isinstance(BLTSandwich(), Splittable)
```

只要你把 runtime_checkable 裝飾器扔進去，你就可以進行 isinstance() 檢查，來看看物件是否滿足某個協定。當你這樣做時，isinstance() 基本上就是在協定預期的每個變數和函式上呼叫 __hasattr__ 方法。

 issubclass() 只有在你的協定是一個非資料協定（即沒有任何協定變數的協定）時才會起作用。這必須處理有關在建構器中設置變數的邊緣情況。

當你使用由協定組成的一個 Union 時，你通常就會將協定標示為 runtime_checkable。函式可能期待一個協定或另一個不同的協定，這些函式可能需要某種方式在執行時於函式主體內區分這兩種協定。

滿足協定的模組

雖然到目前為止我只談到了滿足協定的物件，但還有一個更具針對性的用例值得一提。事實證明，模組（modules）也可以滿足協定。畢竟，一個模組仍然是一個物件。

假設我想以一家餐廳為中心定義一個協定，而且每家餐廳都定義在一個單獨的檔案中。這裡有一個那樣的檔案：

```
name = "Chameleon Café"
address = "123 Fake St."

standard_lunch_entries = [BLTSandwich, TurkeyAvocadoWrap, Chili]
other_entries = [BaconCheeseburger, FrenchOnionSoup]

def render_menu() -> Menu:
    # 描繪菜單的程式碼
```

然後，我需要一些程式碼來定義 Restaurant 協定，並能載入餐廳：

```
from typing import Protocol
from lunch import LunchEntry, Menu, StandardLunchEntry

class Restaurant(Protocol):
    name: str
    address: str
    standard_lunch_entries: list[StandardLunchEntry]
```

```
        other_entries: List[LunchEntry]

        def render_menu(self) -> Menu:
            """ 不需要實作 """
            ...

    def load_restaurant(restaurant: Restaurant):
        # 載入餐廳的程式碼
        # ...
```

現在，我可以將匯入的模組傳入給我的 load_restaurant 函式：

```
import restaurant
from load_restaurant import load_restaurant

# 載入我們的餐廳模型
load_restaurant(restaurant)
```

在 main.py 中，對 load_restaurant 的呼叫可以很好地進行型別檢查。這個餐廳模組滿足了我定義的 Restaurant 協定。協定甚至夠聰明，當一個模組被傳入，會忽略 render_menu 中的 self 參數。使用協定來定義一個模組並不是 Python 的日常工作，但如果你有需要強制施加契約的 Python 組態檔或外掛程式架構，你就會看到它的出現。

 並非每個型別檢查器都支援使用模組作為協定；請仔細查閱你最喜愛的型別檢查器的臭蟲報告和說明文件，看看是否支援。

結語

協定是在 Python 3.8 中剛引入的，所以它們仍然比較新。然而，它們在你可以用 Python 的靜態型別檢查做的事情中填補了一個巨大的缺口。請記住，雖然在執行時期是結構性的子型別，但大多數的靜態型別檢查都是針對名義子型別的。協定填滿了這一空白，讓你在型別檢查過程中處理結構性子型別。當你是在撰寫程式庫的程式碼，並且想提供使用者可以依存的可靠 API，而不仰賴特定的型別，這就是你最常使用它們的時機。使用協定可以減少程式碼實際的依存關係，這有助於可維護性，但你仍然可以及早發現錯誤。

在下一章中，你將學到增強你型別的另一種方式：為型別建模。為一個型別建模能讓你建立豐富的一組約束條件，在型別檢查和執行時期進行檢查，並且可以消除一整類錯誤，而不必為每個欄位手動編寫驗證程式碼。更好的是，透過對型別進行建模，你能為在源碼庫中什麼是允許的，什麼是不允許的，提供內建的說明文件。在下一章中，你將看到如何使用流行的程式庫 pydantic 來達成這一切。

## 第十四章

使用 pydantic 做執行期檢查

強健程式碼的核心主題是使其更容易發現錯誤。錯誤是開發複雜系統時一個無法避免的部分，你不可能避開它們。藉由編寫你自己的型別，你建立了一個詞彙表，使得我們更難引入不一致。使用型別注釋（type annotations）為你提供了一個安全網，讓你在開發過程中抓住錯誤。這兩者都是將錯誤左移（*shifting errors left*）的例子，你不是在測試期間（或更糟的，在生產中）發現錯誤，而是更早地發現它們，最好是在你開發程式碼的時候。

然而，並不是每一個錯誤都能透過檢視程式碼和靜態分析輕易發現。有一整類的錯誤只有在執行時才能發現。每當你與程式外部（如資料庫、組態檔、網路請求）提供的資料進行互動時，你都有可能輸入無效的資料。你的程式碼在如何取回和解析資料方面可能堅如磐石，但在防止使用者傳入無效資料方面，你能做的並不多。

你的第一個傾向可能是撰寫大量的驗證邏輯（*validation logic*）：if 述句和檢查，看看所有傳入的資料是否正確。問題是，驗證邏輯往往是複雜、漫無邊際的，而且很難讓人一目了然。你的驗證越全面，情況就越糟糕。如果你的目標是找到錯誤，閱讀所有的程式碼（和測試）將是你最好的機會。在這種情況下，你需要儘量減少你要看的程式碼量。問題就在這裡：你讀得越多，就會理解更多的程式碼，但你讀得越多，你的認知負擔就越重，減少了你發現錯誤的機會。

在本章中，你將學習如何使用 pydantic 程式庫來解決這個問題。pydantic 讓你定義建模過的類別（modeled classes），減少你需要編寫的驗證邏輯數量，而不犧牲可讀性。pydantic 將輕易剖析使用者提供的資料，提供對於輸出資料結構的保證。我將透過幾個基本的例子來說明你可以用它做什麼，然後以一些進階的 pydantic 用法來結束本章。

動態配置

在這一章中，我將建置出描述餐廳的型別。首先，我會為使用者提供一種透過組態檔（configuration files）指定餐廳的方式。下面清單列出每家餐廳可配置的欄位（以及它們的約束條件）：

- 餐館的名稱

  — 出於傳統原因，名稱的長度必須小於 32 個字元，並且只包含字母、數字、引號和空格（沒有 Unicode，抱歉）。

- 老闆的全名

- 地址

- 雇員名單

  — 必須至少有一名廚師和一名服務員。

  — 每位雇員都有一個名稱和職位（廚師、服務員、領檯、副廚師或外送司機）。

  — 每位雇員都有支票的郵寄地址或直接存款的詳細資訊。

- 菜餚清單

  — 每道菜都有一個名稱、價格和描述。名稱限制為 16 個字元，描述限制為 80 個字元。選擇性的是，每道菜都有一張圖片（以檔名的形式出現）。

  — 每道菜都必須有一個獨特的名字。

  — 菜單上必須至少有三道菜。

- 座位數

- 提供外帶訂單（Boolean）

- 提供外送服務（Boolean）

這些資訊儲存在一個 YAML（*https://yaml.org*）檔案中，看起來像這樣：

```
name: Viafore's
owner: Pat Viafore
address: 123 Fake St. Fakington, FA 01234
employees:
  - name: Pat Viafore
    position: Chef
```

```yaml
      payment_details:
        bank_details:
          routing_number: "123456789"
          account_number: "123456789012"
  - name: Made-up McGee
    position: Server
    payment_details:
      bank_details:
        routing_number: "123456789"
        account_number: "123456789012"
  - name: Fabricated Frank
    position: Sous Chef
    payment_details:
      bank_details:
        routing_number: "123456789"
        account_number: "123456789012"
  - name: Illusory Ilsa
    position: Host
    payment_details:
      bank_details:
        routing_number: "123456789"
        account_number: "123456789012"
dishes:
  - name: Pasta and Sausage
    price_in_cents: 1295
    description: Rigatoni and sausage with a tomato-garlic-basil sauce
  - name: Pasta Bolognese
    price_in_cents: 1495
    description: Spaghetti with a rich tomato and beef Sauce
  - name: Caprese Salad
    price_in_cents: 795
    description: Tomato, buffalo mozzarella, and basil
    picture: caprese.png
number_of_seats: 12
to_go: true
delivery: false
```

能以 pip 安裝的程式庫 yaml 讓你輕易讀取這個檔案，並提供一個字典：

```python
with open('code_examples/chapter14/restaurant.yaml') as yaml_file:
    restaurant = yaml.safe_load(yaml_file)

print(restaurant)
>>> {
    "name": "Viafore's",
    "owner": "Pat Viafore",
```

```
    "address": "123 Fake St. Fakington, FA 01234",
    "employees": [{
        "name": "Pat Viafore",
        "position": "Chef",
        "payment_details": {
            "bank_details": {
                "routing_number": '123456789',
                "account_number": '123456789012'
            }
        }
    },
    {
        "name": "Made-up McGee",
        "position": "Server",
        "payment_details": {
            "bank_details": {
                "routing_number": '123456789',
                "account_number": '123456789012'
            }
        }
    },
    {
        "name": "Fabricated Frank",
        "position": "Sous Chef",
        "payment_details": {
            "bank_details": {
                "routing_number": '123456789',
                "account_number": '123456789012'
            }
        }
    },
    {
        "name": "Illusory Ilsa",
        "position": "Host",
        "payment_details": {
            "bank_details": {
                "routing_number": '123456789',
                "account_number": '123456789012'
            }
        }
    }],
    "dishes": [{
        "name": "Pasta and Sausage",
        "price_in_cents": 1295,
        "description": "Rigatoni and sausage with a tomato-garlic-basil sauce"
    },
```

```
    {
        "name": "Pasta Bolognese",
        "price_in_cents": 1495,
        "description": "Spaghetti with a rich tomato and beef Sauce"
    },
    {
        "name": "Caprese Salad",
        "price_in_cents": 795,
        "description": "Tomato, buffalo mozzarella, and basil",
        "picture": "caprese.png"
    }],
    'number_of_seats': 12,
    "to_go": True,
    "delivery": False
}
```

我想讓你暫時戴上測試員的帽子。我剛才給出的需求肯定不是詳盡無遺的,你將如何完善它們呢?我想讓你花幾分鐘時間,在只有給定這個字典的情況下,列出你能想到的所有不同的約束條件。假設那個 YAML 檔剖析(parse)成功並回傳一個字典,你能想到多少個無效的測試案例?

 你可能注意到在上面的例子中,路由號碼(routing number)和帳戶號碼(account numbers)都是字串。這是刻意的。儘管那是一串數字,但我不希望它們是數字型別。在此數字運算(如加法或乘法)是沒有意義的,我不希望像 000000001234 這樣的帳號被截斷為 1234。

這裡有一些在列舉測試案例時需要考慮的想法:

- Python 是一種動態語言。你確定所有的東西都是正確的型別嗎?
- 字典並沒有任何形式的必填欄位,你確定每個欄位都存在嗎?
- 問題陳述中的所有約束條件是否都進行了測試?
- 其他的約束條件(正確的路由號碼、帳號和地址)呢?
- 不應該有負數的地方該怎麼辦?

我在大約 5 分鐘內想出了帶有無效資料的 67 個不同的測試案例。我的一些測試案例包括(完整的清單在本書的 GitHub 儲存庫(*https://github.com/pviafore/RobustPython*)中):

- 名稱是零字元。

- 名稱不是一個字串。

- 沒有廚師。

- 員工沒有銀行資訊或地址。

- 員工的路由號碼被截斷（0000123 變成 123）。

- 座位數為負數。

誠然，這不是一個非常複雜的類別。你能想像一個更複雜的類別的測試案例數量嗎？即使只是 67 個測試案例，你能想像打開一個型別的建構器並檢查 67 個不同的條件嗎？在我工作過的大多數源碼庫中，驗證邏輯遠遠沒有這麼全面。然而，這是使用者可配置的資料，我希望在執行時儘早捕獲錯誤。你應該傾向於在資料注入時捕捉錯誤，而不是在第一次使用時。畢竟，這些值的第一次使用可能要等到你在另一個系統中，與你的剖析邏輯解耦後才會發生。

討論主題

想一想在你的系統中表示為資料型別的一些使用者資料。那些資料有多複雜？你有多少種方式可能錯誤地構建它？討論一下錯誤地建立那些資料的影響，以及你對你程式碼是否能捕捉到所有的錯誤有多少信心。

在本章中，我將向你展示如何建立一個易於閱讀的型別，並對列出的所有約束條件進行建模。既然我如此關注型別注釋，如果能在型別檢查時抓出缺少的欄位或錯誤的型別就更好了。第一個想法是使用 TypedDict（關於 TypedDict 的更多資訊請參閱第 5 章）：

```python
from typing import Literal, TypedDict, Union
class AccountAndRoutingNumber(TypedDict):
    account_number: str
    routing_number: str

class BankDetails(TypedDict):
    bank_details: AccountAndRoutingNumber

AddressOrBankDetails = Union[str, BankDetails]

Position = Literal['Chef', 'Sous Chef', 'Host',
                   'Server', 'Delivery Driver']
```

```
class Dish(TypedDict):
    name: str
    price_in_cents: int
    description: str

class DishWithOptionalPicture(Dish, TypedDict, total=False):
    picture: str

class Employee(TypedDict):
    name: str
    position: Position
    payment_information: AddressOrBankDetails

class Restaurant(TypedDict):
    name: str
    owner: str
    address: str
    employees: list[Employee]
    dishes: list[Dish]
    number_of_seats: int
    to_go: bool
    delivery: bool
```

這是可讀性的一大步，你可以確切知道建構你的型別需要什麼型別。你可以寫出下列
函式：

```
def load_restaurant(filename: str) -> Restaurant:
    with open(filename) as yaml_file:
        return yaml.safe_load(yaml_file)
```

下游的消費者會自動從我剛才描述的型別中受益。然而，這種做法有幾個問題：

- 我無法控制 TypedDict 的建構，所以我不能在型別的建構過程中驗證任何欄位。我必
  須強迫消費者來做驗證。

- TypedDict 上不能有額外的方法。

- TypedDict 不會進行隱含的驗證。如果你從 YAML 創建出錯誤的字典，型別檢查器
  也不會抱怨。

最後這一點很重要。事實上，我可以把下面內容作為我 YAML 檔的全部，而程式碼仍然
會通過型別檢查。

```
invalid_name: "This is the wrong file format"
```

型別檢查不會在執行時期捕捉錯誤。你需要更強大的東西。進入到 pydantic。

pydantic

pydantic（*https://pydantic-docs.helpmanual.io*）是一個程式庫，它在不犧牲可讀性的前提之下，為你的型別提供執行時期檢查（runtime checking）。你可以使用 pydantic 對你的類別進行建模，就像這樣：

```python
from pydantic.dataclasses import dataclass
from typing import Literal, Optional, TypedDict, Union

@dataclass
class AccountAndRoutingNumber:
    account_number: str
    routing_number: str

@dataclass
class BankDetails:
    bank_details: AccountAndRoutingNumber

AddressOrBankDetails = Union[str, BankDetails]

Position = Literal['Chef', 'Sous Chef', 'Host',
                   'Server', 'Delivery Driver']

@dataclass
class Dish:
    name: str
    price_in_cents: int
    description: str
    picture: Optional[str] = None

@dataclass
class Employee:
    name: str
    position: Position
    payment_information: AddressOrBankDetails

@dataclass
class Restaurant:
    name: str
    owner: str
    address: str
    employees: list[Employee]
```

```
    dishes: list[Dish]
    number_of_seats: int
    to_go: bool
    delivery: bool
```

你用 pydantic.dataclasses.dataclass 來裝飾每個類別，而非繼承自 TypedDict。一旦你有了這個，pydantic 就會在型別建構時進行驗證。

為了建構這個 pydantic 型別，我將對我的載入函式（load function）做下列修改：

```
def load_restaurant(filename: str) -> Restaurant:
    with open(filename) as yaml_file:
        data = yaml.safe_load(yaml_file)
        return Restaurant(**data)
```

如果未來的開發者違反了任何約束條件，pydantic 就會擲出一個例外。下面是例外的一些例子：

如果一個欄位缺少，例如少了描述：

```
pydantic.error_wrappers.ValidationError: 1 validation error for Restaurant
dishes -> 2
  __init__() missing 1 required positional argument:
    'description' (type=type_error)
```

如果提供了一個無效的型別，例如把數字 3 當作雇員的職位：

```
pydantic.error_wrappers.ValidationError: 1 validation error for Restaurant
employees -> 0 -> position
  unexpected value; permitted: 'Chef', 'Sous Chef', 'Host',
                               'Server', 'Delivery Driver'
                               (type=value_error.const; given=3;
                                permitted=('Chef', 'Sous Chef', 'Host',
                                           'Server', 'Delivery Driver'))
```

 pydantic 可以與 mypy 並用，但你需要在你的 *mypy.ini* 中啟用 pydantic 外掛以進行型別檢查，才能運用所有的功能。你的 *mypy.ini* 將會需要下列這些：

```
[mypy]
plugins = pydantic.mypy
```

更多資訊，請查看 pydantic 說明文件（*https://oreil.ly/FBQXX*）。

透過用 pydantic 對型別進行建模，我可以捕捉一整類的錯誤，而不需要編寫我自己的驗證邏輯。上面的 pydantic 資料類別，在我先前想出的 67 個測試案例中，抓住了 38 個。但是，我可以做得更好。這段程式碼仍然缺少其他 29 個測試案例所針對的功能，但是我可以使用 pydantic 內建的驗證器來捕捉型別建構上的更多錯誤。

驗證器

pydantic 提供了大量的內建驗證器（*validators*）。驗證器是自訂的型別，它會檢查一個欄位的特定約束條件。舉例來說，如果我想確保字串有一定的大小，或者所有的整數都是正數，我就可以使用 pydantic 的約束型別：

```
from typing import Optional

from pydantic.dataclasses import dataclass
from pydantic import constr, PositiveInt

@dataclass
class AccountAndRoutingNumber:
    account_number: constr(min_length=9,max_length=9) ❶
    routing_number: constr(min_length=8,max_length=12)

@dataclass
class Address:
    address: constr(min_length=1)

# ... snip ...

@dataclass
class Dish:
    name: constr(min_length=1, max_length=16)
    price_in_cents: PositiveInt
    description: constr(min_length=1, max_length=80)
    picture: Optional[str] = None

@dataclass
class Restaurant:
    name: constr(regex=r'^[a-zA-Z0-9 ]*$', ❷
                 min_length=1, max_length=16)
    owner: constr(min_length=1)
    address: constr(min_length=1)
    employees: List[Employee]
    dishes: List[Dish]
    number_of_seats: PositiveInt
```

```
    to_go: bool
    delivery: bool
```

❶ 我正在限制一個字串必須是特定長度。

❷ 我正在限制一個字串與一個正規表達式相匹配（在此例中，就是只包含文數字元和空格）。

如果我傳入一個無效的型別（如帶有特殊字元的餐廳名稱或負數的座位），我會得到以下錯誤：

```
pydantic.error_wrappers.ValidationError: 2 validation errors for Restaurant
name
  string does not match regex "^[a-zA-Z0-9 ]$" (type=value_error.str.regex;
                                                pattern=^[a-zA-Z0-9 ]$)
number_of_seats
  ensure this value is greater than 0
    (type=value_error.number.not_gt; limit_value=0)
```

我甚至可以對串列進行約束，以施加進一步的限制。

```
from pydantic import conlist,constr
@dataclass
class Restaurant:
    name: constr(regex=r'^[a-zA-Z0-9 ]*$',
                 min_length=1, max_length=16)
    owner: constr(min_length=1)
    address: constr(min_length=1)
    employees: conlist(Employee, min_items=2) ❶
    dishes: conlist(Dish, min_items=3) ❷
    number_of_seats: PositiveInt
    to_go: bool
    delivery: bool
```

❶ 此串列受限於 Employee 型別，而且必須至少有兩名雇員（employees）。

❷ 這個串列受限於 Dish 型別，而且必須至少有三個菜餚（dishes）。

如果我傳入的東西不符合這些約束條件（比如忘記了一道菜）：

```
pydantic.error_wrappers.ValidationError: 1 validation error for Restaurant
dishes
  ensure this value has at least 3 items
    (type=value_error.list.min_items; limit_value=3)
```

有了這些約束型別，我又抓住了 17 個之前想到的測試案例，使我的總數達到 67 個測試案例中的 55 個。很不錯，對吧？

要捕捉剩餘的錯誤，我可以使用自訂驗證器（custom validators）來嵌入最後的那些驗證邏輯：

```python
from pydantic import validator
@dataclass
class Restaurant:
    name: constr(regex=r'^[a-zA-Z0-9 ]*$',
                 min_length=1, max_length=16)
    owner: constr(min_length=1)
    address: constr(min_length=1)
    employees: conlist(Employee, min_items=2)
    dishes: conlist(Dish, min_items=3)
    number_of_seats: PositiveInt
    to_go: bool
    delivery: bool

    @validator('employees')
    def check_chef_and_server(cls, employees):
        if (any(e for e in employees if e.position == 'Chef') and
            any(e for e in employees if e.position == 'Server')):
                return employees
        raise ValueError('Must have at least one chef and one server')
```

然後，如果我沒有提供至少一名廚師和服務員，就會：

```
pydantic.error_wrappers.ValidationError: 1 validation error for Restaurant
employees
  Must have at least one chef and one server (type=value_error)
```

我會留給你自行去為其他錯誤情況（如有效的地址、有效的路由號碼或存在於檔案系統中的有效圖像）編寫自訂驗證器。

驗證 vs. 剖析

誠然，pydantic 並非嚴格意義上的驗證程式庫，它也是一個剖析（*parsing*）程式庫。這兩者之間的差別很小，但還是需要指出來。在我所有的例子中，我一直都是使用pydantic 來檢查引數和型別，但嚴格來說它並不是一個驗證器。pydantic 宣傳自身是一個*剖析程式庫*（*parsing library*），這意味著它提供的是對從資料模型出來的東西之保證，而非對進去的東西的保證。也就是說，你在定義 pydantic 模型的時候，pydantic 會盡其所能地將資料強制轉型（coerce）到你所定義的型別之中。

如果你有一個模型：

```
from pydantic import dataclass
@dataclass
class Model:
    value: int
```

將字串或浮點數傳入這個模型是沒有問題的，pydantic 會盡力將該值強制轉型為一個整數（如果該值無法強制轉型，則擲出一個例外）。這段程式碼沒有擲出任何例外：

```
Model(value="123") # 值被設為整數 123
Model(value=5.5) # 這將該值截斷為 5
```

pydantic 正在剖析這些值，而非驗證它們。你不能保證傳入模型的是一個整數，但你總是能保證從另一邊出來的是一個 int（或者擲出一個例外）。

如果你想限制這種行為，你可以使用 pydantic 的嚴格欄位（strict fields）：

```
from pydantic.dataclasses import dataclass
from pydantic import StrictInt
@dataclass
class Model:
    value: StrictInt
```

現在，從另一個型別進行建構時，

```
x = Model(value="0023").value
```

你會得到一個錯誤：

```
pydantic.error_wrappers.ValidationError: 1 validation error for Model
value
  value is not a valid integer (type=type_error.integer)
```

因此，雖然 pydantic 宣傳自己是一個剖析程式庫，但在你的資料模型中強制施加更嚴格的行為是可能的。

結語

在本書中，我一直在強調型別檢查器的重要性，但是這並不意味著在執行時期捕捉錯誤是毫無意義的。雖然型別檢查器可以捕捉到相當大一部份的錯誤並減少執行期檢查，但它們不可能捕捉到所有的東西。你仍然需要驗證邏輯來填補那些空缺。

對於這類檢查，pydantic 程式庫會是你工具箱中很棒的工具。透過將你的驗證邏輯直接嵌入到你的型別之中（而不需要編寫大量繁瑣乏味的 `if` 述句），你可以從兩方面提高強健性。首先，你大幅提升了可讀性；開發人員在閱讀你的型別定義時，會清楚知道它被施加了哪些約束。其次，它透過執行期檢查為你提供了急需的保護層。

我發現，pydantic 也有助於填補資料類別和類別之間的中間地帶。嚴格來說，每一個約束都是在履行關於該類別的不變式。我通常建議不要賦予你的資料類別不變式，因為你無法保護它：你無法控制建構過程，而且特性存取是公開的。然而，即使是在你呼叫一個建構器或者設定一個欄位的時候，pydantic 也能保護該不變式。但是，如果你有相互依存的欄位（例如需要同時設定兩個欄位，或者需要只根據另一個欄位的值設定某個欄位），請堅持使用類別。

第二部就到此為止。你已經學會了如何用 `Enum`、資料類別和類別來建立你自己的型別。這每一種都有適合的特定用例，所以在編寫型別時要注意你的意圖。你學到了型別如何藉由衍生子型別（*subtyping*）來為 *is-a* 關係建模。你還學到了為什麼你的 API 對每個類別都是如此重要：這是其他開發者要了解你在做什麼的第一個機會。你在本章結束時，了解到除了靜態的型別檢查外，還需要做執行時期的驗證。

在下一部，我將退後一步，從一個更廣闊的角度來看待強健性。在本書前兩部分中，幾乎所有的指導都集中在型別注釋和型別檢查器上。可讀性和錯誤檢查是強健性的重要好處，但它們不是全部。其他維護者需要能對你的源碼庫進行大的改動以引入新的功能，而不僅僅是與你型別進行互動的小更動。他們需要擴充你的源碼庫。第三部將重點討論可擴充性（*extensibility*）。

可擴充的 Python

強健的程式碼是可維護的程式碼。為了做到可維護，程式碼必須易於閱讀、易於檢查錯誤，並且易於修改。本書的第一部和第二部著重於可讀性和錯誤檢測，但不一定關於如何擴充或修改現有程式碼。在與個別型別互動時，型別注釋和型別檢查器為維護者提供了信心，但對於源碼庫中更大的變化，例如引入新的工作流程或換掉一個關鍵元件，該怎麼辦呢？

第三部研究更大的變化，並告訴你如何使未來的開發者能夠做出這些改變。你會學到可擴充性（extensibility）和可組合性（composability），這兩個核心原則都能提高強健性。你將學習如何管理依存關係，以確保簡單的變更不會造成臭蟲和錯誤的漣漪效應。然後，你會把這些概念套用到架構模型（architectural models）上，如基於外掛的系統（plug-in-based systems）、反應式程式設計（reactive programming）和任務導向的程式（task-oriented programs）。

## 第十五章

可擴充性

本章的重點是可擴充性（extensibility）。可擴充性是本書這一部分的基礎，理解這個關鍵概念很重要。一旦你知道可擴充性如何影響強健性，你就會開始看到在整個源碼庫中應用它的機會。可擴充的系統允許其他開發者放心地增強你源碼庫的功能，減少出錯的機會。讓我們來研究一下。

何謂可擴充性？

可擴充性（*extensibility*）是系統的一種特性，它允許在不修改系統現有部分的情況下增加新的功能。軟體不是靜態的，它會改變。在你源碼庫的整個生命週期中，都會有開發人員修改你的軟體。**軟體**（*software*）的**軟性**（*soft*）部分也表明了這一點。這些變化可能是相當大的。想一想，在你擴展規模時，你需要換掉架構中的一個關鍵部分，或者加入新的工作流程。這些變化涉及到你源碼庫的多個部分，簡單的型別檢查無法在這個層面上抓住所有的錯誤。畢竟，你可能得完全重新設計你的型別。可擴充軟體的目標是在設計時為未來的開發者提供方便的擴充點，特別是在程式碼經常改變的區域。

為了說明這個想法，讓我們考慮一家連鎖餐廳，它想實作某種通知系統來幫助供應商對需求做出回應。一家餐廳可能有特價商品，或者缺乏某種原料，或者指出某種原料已經壞了。在這每一種情況下，餐廳都希望自動通知供應商需要補貨。供應商提供了一個 Python 程式庫來完成實際的通知工作。

它的實作看起來像下面這樣：

```
def declare_special(dish: Dish, start_date: datetime.datetime,
                     end_time: datetime.datetime):
    # ... 略過本地系統中的設定 ...
    # ... 略過發送通知到供應商 ...


def order_dish(dish: Dish):
    # ... 略過自動化的準備作業
    out_of_stock_ingredients = {ingred for ingred in dish
                                if out_of_stock(ingred)}
    if out_of_stock_ingredients:
        # ... 略過從菜單上撤下菜餚 ...
        # ... 略過發送通知到供應商 ...


# 每 24 小時呼叫
def check_for_expired_ingredients():
    expired_ingredients = {ing for ing in ingredient in get_items_in_stock()}:
    if expired_ingredients:
        # ... 略過從菜單上撤下菜餚 ...
        # ... 略過發送通知到供應商 ...
```

這段程式碼乍看之下非常簡單明瞭。每當有一個值得注意的事件發生時，就可以送出適當的通知給供應商（想像一個字典作為 JSON 請求的一部分被發送出去）。

快轉幾個月，一個新的工作項目進來了。餐廳的老闆對這個通知系統非常滿意，他們想擴充它。他們希望通知能發送到他們的 email 位址。聽起來很簡單，對嗎？你讓 declare_special 函式也接受一個 email 位址：

```
def declare_special(notification: NotificationType,
                    start_date: datetime.datetime,
                    end_time: datetime.datetime,
                    email: Email):
    # ... 略過 ...
```

不過，這會有深遠的影響。呼叫 declare_special 的函式也需要知道要傳遞什麼電子郵件。值得慶幸的是，型別檢查器會捕捉任何的遺漏。但是如果其他的用例開始湧現呢？你看了一下你積壓的待辦事項，發現了下列任務：

- 通知銷售團隊關於特價商品和缺貨的訊息。

- 通知餐廳的顧客有新的特價產品。

- 支援不同供應商的不同 API。

- 支援簡訊通知，這樣你的老闆也能收到通知。

- 創建一個新的通知型別：New Menu Item（新的菜單項目）。行銷人員和老闆想知道這個，但供應商不想。

隨著開發人員實作這些功能，declare_special 變得越來越大。它處理的情況越來越多，而隨著邏輯變得越來越複雜，犯錯的可能性也越來越大。更糟糕的是，對 API 的任何變更（例如添加電子郵件位址或電話號碼串列用於發送簡訊）都會對所有呼叫者產生持續影響。在某些時候，做一些簡單的事情，比如在行銷人員串列中新增一個電子郵件位址，就會觸動你源碼庫中的多個檔案。這俗稱為「霰彈槍手術（shotgun surgery）[1]」：單一的變更以爆炸的方式擴散開來，影響到各種檔案。此外，開發人員修改的是現有的程式碼，增加了出錯的機率。最重要的是，我們只涵蓋了 declare_special，但 order_dish 和 check_for_expired_ingredients 也需要它們自己的自訂邏輯。處理四處重複的通知程式碼將是相當繁瑣乏味的。捫心自問，你是否會喜歡這種情況：為了一個新使用者想要簡訊通知，而不得不在源碼庫中尋找每一個通知片段。

這一切都源於程式碼沒有很好的可擴充性。你等於開始要求開發人員要了解多個檔案之間所有錯綜複雜的關係，以便進行修改。對於維護者來說，要實作他們的功能，需要投入的工作量就大多了。回顧第 1 章中關於意外複雜性（accidental complexity）和必要複雜性（necessary complexity）的討論。必要複雜性是你問題領域所固有的；意外複雜性是你引入的複雜性。在此例中，通知、接收者和過濾器的組合是必要的，它是系統的一個必要功能。

然而，你如何實作這個系統決定了你會產生多少的意外複雜性。我所描述的方式就充滿了意外的複雜性。增加任何簡單的東西都是相當大的工程，要求開發者在源碼庫中尋找所有需要修改的地方，只是自找麻煩。簡單的改變應該是很容易做到的。否則，擴充系統每次都會成為一件苦差事。

重新設計

讓我們再看一下 declare_special 函式：

```python
def declare_special(notification: NotificationType,
                    start_date: datetime.datetime,
                    end_time: datetime.datetime,
                    email: Email):
    # ... 略過 ...
```

---

1 Martin Fowler. *Refactoring: Improving the Design of Existing Code*. 2nd ed. Upper Saddle River, NJ: Addison-Wesley Professional, 2018.

問題都是從將 email 作為一個參數添加到函式中開始的。這就是引發連漪效應的東西，影響了源碼庫的其他部分。這不是未來的開發者的錯，他們往往受到時間的限制，試圖把他們的功能塞進他們不熟悉的源碼庫的某個部分。他們通常會遵循已經為他們安排好的模式。如果你能打好基礎，引導他們前往正確的方向，你就能提高程式碼的可維護性。如果你讓可維護性惡化，你就會開始看到下面這樣的方法：

```python
def declare_special(notification: NotificationType,
                    start_date: datetime.datetime,
                    end_time: datetime.datetime,
                    emails: list[Email],
                    texts: list[PhoneNumber],
                    send_to_customer: bool):
        # ... 略過 ...
```

這個函式會長得越來越大，失去控制，直到它成為一個糾纏不清的依存關係亂源。如果我要將一個客戶新增到郵寄清單中，為什麼我會需要去查看特價商品的宣告方式？

我需要重新設計通知系統，這樣就可以很容易地做出改變。首先，我會看一下用例，思考哪些地方需要讓未來的開發者更容易更動（如果你想獲得關於介面設計的更多建議，請重溫第二部，特別是第 11 章）。在這個特定的用例中，我希望未來的開發者能夠輕易添加三樣東西：

• 新的通知型別

• 新的通知方法（例如電子郵件、簡訊或 API）

• 要通知的新用戶

通知程式碼散布在源碼庫中到處都是，所以我想確保當開發者做這些改變時，他們不需要進行任何霰彈槍手術。記住，我希望簡單的事情很容易達成。

現在，想想我的**必要複雜性**。在此例中，會有多種通知方法、多種通知型別，以及多個需要被通知的使用者。這是三個獨立的複雜性，我想限制它們之間的相互作用。`declare_special` 的部分問題在於，它所要考慮的問題組合數量令人生畏。將這種複雜性乘以通知需求稍有不同的每一個函式，你就會有一個真正的維護噩夢在手。

首先要做的是盡可能地將這些意圖解耦。我將從為每種通知型別建立類別開始：

```python
@dataclass
class NewSpecial:
    dish: Dish
    start_date: datetime.datetime
```

```
        end_date: datetime.datetime

@dataclass
class IngredientsOutOfStock:
    ingredients: Set[Ingredient]

@dataclass
class IngredientsExpired:
    ingredients: Set[Ingredient]

@dataclass
class NewMenuItem:
    dish: Dish

Notification = Union[NewSpecial, IngredientsOutOfStock,
                     IngredientsExpired, NewMenuItem]
```

如果考慮一下我想讓 declare_special 與源碼庫如何互動，我真的只想讓它知道這個 NotificationType。宣告一個特價品（special）不應該需要知道誰訂閱了這個特價品，以及他們將如何被通知。理想情況下，declare_special（以及任何其他需要發送通知的函式）應該是這樣的：

```
def declare_special(dish: Dish, start_date: datetime.datetime,
                    end_time: datetime.datetime):
    # ... 略過本地系統中的設定 ...
    send_notification(NewSpecial(dish, start_date, end_date))
```

send_notification 可以單純宣告成這樣：

```
def send_notification(notification: Notification):
    # ... 略過 ...
```

這意味著，如果源碼庫的任何部分想要發送通知，它只需要調用這個函式。你所需要傳入的只是一個通知型別（notification type）。添加新的通知型別很簡單；你新增一個類別，將該類別加到 Union 中，然後以新的通知型別呼叫 send_notification。

接著，你必須使添加新的通知方法變得容易。同樣地，我將添加新的型別來代表每個通知方法：

```
@dataclass
class Text:
    phone_number: str

@dataclass
```

```
class Email:
    email_address: str

@dataclass
class SupplierAPI:
    pass


NotificationMethod = Union[Text, Email, SupplierAPI]
```

在源碼庫的某個地方,我需要讓每種方法實際發送出一個不同的通知型別。我可以建立
幾個輔助函式(helper functions)來處理這項功能:

```
def notify(notification_method: NotificationMethod, notification: Notification):
    if isinstance(notification_method, Text):
        send_text(notification_method, notification)
    elif isinstance(notification_method, Email):
        send_email(notification_method, notification)
    elif isinstance(notification_method, SupplierAPI):
        send_to_supplier(notification)
    else:
        raise ValueError("Unsupported Notification Method")


def send_text(text: Text, notification: Notification):
    if isinstance(notification, NewSpecial):
        # ... 略過發送文字 ...
        pass
    elif isinstance(notification, IngredientsOutOfStock):
        # ... 略過發送文字 ...
        pass
    elif isinstance(notification, IngredientsExpired):
        # ... 略過發送文字 ...
        pass
    elif isinstance(notification, NewMenuItem):
        # .. 略過發送文字 ...
        pass
    raise NotImplementedError("Unsupported Notification Method")


def send_email(email: Email, notification: Notification):
    # .. 類似於 send_text ...


def send_to_supplier(notification: Notification):
    # .. 類似於 send_text
```

現在，要新增一個通知方法，也是很簡單明瞭的。我添加了一個新的型別，將其添加該聯集（union）中，在 notify 中添加一個 if 述句，並編寫一個相應的方法來處理所有不同的通知型別。

在每個 send_* 方法中處理所有的通知型別似乎很不方便，但這是必要的複雜性：由於有不同的訊息、不同的資訊和不同的格式，每個方法／型別組合（method/type combo）都是不同的功能。如果程式碼的數量確實增加了，你可以製作一個動態的查找字典（這樣添加一對新的鍵值與值就能夠新增一個通知方法），但在這些情況下，你是在用型別檢查的早期錯誤檢測來交換更高的可讀性。

現在我有簡單的方式來添加一個新的通知方法或型別。我只需要把它們綁在一起，這樣就可以輕易添加新用戶了。為了做到這點，我將寫一個函式來獲取需要被通知的使用者清單。

```
users_to_notify: Dict[type, List[NotificationMethod]] = {
    NewSpecial: [SupplierAPI(), Email("boss@company.org"),
                 Email("marketing@company.org"), Text("555-2345")],
    IngredientsOutOfStock: [SupplierAPI(), Email("boss@company.org")],
    IngredientsExpired: [SupplierAPI(), Email("boss@company.org")],
    NewMenuItem: [Email("boss@company.org"), Email("marketing@company.org")]
}
```

在實務中，這些資料可能來自組態檔或其他宣告式的來源，但為了書中的例子所需的簡潔，這樣就可以了。要新增使用者，我只需在這個字典中添加一個新條目（entry）。為使用者添加新的通知方法或通知型別也同樣簡單。要通知的使用者的程式碼更容易處理多了。

為了把這一切結合起來，我將使用所有的這些概念實作 send_notification：

```
def send_notification(notification: Notification):
    try:
        users = users_to_notify[type(notification)]
    except KeyError:
        raise ValueError("Unsupported Notification Method")
    for notification_method in users:
        notify(notification_method, notification)
```

就這樣了！用於通知的所有的這些程式碼都可以存在於一個檔案中，而源碼庫的其他部分只需要知道一個函式，也就是 send_notification，就能與通知系統進行互動。一旦不需要與源碼庫的任何其他部分進行互動，測試就變得容易很多。此外，這段程式碼是可擴充的，開發人員可以輕易添加新的通知型別、方法或使用者，而不需要在源碼庫中翻閱無數的調用。你想讓你的源碼庫容易增添新的功能，同時儘量減少對現有程式碼的修改。這就是所謂的 Open-Closed Principle（開放封閉原則）。

Open-Closed Principle

Open-Closed Principle（OCP，開放封閉原則）指出，程式碼應該開放擴充，但對修改封閉[2]。這就是可擴充性的核心所在。我們在上一節的重新設計試圖堅持這一原則。我們沒有讓新功能觸及源碼庫的多個部分，而是要求加入新的型別或函式。即使現有的功能發生了變化，我所做的也只是添加一個新的條件檢查，而非修改現有的檢查。

看起來我所做的好像只是以程式碼的再利用為目標，但 OCP 更進了一步。是的，我重複了通知程式碼，但更重要的是，我讓開發者更容易管理這些複雜性。問問你自己，你更喜歡哪一種：透過檢視呼叫堆疊來實作一個功能，並且不確定你是否找到了每一個需要修改的地方；還是一個修改容易並且不需要廣泛修改的檔案。我知道我會選擇哪一個。

在本書前面你已經接觸過了 OCP。鴨子定型（第 2 章）、子型別（第 12 章）和協定（第 13 章）都是能夠幫助 OCP 的機制。所有這些機制的共同點是它們允許你以一種泛用的方式進行程式設計。你不再需要直接處理用到該功能的每個特殊情況。取而代之，你為其他開發者提供了可以利用的擴充點，允許他們在不修改你程式碼的情況下注入他們自己的功能。

OCP 是可擴充性的核心。讓你的程式碼可以擴充將提高強健性。開發人員可以放心地實作功能，有一個地方可以做出變更，而源碼庫的其他部分也都準備好支援這種修改。更低的認知負擔和更少的程式碼修改將導向更少的錯誤。

偵測違反 OCP 之處

如何判斷你是否應該遵守 OCP，寫出更能夠擴充的程式碼呢？這裡有一些指標，在考慮你的源碼庫時，應該引起你的注意：

2　OCP 最早是在 Bertrand Meyer 所著的《*Object-Oriented Software Construction*》（Pearson）中描述的。

容易的事情很難做嗎？

在你的源碼庫中，有些事情應該是概念上容易的。實作這種概念所需的努力應該與領域的複雜性相匹配。我曾經在其中工作過的一個源碼庫，為了新增一個使用者可配置的選項，必須得修改 13 個不同的檔案。對於有數百個可配置選項的一個產品來說，這應該是一個容易的任務。可以說，事實並非如此。

你是否遇到過對類似功能的反對意見？

如果功能請求者不斷地對某項功能的時間表提出異議，特別是在用他們的話說是「這與之前的功能 X 幾乎完全相同」的情況下，那麼請問問你自己，這種脫節情形是否是複雜性所造成的。有可能那是領域中固有的複雜性，在那種情況下，你應該確保功能請求者的認知與你同步。如果複雜性是意外的，那麼你的程式碼可能就需要重新加工，使其更容易處理。

你們有一直都很高的預估時間嗎？

有些團隊使用預估時間來預測他們在給定的時間表內要完成的工作量。如果功能的預估時間一直很長，問問自己那個估計值的來源。複雜性是推高估計值的原因嗎？這種複雜性是必要的嗎？這是風險和對未知的恐懼嗎？如果是後者，問問為什麼在你的源碼庫中工作感覺有風險。有些團隊透過拆分工作，將功能分割成不同的估計時間。如果你們一直在這樣做，問一問重組源碼庫是否可以緩解分裂的問題。

提交的 *commits* 是否含有大型的變更集（*changesets*）

在你的版本控制系統中尋找含有大量檔案的 commits。這是一個很好的跡象，說明霰彈手術正在發生，特別是相同的檔案不斷出現在多個 commits 中的情況下。請記住這只是一個指導原則；大型的 commits 不一定代表有問題，但如果它們經常出現，就值得檢查一下。

討論主題
你在你的源碼庫中遇到過哪些違反 OCP 的情況？你可以如何重組程式碼來避免那些問題？

缺點

可擴充性不是解決你所有編程（coding）問題的萬靈丹。事實上，太多的彈性會使你的源碼庫**降級**（*degrade*）。如果你過度使用 OCP，並試圖使所有的東西都可配置和可擴充，你很快會發現自己處於混亂之中。問題在於，雖然使你的程式碼具有可擴充性能夠減少修改時的意外複雜性，但在其他方面卻會*增加*意外的複雜性。

首先，受到不良影響的是可讀性。你是在建立一個全新的抽象層，將你的業務邏輯與你源碼庫的其他部分隔開。任何想了解整個情況的人都必須跳過一些額外的障礙。這將影響新開發人員實際上手的速度，也會阻礙除錯工作。你可以透過良好的說明文件並解釋清楚你的程式碼結構來緩解這個問題。

其次，你引入了一種過去可能不存在的耦合性。以前，源碼庫的不同部分是相互獨立的。現在，它們共用一個共通的子系統，該子系統的任何變化都會影響所有的消費者。我將在第 16 章中更深入探討這點。用一組強大的測試來減輕這種影響。

適度地使用 OCP，並在應用這些原則時多加注意。用得太多，你的源碼庫就會被過度抽象化，產生混亂的依存關係。用得太少，開發人員就得花更多的時間來進行修改，也會引入更多的臭蟲。在你有理由相信有人會再次修改的地方定義擴充點，你就能大大改善未來維護者經手你源碼庫的體驗。

結語

可擴充性（extensibility）是源碼庫維護中最重要面向之一。它允許你的協作者在不修改現有程式碼的情況下增加功能。任何時候，只要能不修改現有的程式碼，就是你沒有造成任何退化的時候。現在添加可擴充的程式碼可以防止未來的臭蟲。牢記 OCP：保持程式碼對擴充的開放，但封閉修改。謹慎地應用這一原則，你會看到你的源碼庫變得更加可維護。

可擴充性是一個重要的主題，它將貫穿接下來的幾章。在下一章中，我將重點討論依存關係（dependencies）以及源碼庫中的關係如何限制它的可擴充性。你會學到不同類型的依存關係以及如何管理它們。你將學習如何視覺化並理解你的依存關係，以及為什麼你源碼庫的某些部分會比其他部分有更多的依存關係。一旦你開始管理你的依存關係，你會發現程式碼的擴充和修改變得容易許多。

## 第十六章

依存關係

要寫出一個沒有依存關係（dependencies）的程式是很難的。函式依存於其他函式，模組依存於其他模組，而程式則依存於其他程式。架構是碎形（fractal）的：無論你看的是哪個層次，你的程式碼都可以表示為某種方框箭頭圖（box-and-arrows diagram），如圖 16-1。不管是函式、類別、模組、程式，還是系統，你都可以畫出類似圖 16-1 的示意圖來表達你程式碼中的依存關係。

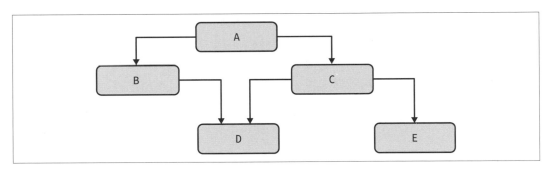

圖 16-1　方框箭頭圖

然而，如果你不積極管理你的依存關係，很快就會出現所謂的「spaghetti code（義大利麵條程式碼）」，使你的方框箭頭圖看起來像圖 16-2 那樣。

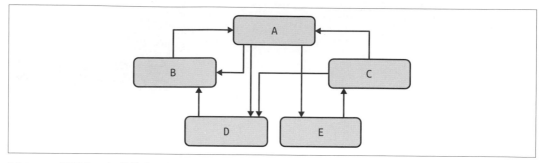

圖 16-2　糾纏在一起的依存關係

在本章中，你會學到關於依存關係的所有知識，以及如何控制它們。你會認識到不同類型的依存關係，它們都應該用不同的技術來管理。你將學習如何繪製你的依存關係，以及如何解讀你是否擁有一個健康的系統。你會學到如何真正簡化你的程式碼架構，這將幫助你管理複雜性並提高源碼庫的強健性。

關係

依存關係（dependencies）在本質上就是一種關係（relationships）。當一段程式碼需要另一段程式碼才能以某種特定的方式行事時，我們就稱那為一個依存關係（*dependency*）。你通常會運用依存關係來受益於某種形式的程式碼重用（code reuse）。函式呼叫其他函式來重複使用行為。模組匯入（import）其他模組以再利用該模組中定義的型別和函式。在大多數源碼庫中，從頭開始編寫所有的東西都是不合理的。再利用源碼庫中的其他部分，甚至是其他組織的程式碼，可以帶來極大的好處。

當你重複使用程式碼，你可以節省時間。你不需要浪費精力去寫程式碼，你可以直接呼叫或匯入你需要的功能。此外，你所依存的任何程式碼可能會在其他地方被使用。這意味著已經做過了一些測試，應該會減少臭蟲的數量。如果該程式碼可供閱讀，則是額外的紅利。正如 *Linus* 定律（*Linus's Law*，源自 Linus Torvalds，Linux 的創造者）所述[1]：

> 「只要有足夠的眼球，所有的錯誤都是淺顯易懂的（*Given enough eyeballs, all bugs are shallow*）」。

1　Eric S. Raymond. *The Cathedral & the Bazaar*. Sebastopol, CA: O'Reilly Media, 2001.

換句話說，發現錯誤的可能性變得更高，因為有這麼多人在看著程式碼。這也是注重可讀性促使可維護性提升的另一個重點所在。如果你的程式碼容易閱讀，其他開發者會更容易發現並修復其中的錯誤，從而幫助你的強健性增長。

不過，有一點要注意。談到依存關係時，沒有免費的午餐這回事。你建立的每一個依存關係都會造成**耦合**（*coupling*），或者說把兩個實體綁在了一起。如果一個依存關係以不相容的方式改變，你的程式碼也會需要改變。如果這種情況經常發生，你的強健性就會受到不良影響，當你的依存關係發生變化時，你就得不斷掙扎以保持平穩。

依存關係也有人為因素在其中。你所依存的每一段程式碼都是由一個活生生的人（甚至可能是一群人）所維護的。這些維護者有他們自己的時程表、他們自己的最後期限，以及他們對自己所開發的程式碼的期望。這些都有可能與你的時程表、最後期限和願景不一致。一段程式碼被重複使用得越多，它就越不可能滿足每位消費者的所有需求。當你的依存關係與你的實作相背離時，你要麼忍受困難撐下去，要麼選擇其他的依存關係（可能是你所控制的），要麼產生分支（並自行維護它）。你的選擇取決於你的具體場景，但在每一種情況下，強健性都會遭受打擊。

任何有在 2016 年工作的 JavaScript 開發人員都可以告訴你，在「left-pad 崩潰（left-pad debacle）」事件中，依存關係是如何導致錯誤的。由於政策糾紛，一位開發者從套件儲存庫（package repository）中移除了一個名為 left-pad 的程式庫，第二天早上，數以千計的專案突然壞掉，無法建置。許多大型專案（包括 React，一個非常熱門的程式庫）不是直接依存 left-pad，而是透過他們自己的依存關係遞移地依存之。沒錯，依存關係有他們自己的依存關係，而當你依存其他程式碼時，你也會依存到它們那邊去。這個故事的寓意是：不要忘記人為因素以及與他們的工作流程相關的成本。要做好準備，因為你的任何依存關係都可能以最壞的方式改變，包括被刪除。依存關係是負債，是必要的沒錯，但仍然是一種債務。

從安全性的角度來看，依存關係也擴大了攻擊的表面積。每一個依存關係（以及它們自己的依存關係）都有可能破壞你的系統。有整個網站專門致力於追蹤安全性漏洞，例如 *https://cve.mitre.org*。搜尋一下「Python」這個關鍵字，就可以看到現存的漏洞有多少，當然，這些網站無法算到那些尚未被發現的漏洞。對於你的組織所維護的依存關係來說，這就更加危險了。除非有具備安全意識的人不斷查看你們所有的程式碼，否則未知的漏洞永遠可能存在於你的源碼庫中。

釘住或不釘住

一些開發人員傾向於釘（pin）住他們的依存關係，這意味著這些依存關係被凍結在一個特定的時間點上。如此一來，你就不會因為一個更新過的依存關係而有破壞程式碼的風險，專案會繼續使用舊的版本。對於一個不會經常更新的非常成熟的專案來說，這樣的設置並不是太差，可以將風險降到最低，但你需要對一些事情保持警戒。

為了使這發揮作用，你需要認真對待你所釘住的東西。若有任何依存不再被釘住，它們就不應該依存於其他被釘住的任何依存關係。否則，當未釘住的依存關係發生變化，它們很可能會與已釘住的依存關係產生衝突。

其次，為了釘住依存關係，那些依存關係實際上要是可釘住的。依存關係需要以特定的 commit 或版本號碼來表示以供參考。你無法釘住那些只存在於你源碼庫中的依存關係，比如一個單獨的函式或類別。

最後，你需要評估在任何時候實際需要更新那個 pin（被釘住的依存關係）的可能性。想想可能出現的新功能、安全性更新或錯誤修復。其中任一種都將不可避免地使得你必須更新一個 pin。你推延一個 pin 的更新越久，可能引入的變化就越多，與你源碼庫的假設不相容。這可能會使整合變得很痛苦。

如果你預見到有需要改變依存關係被釘住的情況，你就需要一個策略來更新這些依存關係。我建議持續釘住依存關係，但仰賴持續整合工作流程（continuous integration workflow）和依存關係管理器（dependency managers，例如 poetry）來更新這些依存關係。透過持續整合，你會不斷掃描新的依存關係。當依存關係發生變化時，工具將更新依存關係、執行測試，如果測試通過，就為更新過的依存關係引入新的 pin。這樣一來，依存關係能保持最新狀態，而你也總是有一套經過檢查的 pins，以保證可重現性（reproducibility）。這裡的缺點是，你需要有紀律和並有支援的文化以修復出現的整合失敗。從長遠來看，逐個處理導致失敗的問題比推遲整合要省力多了。

謹慎地平衡你對依存關係的使用。你的程式碼本來就會有依存關係，這是件好事。訣竅在於如何聰明地管理它們。粗心大意會導致草率、糾結的混亂。要學習如何處理依存關係，你首先得知道如何辨別不同類型的依存關係。

依存關係的類型

我將依存關係分為三類：物理（physical）的、邏輯（logical）的和時間（temporal）的。每一種都會以不同的方式影響你程式碼的強健性。你必須能夠發現它們，並知道它們何時可能出錯。如果運用得當，依存關係可以維持你程式碼的可擴充性，而不會使其陷入困境。

物理依存關係

大多數的開發人員想到依存關係時，他們想到的就是物理依存關係。**物理依存關係**（*physical dependencies*）是一種能直接在程式碼中觀察到的關係。函式呼叫函式、由其他型別組成的型別、模組匯入模組、類別繼承其他類別等等，這些都是物理依存關係的例子。它們是靜態的，意味著它們在執行時期不會改變。

物理依存關係是最容易推理的，即使是工具也能夠檢視源碼庫並繪製出物理依存關係（再幾頁就會看到了）。它們很容易在第一時間就被讀到並且理解，這對強健性來說是一大勝利。當未來的維護者在閱讀或除錯程式碼時，依存鏈（dependency chain）是如何解析的，就變得相當明顯，他們可以沿著匯入或函式呼叫的軌跡來找到依存鏈的末端。

圖 16-3 描述的是一家完全自動化的披薩餐館（pizza café），名為 *PizzaMat*。加盟商可以把 PizzaMat 當作一個完整的模組來購買，並將其部署在任何地方以提供即時（和美味）的披薩。PizzaMat 有幾個不同的系統：製作披薩的系統、控制付款和訂購的系統，以及餐桌管理系統（座位、續杯和訂單交付）。

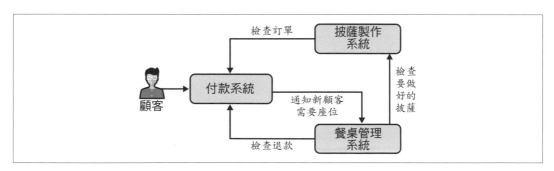

圖 16-3　一家自動化的披薩餐館

這三個系統中的每一個都會與其他系統互動（這就是箭頭所代表的意義）。顧客與付款／訂餐系統（payment/ordering system）互動，以訂購他們的披薩。一旦他們完成訂購，披薩製作系統（pizza making system）會檢查是否有新的訂單並開始製作披薩，而餐桌管理系統（table management system）會開始為顧客安排座位。一旦餐桌管理服務得知披薩做好了，它就會準備好上菜，將其提供給顧客。如果顧客出於任何原因對披薩感到不滿，餐桌管理系統就會把披薩退回，而付款系統就會發出退款。

這些依存關係中的每一個都是一種關係，只有這些系統一起工作，我們才有一個可運作的披薩店。物理依存關係對於理解大型系統而言是絕對必要的，它們允許你將問題分解成更小的實體，並定義每個實體之間的互動。我可以把這些系統中的任何一個拆解成不同模組，或者把任何模組分解成函式。我想關注的是這些關係如何影響可維護性。

假設這三個系統是由三個獨立的實體所維護的。你和你的團隊維護披薩製作系統。你們公司的另一個團隊（但在不同的大樓裡）擁有餐桌管理系統，而付款系統一直是由一家獨立的承包商所提供。你是這龐大的推行活動的一部分，要為你們的披薩製作機提供一個新的項目：披薩包餅（stromboli）。你已經工作了幾個星期，仔細協調各種變化。每個系統都需要變更以處理新的菜單項目。經過無數個深夜（當然都是以披薩為燃料），你已經準備好為你的客戶進行大型更新。然而，更新一推出，錯誤報告就開始滾滾而來。一組不幸的事件引入了一個臭蟲，導致世界各地的披薩店崩潰。隨著越來越多的系統上線，問題變得越來越嚴峻。管理階層決定，你必須儘快修復它。

花點時間問問自己，你的夜晚想要怎麼過。你想瘋狂地試著聯繫其他所有的團隊，試圖橫跨三個系統巧妙地塞進一個修復用的補丁？你碰巧知道承包商當晚已經關掉了通知，而另一個團隊今天下班後的啟用慶祝活動也有點玩過頭了。還是你想看一下程式碼，發現只需修改幾行程式碼，就可以非常容易地從所有的三個系統中移除披薩包餅，無須其他團隊的任何輸入？

依存關係是一種單向的關係。你受惠於你的依存關係，應該持有感激之情，但如果他們在你需要的時候沒有完全按照你的要求去做，你就沒有什麼辦法了。記住，活生生的人就在你依存關係的另一邊，當你要求他們跳坑的時候，他們不一定會跳。你如何建構你的依存關係將直接影響你如何維護一個系統。

在我們的披薩包餅例子中，依存關係是一個圓圈：任何一個變化都有可能影響其他兩個系統。你需要考慮到你依存關係的每一個方向，以及變化如何在你的系統中產生連漪而擴散影響。就 PizzaMat 而言，披薩製作設備的支援是我們唯一的真理來源，為不存在的披薩產品設置計費和餐桌管理是沒有用的。然而，在上面的例子中，這三個系統都是用它們自己持有的菜單項目副本來撰寫的。根據依存關係的方向，披薩餅製作機是可以把披薩包餅的程式碼拿走沒錯，但是披薩包餅仍然會出現在付款系統中。你要怎樣才能使其更具擴充性以避免這些依存關係問題？

 關於大型的架構變更，棘手之處在於，正確的答案永遠取決於你具體問題的情境脈絡。如果你要建置一個自動披薩製作機，你可能會根據各種不同的因素和約束條件，以不同的方式繪製你的依存關係樹（dependency tree）。重要的是要注意你為什麼要以你的那種方式繪製你的依存關係，而不是確保它們總是以與別人的系統相同的方式繪製。

首先，構建你的系統時，你可以使所有的菜單定義都存在於披薩製作系統中，畢竟，知道它能做什麼，不能做什麼的，就是這個系統。從這裡開始，定價系統可以向披薩製作機查詢哪些項目是實際可用的。這樣一來，如果你需要在緊急情況下移除披薩包餅，你就可以在披薩製作系統中進行，定價系統並不能控制實際上什麼有提供，什麼沒有。藉由翻轉，或顛倒依存關係的方向，你重新獲得了對披薩製作系統的控制權。如果我反轉這一個依存關係，依存關係圖看起來就會像圖 16-4。

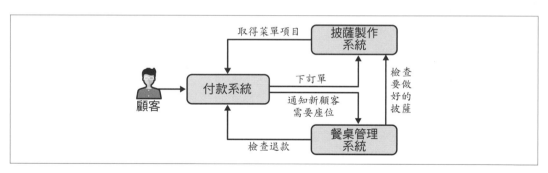

圖 16-4　更合理的依存關係

現在，披薩製作機可以決定什麼能訂購，什麼不能訂購。這對限制所需的變化量有很大的幫助。如果披薩製作機需要停止支援一道菜中的某種原料，付款系統將自動接收這些變化。這不僅可以在緊急情況下確保退路，而且還可以在未來為你的企業帶來更多的靈活性。你已經增加了在付款系統中根據披薩製作機能自動製作的項目而選擇顯示不同菜單的能力，而所有的這些都不需要與外部的付款團隊協調。

討論主題

思考一下，如果披薩製作機沒有原料了，你要如何新增一個功能，防止付款系統顯示某些選項。考慮圖 16-3 和 16-4 中的系統。

作為一個額外的討論話題，討論餐桌管理系統和付款系統之間的迴圈。你要怎樣才能打破這個迴圈？每個方向的依存關係的利弊是什麼？

當程式碼變得太 DRY 時

DRY 原則（Don't Repeat Yourself，「別重複你自己」，更多細節請參閱第 10 章）已經根植於大多數開發者的頭腦中。只要你在源碼庫中看到非常相似的程式碼，你就必須大喊「有重複！」以警告其他開發者，並盡職盡責地重構這些程式碼，使其存在於同一個地方。畢竟，你不會想要在多個地方修復相同的錯誤。

不過，DRY 原則也有可能用得過頭。每次你重構程式碼，你都會給重構後的程式碼引入一個物理依存關係。如果你源碼庫的其他部分依存於這段程式碼，你就把它們耦合在了一起。如果被重構的那段中心程式碼片段需要變更，它可能會影響到大量的程式碼。

在應用 DRY 原則時，不要因為程式碼看起來相同就重複它，只在那段段程式碼有相同的改變原因時，才重複它。否則，你就會開始陷入這樣的情況：被重構的程式碼因為某個原因需要改變，但這個原因與依存於被重構程式碼的其他部分程式碼不相容。你開始需要把特殊的邏輯放到重構後不重複的程式碼中，以處理特殊情況。任何時候，如果你像這樣增加複雜性，你就會開始降低可維護性，並使程式碼更難為一般用途而再利用。

邏輯依存關係

邏輯依存關係（*logical dependency*）是指兩個實體有關係、但在程式碼中沒有直接的連結。這種依存關係是抽象的，它包含一層間接關係。這是一種只在執行時存在的依存關係。在我們披薩製作機的例子中，我們有三個子系統在彼此互動。我們在圖 16-3 中用箭頭表示這種依存關係。如果這些箭頭是匯入或函式呼叫，那麼它們就是物理依存關係。然而，在執行時有可能在沒有函式呼叫或匯入的情況下連結這些子系統。

假設子系統存活在不同的電腦上，並透過 HTTP 進行通訊。如果披薩製作機要透過 HTTP 使用請求程式庫（requests library）來通知餐桌管理服務披薩何時製作，那麼它看起來會是這樣的：

```
def on_pizza_made(order: int, pizza: Pizza):

    requests.post("table-management/pizza-made", {
        "id": order,
        "pizza": pizza.to_json()
    })
```

物理上的依存關係不再是從披薩製作機到我們的餐桌管理系統，而是從披薩製作機到請求程式庫。就披薩製作機而言，它只需要一個 HTTP 端點，可以發佈（post）到名為「table-management」的網路伺服器的一個叫作「/pizza-made」的端點。該端點需要接受一個 ID 和格式為 JSON 的披薩資料。

現在，在現實中，你的披薩製作機仍然需要餐桌管理服務才能工作。這就是邏輯上的依存關係在起作用。即使沒有直接的依存關係，在披薩製作機和餐桌管理系統之間仍然存在著一種關係。這種關係不是消失了，而是從物理上的轉變為邏輯上的。

引入邏輯依存關係的關鍵好處是可替換性（substitutability）。如果沒有任何物理上的依存關係，要替換一個元件就容易得多。以透過 HTTP 請求的 **on_pizza_made** 為例。你可以完全替換餐桌管理服務，只要它維持與原始服務相同的契約就行了。如果這聽起來很熟悉，那是應該的，因為這和你在第 12 章學到的概念完全一樣。衍生子型別（subtyping），無論是透過鴨子定型、繼承，或是類似的東西，都引入了邏輯上的依存關係。呼叫程式碼在物理上依存於基礎類別，但實際用到的是哪個子類別的邏輯依存關係要到執行時才確定。

提高可替換性能夠提高可維護性。記住，可維護的程式碼是很容易變更的。如果你能在影響最小的情況下替換整個功能區，你就賦予了你未來的維護者很大的決策靈活性。若有某個特定的函式、類別或子系統開始無法滿足你的需要，你可以直接替換它。容易刪除的程式碼本身就容易改變。

不過，就跟任何事情一樣，邏輯依存關係也是有代價的。每個邏輯依存都是對某種關係的間接參考。因為沒有物理連結，工具很難識別邏輯依存關係。你無法為邏輯依存關係建立出一個漂亮的方框箭頭圖。此外，開發人員閱讀你程式碼時，邏輯上的依存關係不會立即顯現。通常，程式碼的閱讀者會看到對某些抽象層的物理依存關係，而邏輯依存關係直到執行時才會被注意到或解析完成。

這就是引入邏輯依存關係要權衡之處。你透過增加可替換性並減少耦合性來提高可維護性，但你也使得你的程式碼更難閱讀和理解，因此降低了可維護性。過多的抽象層和過少的抽象層同樣容易造成糾結的混亂。對於什麼是正確的抽象層數量並沒有快速且明確的硬性規則，你需要運用你最佳的判斷力來決定你的實際案例需要的是靈活性還是可讀性。

有些邏輯依存性會創造一些無法透過工具檢測的關係，比如依存於一個群集的特定順序，或者仰賴類別中特定欄位必須出現。被發現時，這些往往讓開發者感到驚訝，因為如果不仔細檢查，幾乎沒有跡象顯示它們的存在。

我曾經在一個儲存網路介面（network interfaces）的源碼庫中工作。有兩段程式碼依存於這些介面：一個用於效能統計的系統，以及用來設置與其他系統通訊路徑的另一個系統。問題是他們對這些介面的順序有不同的假設。這運行了很多年，直到有新的網路介面被加入。出於通訊路徑的工作原理，新的介面需要被放在該串列的前面。但效能統計系統只有在那些介面被放在後面時才得以運作。由於一個隱藏的邏輯依存關係，這兩部分的程式碼變得密不可分（我從來沒有想過，新增通訊路徑會破壞效能統計功能）。

從後見之明看來，解決這個問題很容易。我創建了一個函式，將通訊路徑預期的順序映射到一個重新排列過的串列中。然後效能統計系統就依存於這個新的函式。然而，這並沒有追溯性地修復那個臭蟲（或者把我花在試圖找出效能統計錯誤原因的時間還給我）。每當你建立了一個在程式碼中無法直接看出來的依存關係，就要想辦法讓它變得明顯。留下一串麵包屑軌跡，最好有一個單獨的程式碼路徑（如上面的中介函式）或型別。如果你做不到這一點，就留下註解。如果當初網路介面串列中有一個註解表明了對特定順序的依存關係，我就不會對那段程式碼感到如此頭疼。

時間依存關係

最後一種依存關係是時間依存關係。這實際上是一種邏輯依存關係，但你處理它的方式略有不同。時間依存關係（temporal dependency）是一種藉由時間來連結的依存關係。任何時候，作業都有具體的順序，例如「麵團必須在放醬汁和起司之前鋪好」或「必須在披薩開始製作之前支付訂單費用」，你就有了一種時間依存關係。大多數的時間依存關係是簡單明瞭的，它們是你業務領域自然的一部分（沒有麵團的話，你要把披薩醬和起司放在哪裡呢？）。會為你帶來問題的不是這些，而是那些並不總是那麼明顯的時間依存關係。

在你必須按照特定的順序進行某些運算，但沒有跡象表明你需要那樣做的情況下，時間依存關係最有可能反咬你一口。想像一下，如果你的自動披薩製作機可以被配置成兩種模式：單一披薩（生產高品質的披薩）模式或大規模生產（製作廉價且快速的披薩）模式。每當披薩製作機從單一披薩模式轉為大規模生產模式，它就需要進行明確的重新配置。如果這種重新配置沒有發生，機器的安全裝置就會啟動，並拒絕製作披薩，直到手動操作介入。

這個選項初次被引進時，開發人員非常小心地確保對 mass_produce 的任何呼叫之前，那件事都有先完成，例如：

```
pizza_maker.mass_produce(number_of_pizzas=50, type=PizzaType.CHEESE)
```

必須有一個檢查存在：

```
if not pizza_maker.is_configured(ProductionType.MASS_PRODUCE):
    pizza_maker.configure_for_mass_production()
    pizza.maker.wait_for_reconfiguration()
```

開發人員勤奮地在程式碼審查中尋找這些程式碼，並確保總是有進行適當的檢查。然而，隨著時間的推移，專案中的開發人員來來去去，團隊對於強制性檢查的知識開始遞減。想像一下，有一個較新的自動披薩製作機型號進入市場，它不需要重新配置（對 configure_for_mass_production 的呼叫不會導致系統的改變）。只熟悉這種新型號的開發者可能從未想過在這種情況下要呼叫 configure_for_mass_production。

現在，讓你自己站在幾年後的開發者的立場上。假設你正在為披薩製作機編寫新的功能，而 mass_produce 函式正好符合你需要的用例。你怎麼會知道你需要為大規模生產模式做明確的檢查，特別是對於較舊的型號？單元測試對你沒有幫助，因為針對新功能的那些尚未存在。你真的想等到整合測試失敗（或客戶抱怨）時才發現你錯過了這個檢查嗎？

這裡有一些策略來減緩錯過這種檢查所帶來的傷害：

倚重你的型別系統

藉由將某些運算限制在特定的型別，你可以防止混亂。想像一下，如果 mass_produce 只能從 MassProductionPizzaMaker 物件中呼叫。你可以編寫函式呼叫，確保 MassProductionPizzaMaker 只在重新配置後創建。你正使用型別系統來使它不可能出錯（NewType 所做的事情非常類似，如第 4 章所述）。

更深入內嵌先決條件

披薩製作機在使用前必須先配置的事實是一個先決條件（*precondition*）。考慮把這個先決條件變成 mass_produce 函式的先決條件，也就是把檢查移到 mass_produce 裡面。想一想你將如何處理錯誤條件（比如擲出一個例外）。你將能夠防止違反時間上的依存關係，但你等於是在執行時期引入一個不同的錯誤。你的具體用例將決定你如何兩害相權取其輕：違反時間依存關係或處理新的錯誤情況。

留下麵包屑

這不一定是捕捉違反時間依存關係情況的策略。取而代之，它更像是一種最後的努力，在所有其他努力都失敗的情況下，提醒開發者注意時間上的依存關係。儘量將時間依存關係組織在同一個檔案中（最好是在彼此的幾行之內）。留下註解和說明文件來告知未來開發者有這種連結存在。運氣好的話，那些未來的開發者會看到這些線索，並知道有一個時間上的依存關係。

在任何線性程式中，大多數程式行都對其前面的程式行有時間上的依存關係。這是正常的，你不需要為這每一種情況都套用緩解措施。取而代之，尋找可能只在某些情況下生效的時間依存關係（如舊機型上的機器重新配置），或一旦錯過就會造成災難的時間依存關係（例如在將使用者輸入的字串傳遞給資料庫之前沒有先淨化）。權衡違反時間依存關係的成本與檢測並緩解它所需的努力。這取決於你的用例，但當你緩解了一個時間依存關係，它可以在之後為你省去大量的麻煩。

視覺化你的依存關係

要找到這些種類的依存關係並了解要在哪裡尋找潛在的問題點，可能會是個挑戰。有時你需要一種更視覺化的表示法。幸運的是，有一些工具可以幫助你直觀地了解你的依存關係。

 在下面的許多例子中，我將使用 GraphViz 程式庫來顯示圖像。要安裝它，請依循 GraphViz 網站（*https://graphviz.org*）上的指示。

視覺化套件

你的程式碼很可能使用了由 pip 所安裝的其他套件（packages）。了解你所依存的所有套裝軟體、它們的依存關係、那些依存關係的依存關係等等，可能會有所幫助。

為了那麼做，我會安裝兩個套件 pipdeptree 和 GraphViz。pipdeptree 這個實用工具可以告訴你套件如何與其他套件互動，而 GraphViz 則負責實際視覺化的部分。在這個例子中，我將使用 mypy 源碼庫。我已經下載了 mypy 的原始碼，建立了一個虛擬環境（virtual environment）[2]，並從原始碼安裝了 mypy。

在那個虛擬環境中，我已經安裝了 pipdeptree 和 GraphViz：

```
pip install pipdeptree graphviz
```

現在我執行下列命令：

```
pipdeptree --graph-output png --exclude pipdeptree,graphviz > deps.png
```

你可以在圖 16-5 中看到結果。

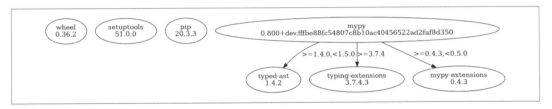

圖 16-5　視覺化套件

我將忽略 wheel、setuptools 和 pip 套件，而專注於 mypy。在此例中，我看到了所安裝的 mypy 之確切版本，以及直接的依存關係（在此即為 typed_ast 1.4.2、typing-extensions 3.7.4.3 以及 mypy-extensions 0.4.3）。pipdeptree 也很好地指出了存在什麼版本限制（例如 mypy-extensions 只允許大於或等於 0.4.3 的版本，但要小於 0.5.0）。有了這些工具，你可以得到關於你套件依存關係的一個便利的圖形表示。這對有大量依存關係的專案非常有用，特別是在你要主動維護大量的套件之時。

2　創建一個虛擬環境將是隔離你的依存關係與你系統 Python 安裝的一個好辦法。

視覺化匯入

視覺化套件是一個相當高層次的觀點,所以深入一步會有所幫助。你要怎樣才能發現在模組(module)層次上被匯入的東西呢?有另一個工具,叫作 pydeps,在這方面做得很不錯。

要安裝它,你可以:

```
pip install pydeps
```

只要安裝好了,你就能執行:

```
pydeps --show-deps <source code location> -T png -o deps.png
```

我為 mypy 執行了這個程式,並得到一個非常複雜且密集的圖表。把它列印出來在紙上將是一種浪費,所以我決定拉近到一個特定的部分,顯示於圖 16-6 中。

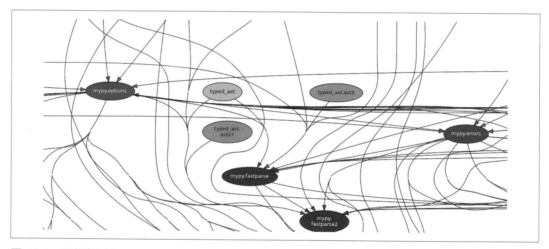

圖 16-6　視覺化匯入

即使是在那個依存關係圖(dependency graph)的這一小部分,也有許多亂七八糟的箭頭到處跑。然而,你可以看到,源碼庫中有許多不同區域都依存於 mypy.options,以及 fastparse 和 errors 模組。由於這些圖的尺寸可能很大,我建議分次深入了解源碼庫中較小的子系統。

視覺化函式呼叫

如果你想要比匯入圖（import graph）更多的資訊，你可以看看哪些函式互相呼叫。這就是所謂的呼叫圖（*call graph*）。我會先看一下靜態（*static*）的呼叫圖產生器。這些產生器會查看你的原始碼，看哪些函式呼叫哪些函式，並不會執行程式碼。在這個例子中，我將使用 pyan3 程式庫，它能以下列方式安裝：

```
pip install pyan3
```

要執行 pyan3，你可以在命令列中執行以下命令：

```
pyan3 <Python files> --grouped --annotated --html > deps.html
```

當我在 mypy 裡面的 *dmypy* 資料夾上執行這個命令（我選擇了一個子資料夾以限制抽取出來的資訊量），我接收到一個互動式的 HTML 頁面，讓我探索依存關係。圖 16-7 顯示來自該工具的一個片段。

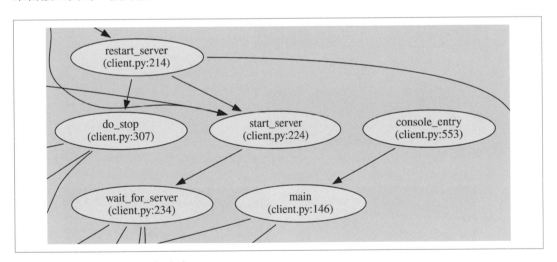

圖 16-7　靜態地視覺化函式呼叫

注意到，這只追蹤物理依存關係，因為邏輯依存關係在執行時才會知道。如果你想看到執行時期的呼叫圖，你會需要與一個動態（*dynamic*）的呼叫圖產生器一起執行你的程式碼。為此，我喜歡使用內建的 Python 效能評測器。效能評測器（*profiler*）會稽核你在程式執行過程中發出的所有函式呼叫，並記錄效能資料。作為一個附帶好處，函式呼叫的整個歷史都會被保存在效能評測器中。讓我們來試試這個。

我首先建置一個 profile（出於大小因素，我是效能評測 mypy 中的一個測試檔）：

```
python -m cProfile -o deps.profile mypy/test/testutil.py
```

然後我把那個 profile 檔案轉換成 GraphViz 能夠理解的檔案：一個 dot 檔。

```
pip install gprof2dot
gprof2dot --format=pstats deps.profile -o deps.dot
```

最後，我使用 GraphViz 將 .dot 檔轉換為一個 .png 檔。

```
dot deps.dot -Tpng > deps.png
```

同樣地，這產生了很多的方框和箭頭，所以圖 16-8 只是一個小型截圖，顯示了呼叫圖的一部分。

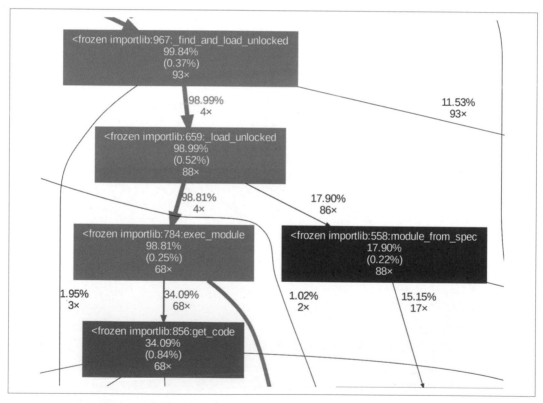

圖 16-8　動態地視覺化函式呼叫

你可以看到函式被呼叫了多少次，以及有多少執行時間是在函式中度過的。除了瞭解你的呼叫圖之外，這也是找到效能瓶頸很好的一個方法。

解讀你的依存關係圖

好了，你已經畫完了所有的這些漂亮的圖，你能用它們做什麼呢？當你看到你的依存關係以這種方式繪製出來的時候，你就會對你的可維護性熱點（maintainability hotspots）有很好的了解。記住，每一個依存關係都是變更程式碼的一個理由。每當你源碼庫中發生任何變化，它都會透過物理和邏輯的依存關係產生漣漪，可能會影響到大量的程式碼。

知道這一點後，你就得考量你要改變的東西和依存它們的東西之間的關係。考慮依存於你的程式碼數量，以及你自己所依存的程式碼。如果你有很多進來的依存關係，但沒有出去的，那麼你就有所謂的高度扇入（fan-in）。反過來，如果你沒有很多進來的依存關係，但你依存於大量的其他實體，這就被稱為高度扇出（fan-out）。圖 16-9 說明了扇入和扇出之間的差異。

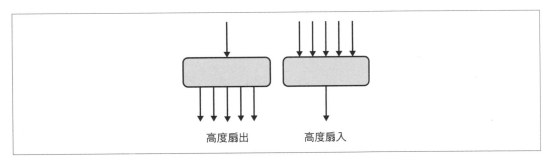

高度扇出　　　高度扇入

圖 16-9　扇入和扇出之間的區別

你會希望你系統中那些有大量扇入的實體是你依存關係圖的子葉（leaves），或者位在底部。你源碼庫的很大一部分都依存於這些實體，你有的每一個依存關係都是你源碼庫其他部分也會有的依存關係。你也希望這些實體是穩定的，這意味著它們應該不常變化。每次你引入變更時，由於大量的扇入，你也可能會影響到你源碼庫的一大部分。

另一方面，扇出實體應該在你依存關係圖的頂部。這很有可能是你大部分業務邏輯存在的地方，它們將隨著業務的發展而改變。你源碼庫的這些部分可以承受更高的變化率，由於它們的上游依存關係相對較少，當行為發生變化時，它們的程式碼不會經常中斷。

改變扇出實體不會對你源碼庫的假設產生那麼大的影響，但我不能肯定這是否會破壞客戶的假設。你希望外部行為在多大程度上保持回溯相容是 UX 的問題，不在本書的範圍之內。

結語

依存關係的存在並不能決定你的程式碼有多強健。關鍵在於你如何利用和管理這些依存關係。依存關係對於系統中合理的重用而言是絕對重要的。你可以把程式碼分成小塊，並適當地重新組織你的源碼庫。藉由賦予你的依存關係正確的方向性，你可以實質增加你程式碼的強健性。你可以透過提升可替換性和可擴充性來使你的程式碼更容易維護。

但是，和工程中的任何事情一樣，總是會有代價的。依存關係是一種耦合（coupling），會將你源碼庫的不同部分連結在一起，而進行修改時可能會產生比你所預期的更大的影響。有不同類型的依存關係存在，必須以不同的方式處理。物理依存關係很容易透過工具視覺化，但它們所施加的結構也很僵硬。邏輯依存關係為你的源碼庫提供了可擴充性，但其性質在執行時才會被揭露。時間依存關係是以線性方式執行 Python 的必要成分，但是當這些依存關係變得不直觀時，它們會給未來帶來巨大的痛苦。

所有的這些教訓都假定你有可以依存的程式碼。在下一章中，你將探索可組合的程式碼（composable code），或者說把程式碼分解成更小的片段以便重用。你會學到如何組合物件、迴圈模式和函式，將你的程式碼重組為新的用例。當你從可組合程式碼的角度思考，你就會開始更輕鬆地構建新的功能。你未來的維護者會感謝你的。

## 第十七章

可組合性

身為一名開發者，你面臨的最大挑戰之一是預測未來的開發者將如何改變你的系統。業務不斷發展，而今日的斷言（assertions）可能變為未來的舊有系統（legacy systems）。你要如何支援這樣的一個系統呢？你如何減少未來開發者在改造你的系統時將面臨的阻力？你開發你程式碼的方式，要使其能夠在各種情況下運行。

在這一章中，你將學習如何透過可組合性（composability）的思維來開發這些程式碼。當你在編寫時有考慮到可組合性，你所創建的程式碼將是小型的、離散的和可重用的。我將向你展示一個不可組合的架構，以及那可能如何妨礙開發。然後，你將學習如何在考量到可組合性的情況下修復它。你會學到如何組合物件、函式和演算法，來使你的源碼庫更具擴充性。但首先，讓我們來看看可組合性是如何提高可維護性的。

可組合性

可組合性的重點在於建立小型的元件（components），這些元件具有最少的相互依存關係，內部嵌入的業務邏輯也很少。其目的是讓未來的開發者可以使用這些元件中的任何一個來建置他們自己的解決方案。藉由讓它們維持小體積，你使它們更容易閱讀和理解。透過減少依存關係，你使未來的開發者不必擔心加入新程式碼所涉及的所有成本（例如你在第 16 章中得知的那種成本）。藉由讓元件大部分不包含業務邏輯，你能讓你的程式碼解決新的問題，即使那些新的問題看起來與你今天遇到的問題完全不同。隨著可組合元件（composable components）的數量增加，開發人員可以混合搭配你的程式碼，以最輕鬆的方式創建全新的應用程式。藉由專注在可組合性上，你可以更輕易重複使用和擴充你的程式碼。

考慮一下廚房裡卑微的香料架。如果你的香料架上只放一些混合香料，如南瓜派香料（肉桂、肉豆蔻、生薑和丁香）或中式五香（肉桂、茴香、八角、四川花椒和丁香），你會做出什麼樣的菜餚？你最終主要製作的會是以這些混合香料為中心的食物，如南瓜派或五香雞。雖然這些混合香料使專門的飯菜非常容易準備，但如果你要做一些菜餚是使用個別的原料，例如肉桂丁香糖漿，那會怎樣呢？你可以嘗試用南瓜派香料或五香粉代替，並希望那些額外的成分不會發生衝突，或者你可以單獨購買肉桂和丁香。

個別的香料類似於可組合的小型軟體元件。你不知道你未來可能要做什麼菜，也不知道未來會有什麼業務需求。藉由專注在離散的元件上，你賦予了你的協作者彈性，讓他們能靈活運用他們需要的東西，而不需要試著進行次優的替換或拉著其他元件一起走。如果你需要專門的混合元件（如南瓜派香料），你可以自由地用這些元件來構建你的應用程式。軟體不會像混合香料一樣過期，你可以有你的蛋糕（或南瓜派），也能吃它。從小型的、離散的、可組合的軟體打造出專門的應用程式，你會發現你可以在下週或明年以全新的方式重複使用這些元件。

你在第二部學習建立你自己的型別時，實際上你已經看到了可組合性。我建立了一系列小型的、離散的型別，可以在多種情況下重複使用。每個型別都為源碼庫中的概念詞彙做出了貢獻。開發人員可以使用這些型別來表示領域概念，但也可以在此基礎上定義新的概念。看一下第 9 章中關於湯（soup）的定義：

```python
class ImperialMeasure(Enum):
    TEASPOON = auto()
    TABLESPOON = auto()
    CUP = auto()

class Broth(Enum):
    VEGETABLE = auto()
    CHICKEN = auto()
    BEEF = auto()
    FISH = auto()

@dataclass(frozen=True)
# 添加到湯汁中的成分
class Ingredient:
    name: str
    amount: float = 1
    units: ImperialMeasure = ImperialMeasure.CUP

@dataclass
class Recipe:
    aromatics: set[Ingredient]
```

```
broth: Broth
vegetables: set[Ingredient]
meats: set[Ingredient]
starches: set[Ingredient]
garnishes: set[Ingredient]
time_to_cook: datetime.timedelta
```

我能夠用 Ingredient、Broth 和 ImperialMeasure 物件創建出一個 Recipe。所有的這些概念原本都可以內嵌在 Recipe 本身，但這將使重用變得更加困難（有人想使用 ImperialMeasure 時，還得仰賴 Recipe 來這樣做，會是很令人困惑的事情）。藉由保持這些型別的分離，我能讓未來的維護者建置新的型別，例如跟湯無關的概念，而且不需要想辦法拆解依存關係。

這是型別組合（*type composition*）的一個例子，其中我建立了離散的型別，能以新的方式混合並搭配。在這一章中，我將集中討論 Python 中其他常見的組合型別，例如組合功能性、函式和演算法。以一家三明治店的簡易菜單為例，像圖 17-1 中的那個。

圖 17-1 一個虛構的菜單

這個菜單是可組合性的另一個例子。用餐的客人從菜單的第一部分挑選兩個項目，再加上一份配餐和一杯飲料。他們組合這個菜單的不同部分，以獲得他們想要的確切午餐。如果這個菜單不是可組合的，你將不得不列出每一種選項來代表所有可能的組合（有 1,120 個選項，那會是讓大多數餐館感到羞愧的菜單）。那對任何一家餐館來說都是無法處理的，把菜單分成可以拼湊的部分會更加容易。

我希望你能以同樣的方式來思考你的程式碼。程式碼不會只因為單純存在而變得可組合，你必須在設計時主動考慮到可組合性。你要審視你所創建的類別、函式和資料型別，並自問你要如何編寫它們，才能讓未來的開發者能夠重複使用它們。

考慮作為 Pat's Café 骨幹的一個自動化廚房，很有創意地命名為 AutoKitchen。它是一個完全自動化的系統，能夠製作菜單上的任何菜餚。我希望在這個系統中添加新的菜餚是很容易的。Pat's Café 很自豪地擁有不斷變化的菜單，而開發人員已經厭倦了每次都要花費大量時間來修改系統的大塊內容。AutoKitchen 的設計如圖 17-2 所示。

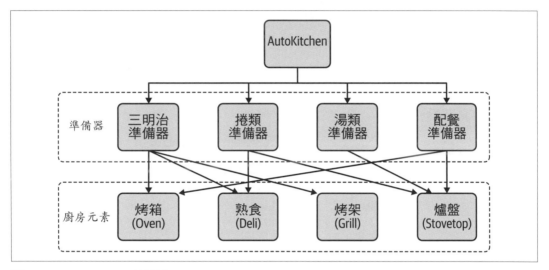

圖 17-2　AutoKitchen 的設計

這個設計相當簡單明瞭。AutoKitchen 依存於各種準備機制，被稱為準備器（*preparers*）。每個準備器都依存於各種廚房元素，以將原料變成菜餚的組成部分（例如將碎牛肉變成熟的漢堡排）。廚房元素，如烤箱（oven）或烤架（grill），會接收到命令來烹調各種原料；它們對所使用的具體原料或產生的菜餚成分並不了解。圖 17-3 顯示了一個具體的準備器可能的樣子。

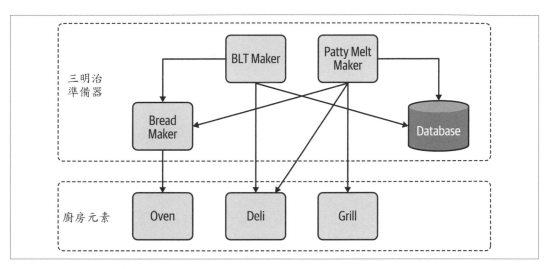

圖 17-3　Sandwich Preparer

這種設計是可擴充的，這是件好事。增加一個新的三明治型別很簡單，因為我不需要修改任何現有的三明治程式碼。然而，這並不是很好的可組合性。如果我想把菜餚成分拿出來重新用於新的菜餚（比如為 BLT 捲烹飪培根，或為起司漢堡湯烹飪漢堡排），我就必須把整個 BLT Maker（BLT 製作器）或 Patty Melt Maker（漢堡肉吐司製作器）帶進來。如果這樣做，我還得一起帶著 Bread Maker（麵包製作器）和 Database（資料庫）。這是我想避免的。

現在，我想引進一種新的湯：馬鈴薯、韭菜和培根。Soup Preparer（湯類準備器）已經知道如何處理其他湯中的韭菜和馬鈴薯；我現在希望 Soup Preparer 知道如何製作培根。在修改 Soup Preparer 時，我有幾個選擇：引入對 BLT Maker 的依存關係、編寫我自己的培根處理程式碼，或者找到一種辦法，只單獨重用 BLT Maker 中處理培根的部分。

第一個選擇有問題：如果我依存於 BLT Maker，我就得依存於它所有的物理依存關係，例如 Bread Maker。Soup Preparer 可能不希望有那些負擔。第二個選擇也不是很好，因為現在我的源碼庫中將有重複的培根處理程式碼（一旦你有了兩個，如果最終出現了第三個，也不要驚訝）。唯一的好選擇是找到一種辦法，將培根的製作從 BLT Maker 分離出來。

然而，程式碼不會只因為你希望它成為可重用的，就變成可重用的（雖然那樣很好）。你必須有意識地將你的程式碼設計為可重複使用的。你需要讓它變得小巧、離散，並在很大程度上獨立於業務邏輯，以使其具有可組合性。為了做到這一點，你需要將政策和機制分開。

政策 vs. 機制

政策（*policies*）是你的業務邏輯，或直接負責解決你業務需求的程式碼。機制（*mechanisms*）是提供你制定政策方式的程式碼片段。在前面的例子中，系統的政策是特定的食譜。相較之下，它要如何製作那些食譜就是機制。

當你專注於使程式碼可組合，你需要將政策與機制分開。機制往往是你想重複使用的東西，它們與政策連結在一起時，不會有什麼幫助。這就是為什麼 Soup Preparer 依存於 BLT Maker 並不合理的原因所在。你最終會讓政策依存於一個完全獨立且不相關的政策。

當你把兩個不相關的政策連結起來，你就開始創造出一種以後就很難打破的依存關係。當你連結越來越多的政策，你就會產生義大利麵條般的程式碼（spaghetti code）。你會得到糾纏不清的依存關係，而要擺脫任何一個依存關係都會變得困難重重。這就是為什麼你需要認識到，你源碼庫中哪些部分是政策，哪些是機制。

Python 中的 logging 模組（*https://oreil.ly/xNhjh*）就是「政策 vs. 機制」的一個很好的例子。政策概述了你需要記錄什麼和記錄的位置；機制則是讓你設置記錄等級（log levels）、過濾記錄訊息和格式化記錄的東西。

任何模組都可以機械式地呼叫記錄（logging）方法：

```
logging.basicConfig(format='%(levelname)s:%(message)s', level=logging.DEBUG)
logger.warning("Family did not match any restaurants: Lookup code A1503")
```

logging 模組並不關心它在記錄什麼，也不關心記錄訊息的格式。logging 模組只是提供記錄的方式（*how*）。任何使用它的應用程式都可以定義政策，或者說要記錄什麼（*what*），概述需要記錄的內容。將政策與機制分開，使得 logging 模組可重複使用。你可以很輕易擴充你源碼庫的功能，而不需要拖著一大堆的包袱。這是你應該在你源碼庫的機制中爭取的模式。

在前面 café 的例子中，我可以改變程式碼的架構，將機制分割出來。我的目標是設計一個系統，使任何菜餚成分的製作都是獨立的，然後我可以將這些元件組合在一起，創建一個食譜。這將使我能跨越系統重複使用程式碼，並能靈活地創建新的食譜。圖 17-4 展示了一個更加可組合的架構（注意，為了節省空間，我省略了一些系統）。

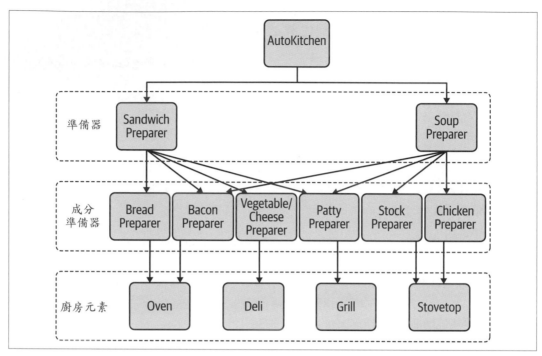

圖 17-4　可組合的架構

藉由將特定的準備器拆成自己的系統，我同時擁有了可擴充性和可組合性。這不僅可以很容易地擴充新的菜餚，例如新的三明治，而且可以輕易定義新的連結，如讓 Soup Preparer 重複使用培根的準備程式碼。

當你的機制像這樣被拆分出來，你會發現你政策的編寫變得更加簡單。由於沒有任何機制綁定到策略，你可以開始宣告式地（*declaratively*）撰寫東西，或者說可以單純宣告要做什麼的風格。看看下面這個馬鈴薯、韭菜和培根湯的定義吧：

```
import bacon_preparer
import veg_cheese_preparer

def make_potato_leek_and_bacon_soup():
    bacon = bacon_preparer.make_bacon(slices=2)
    potatoes = veg_cheese_preparer.cube_potatoes(grams=300)
    leeks = veg_cheese_preparer.slice(ingredient=Vegetable.LEEKS, grams=250)

    chopped_bacon = chop(bacon)
```

```
# 下列方法由 Soup Preparer 所提供
add_chicken_stock()
add(potatoes)
add(leeks)
cook_for(minutes=30)
blend()
garnish(chopped_bacon)
garnish(Garnish.BLACK_PEPPER)
```

藉由在程式碼中只關注一個食譜是什麼,我不必被無關緊要的細節所困擾,例如如何製作培根或馬鈴薯塊。我把 Bacon Preparer 和 Vegetable/Cheese Preparer 組合在一起,以定義新的食譜。如果明天來了一種新的湯(或任何其他菜餚),把它定義為一套線性指令也同樣容易。政策會比你的機制變化得更頻繁,讓它們易於新增、修改或刪除,以滿足你的業務需求。

討論主題

你源碼庫中哪些部分容易再利用?哪些是困難的?你是否想重複使用政策或程式碼的機制?討論使你的程式碼更容易組合和重用的策略。

如果你預見到重複使用的理由,就試著讓你的機制變得可組合。你將在未來加速發展,因為開發者能夠真正地重用你的程式碼,而且附加的限制非常少。你正在提升彈性和可再用性,這將使程式碼更加可維護。

不過,可組合性也是有代價的。你把功能分散在更多的檔案中,從而降低了可讀性,而且你引入了更多的移動部件,這意味著一個變化產生負面影響的機會更大。尋找機會引入可組合性,但要注意別使你的程式碼太過有彈性,使得開發人員必須探索整個源碼庫,才能找出如何編寫簡單的工作流程。

在較小的規模進行組合

AutoKitchen 的例子顯示如何組合不同的模組和子系統,但你也能在一種較小的規模之下應用可組合性原則。你可以把函式和演算法寫成可組合的,讓你能夠輕易建構新的程式碼。

組合函式

本書的很多內容都集中在 OOP 原則上（如 SOLID 和基於類別的設計），但從其他軟體典範中學習也很重要。一個越來越流行的典範是*函式型程式設計*（*functional programming*，FP）。OOP 的第一等公民是物件（objects），而 FP 則專注於*純函式*（*pure functions*）。純函式是指其輸出完全推衍自輸入的函式。給定一個純函式和一組輸入引數，它將總是回傳相同的輸出，而不考慮任何的全域狀態（global state）或環境變化。

函式型程式設計之所以如此有吸引力，是因為純函式比充滿副作用的函式更容易組合。*副作用*（*side effect*）是指一個函式在其回傳值之外所做的任何事情，例如記錄訊息、發出網路呼叫或更動變數。藉由從你函式去除副作用，你就使它們更容易被重用。沒有隱藏的依存關係或令人驚訝的結果，整個函式都取決於輸入資料，而唯一可觀察到的影響是所回傳的資料。

然而，當你試圖重用程式碼時，你必須把該程式碼的所有物理依存關係也都拉進來（若有需要，執行時也要提供邏輯依存關係）。對於純函式，你在函式呼叫圖（function call graph）之外沒有任何的物理依存關係。你不需要拉入具有複雜設定或全域變數的額外物件。FP 鼓勵開發人員編寫簡短的、單一用途的、本質上就可組合的函式。

開發人員習慣像對待任何其他變數一樣對待函式。他們建立*高階函式*（*higher-order functions*），也就是把其他函式作為引數的函式，或者把其他函式當作回傳值的函式。最簡單的例子是接受一個函式並呼叫它兩次的東西：

```python
from typing import Callable
def do_twice(func: Callable, *args, **kwargs):
    func(*args, **kwargs)
    func(*args, **kwargs)
```

這不是一個非常令人興奮的例子，但它為一些非常有趣的函式組合方式開啟了大門。事實上，有一整個 Python 模組專門用於高階函式：functools。functools 的大部分，以及你寫的任何函式組合，都是以裝飾器（decorators）的形式存在的。

裝飾器

裝飾器（*decorators*）這種函式會接受另一個函式，並將之*包裹*（*wrap*）起來，或者指定在該函式執行之前必須執行的行為。它為你提供了一種將函式組合在一起的方式，而且不要求函式主體（function bodies）必須知道彼此。

裝飾器是在 Python 中包裹函式的主要方式之一。我可以把 do_twice 函式改寫成一個更泛用的 repeat 函式，像這樣：

```python
def repeat(func: Callable, times: int = 1) -> Callable:
    ''' 這是會呼叫被包裹的函式
        指定次數的一個函式
    '''
    def _wrapper(*args, **kwargs):
        for _ in range(times):
            func(*args, **kwargs)
    return _wrapper

@repeat(times=3)
def say_hello():
    print("Hello")

say_hello()
>>> "Hello"
"Hello"
"Hello"
```

再一次，我將政策（重複說 Hello）與機制（實際重複函式的呼叫）分離開來了。那個機制是我可以在其他源碼庫中使用而不產生任何影響的東西。我可以將這個裝飾器套用在我源碼庫中的各種函式上，例如一次製作兩個漢堡排，以獲得雙層起司漢堡，或者為一項餐飲活動大規模生產特定的餐點。

當然，裝飾器可以做的事情遠不止是單純重複一個函式的調用。我最喜歡的裝飾器之一來自 backoff 程式庫（*https://oreil.ly/4V6Ro*）。backoff 幫助你定義**重試邏輯**（*retry logic*），或者說定義你為重試你程式碼非確定性（nondeterministic）部分所採取的行動。考慮到前面的 AutoKitchen 需要在資料庫中保存資料。它會保存所接的訂單、當前的庫存水平，以及製作每道菜所花費的時間。

在最簡單的情況下，程式碼會是像這樣：

```python
# 設定 self.*_db 物件的特性
# 會更新資料庫中的資料
def on_dish_ordered(dish: Dish):
    dish_db[dish].count += 1

def save_inventory_counts(inventory):
    for ingredient in inventory:
        inventory_db[ingredient.name] = ingredient.count
```

```
def log_time_per_dish(dish: Dish, number_of_seconds: int):
    dish_db[dish].time_spent.append(number_of_seconds)
```

每當你使用資料庫（或任何其他的 I/O 請求）時，你總是需要準備好應對錯誤。資料庫
可能關閉了、網路可能中斷了、你輸入的資料可能有衝突，或者任何可能出現的其他錯
誤。你不能總是仰賴這段程式碼的執行不會出錯。企業不會希望程式碼在第一次出錯時
就放棄，這些運算在放棄之前應該重試一定的次數或重試一段時間。

我可以使用 backoff.on_exception 來指定，如果這些函式擲出一個例外，就應該重試：

```
import backoff
import requests
from autokitchen.database import OperationException
# 設定 self.*_db 物件的特性
# 會更新資料庫中的資料
@backoff.on_exception(backoff.expo,
                      OperationException,
                      max_tries=5)
def on_dish_ordered(dish: Dish):
    self.dish_db[dish].count += 1


@backoff.on_exception(backoff.expo,
                      OperationException,
                      max_tries=5)
@backoff.on_exception(backoff.expo,
                      requests.exceptions.HTTPError,
                      max_time=60)
def save_inventory_counts(inventory):
    for ingredient in inventory:
        self.inventory_db[ingredient.name] = ingredient.count


@backoff.on_exception(backoff.expo,
                      OperationException,
                      max_time=60)
def log_time_per_dish(dish: Dish, number_of_seconds: int):
    self.dish_db[dish].time_spent.append(number_of_seconds)
```

透過裝飾器的使用，我能夠修改行為，而不會搞亂函式主體。現在，當特定的例外被
提出時，每個函式都會以指數型後退（back off exponentially，每次重試之間花更長時
間）。每個函式也有自己的條件，指出在完全放棄之前要花多少時間或重試多少次。
我在這段程式碼中定義了政策，但把實際的運算方式（*how*），也就是機制，留給了
backoff 程式庫。

請特別留意 save_inventory_counts 函式：

```python
@backoff.on_exception(backoff.expo,
                      OperationException,
                      max_tries=5)
@backoff.on_exception(backoff.expo,
                      requests.exceptions.HTTPError,
                      max_time=60)
def save_inventory_counts(inventory):
    # ...
```

我在這裡定義了兩個裝飾器。在此例中，對於一個 OperationException 我最多重試 5 次，對於一個 requests.exceptions.HTTPError 我最多重試 60 秒。這就是可組合性實際運作的樣子，我可以混合搭配完全獨立的 backoff 裝飾器來定義我想要的任何政策。

這與直接把機制寫到函式中形成了鮮明對比：

```python
def save_inventory_counts(inventory):
    retry = True
    retry_counter = 0
    time_to_sleep = 1
    while retry:
        try:
            for ingredient in inventory:
                self.inventory_db[ingredient.name] = ingredient.count
        except OperationException:
            retry_counter += 1
            if retry_counter == 5:
                retry = False
        except requests.exception.HTTPError:
            time.sleep(time_to_sleep)
            time_to_sleep *= 2
            if time_to_sleep > 60:
                retry = False
```

處理重試機制所需的大量程式碼最終掩蓋了該函式的實際意圖。一眼看去，很難確定這個函式在做什麼。此外，你還得在每個需要處理非確定性運算的函式中編寫類似的重試邏輯。組合裝飾器來定義你的業務需求會容易得多，而且可以避免你的程式碼中出現繁瑣乏味的重複。

backoff 並不是唯一有用的裝飾器。有大量可組合的裝飾器能用來簡化你的程式碼，例如用來儲存函式結果的 functools.lru_cache；click 程式庫（*https://oreil.ly/FlBcj*）針對命令列應用程式的 click.command；timeout_decorator 程式庫（*https://oreil.ly/H5FcA*）用來限制函式執行時間的 timeout_decorator.timeout。也不要害怕撰寫你自己的裝飾器。找出你程式碼中具有類似程式結構的區域，並想辦法將這些機制從政策中取出作為抽象層。

組合演算法

函式並不是你唯一可以進行的小規模組合，你還可以組合*演算法*（*algorithms*）。演算法是對解決一個問題所需的、定義好的步驟之描述，像是排序一個群集或對文字片段進行差異化（diffing）處理。為了使演算法具有可組合性，你需要再次將政策與機制分離。

考慮上一節餐館的餐點推薦。假設演算法如下：

> 推薦演算法 #1
>
> 查看所有的每日特價品
> 根據匹配的剩餘成分之數量進行排序
> 選擇剩餘食材數量最多的餐點
> 根據與所點的上一餐之接近度（proximity）進行排序
> 　（接近度由匹配食材的數量來定義）
> 只取高於 75% 接近度的結果
> 最多回傳前 3 個結果

如果我用 for 迴圈把這一切寫出來，它可能看起來像這樣：

```python
def recommend_meal(last_meal: Meal,
                   specials: list[Meal],
                   surplus: list[Ingredient]) -> list[Meal]:
    highest_proximity = 0
    for special in specials:
        if (proximity := get_proximity(special, surplus)) > highest_proximity:
            highest_proximity = proximity

    grouped_by_surplus_matching = []
    for special in specials:
        if get_proximity(special, surplus) == highest_proximity:
            grouped_by_surplus_matching.append(special)

    filtered_meals = []
    for meal in grouped_by_surplus_matching:
        if get_proximity(meal, last_meal) > .75:
```

```
            filtered_meals.append(meal)

    sorted_meals = sorted(filtered_meals,
                          key=lambda meal: get_proximity(meal, last_meal),
                          reverse=True)

    return sorted_meals[:3]
```

這不是最漂亮的程式碼。如果我不事先用文字把步驟列出來，就得花更多時間去理解程式碼並確保它沒有錯誤。現在，假設有一位開發者來找你，告訴你挑選推薦的顧客不夠多，他們想嘗試一種不同的演算法。新的演算法是這樣的：

推薦演算法 #2

查看所有可用的餐點
根據與上一餐的接近度進行排序
選擇接近度最高的餐點
根據剩餘食材的數量對餐點進行排序
只選取是特價品或有 3 個以上剩餘食材的結果
最多回傳前 5 個結果

問題在於，那位開發人員想對這些演算法（以及他們想出的任何其他演算法）進行 A/B 測試。透過 A/B 測試，他們希望 75% 的客戶從第一種演算法得到推薦，25% 的客戶從第二種演算法中得到推薦。這樣，他們可以衡量新的演算法與舊的演算法相比效果如何。這意味著你的源碼庫必須同時支援這兩種演算法（並能靈活支援未來的新演算法）。你不希望看到你源碼庫中充斥著醜陋的推薦演算法方法。

你需要將可組合性原則應用於演算法本身。複製貼上 for 迴圈的程式碼片段且對其進行調整，並不是一個可行的答案。為了解決這個問題，你再一次需要把你的政策和機制分開。這將幫助你分解問題並改善源碼庫。

這次你的政策是演算法的實際細節：你在排序什麼、如何過濾，以及最終選擇什麼。機制是描述我們如何形塑資料的迭代模式（iteration patterns）。事實上，我在上面的程式碼中已經使用了一種迭代機制：排序（sorting）。我沒有手動排序（並強迫讀者理解我在做什麼），而是使用了 sorted 方法。我指明了我想要排序的內容，以及作為排序依據的鍵值，但我真的不關心（也不希望我的讀者關心）實際的排序演算法。

如果要比較這兩種演算法，我可以把機制分解為以下幾種（我會用＜角括號＞標記政策）：

查看<餐點清單>。
根據<初始排序條件>進行排序
依據<分組條件>選擇餐點
根據<次要排序條件>對餐點進行排序
取出符合<選擇條件>的頂級結果
回傳到最上面的<數量>個結果

 itertools 模組（*https://oreil.ly/NZCCG*）是可組合演算法的一個非常好的來源，都是以迭代為中心。這是一個很好的例子，說明當你創建抽象機制時你能做到什麼。

考慮到這一點，並在 itertools 模組的幫助下，我將再次嘗試推薦演算法的編寫：

```python
import itertools
def recommend_meal(policy: RecommendationPolicy) -> list[Meal]:
    meals = policy.meals
    sorted_meals = sorted(meals, key=policy.initial_sorting_criteria,
                          reverse=True)
    grouped_meals = itertools.groupby(sorted_meals, key=policy.grouping_criteria)
    _, top_grouped = next(grouped_meals)
    secondary_sorted = sorted(top_grouped, key=policy.secondary_sorting_criteria,
                              reverse=True)
    candidates = itertools.takewhile(policy.selection_criteria, secondary_sorted)
    return list(candidates)[:policy.desired_number_of_recommendations]
```

然後，為了將其用於一個演算法，我做了以下工作：

```python
# 在下列例子中，我用了具名函式以增進可讀性
# 而非使用 lambda 函式
recommend_meal(RecommendationPolicy(
    meals=get_specials(),
    initial_sorting_criteria=get_proximity_to_surplus_ingredients,
    grouping_criteria=get_proximity_to_surplus_ingredients,
    secondary_sorting_criteria=get_proximity_to_last_meal,
    selection_criteria=proximity_greater_than_75_percent,
    desired_number_of_recommendations=3)
)
```

想一想，如果能在這裡即時調整演算法，那該多好。我創建了一個不同的 RecommendationPolicy，並把它傳給了 recommend_meal。透過將演算法的政策與機制分開，我提供了許多好處。我使程式碼更容易閱讀，更容易擴充，而且更有彈性。

結語

可組合的程式碼（composable code）是可重複使用的程式碼（reusable code）。當你構建小型的、離散的工作單元時，你會發現它們很容易被引入到新的環境或程式中。為了使你的程式碼具有可組合性，請專注於將你的政策和你的機制分開。不管你正在處理的是子系統、演算法、或甚至是函式，都沒關係。你會發現你的機制從更多的重用中受益，而政策則變得更容易修改。你系統的強健性將隨著你識別出可組合的程式碼而大大改善。

在下一章，你將學習如何在架構層面上以基於事件的架構（event-based architectures）來應用可擴充性和可組合性。基於事件的架構幫助你把程式碼解耦為資訊的發佈者（publishers）和消費者（consumers）。它們為你提供了一種方式，在保持可擴充性的同時盡量減少依存關係。

## 第十八章

事件驅動架構

可擴充性（extensibility）在你的源碼庫的每個層面都很重要。在程式碼層面，你採用可擴充性來使你的函式和類別變得靈活。在抽象層面上，你在你源碼庫的架構中運用同樣的原則。**架構**（*architecture*）是一套高階的準則和約束，形塑你設計軟體的方式。它是影響所有開發者的願景，無論是過去、現在還是未來。本章以及下一章將展示兩個例子，說明架構範例如何提高可維護性。目前為止你在本書這部分所學到的一切都適用：好的架構可以促進可擴充性、很好地管理依存關係，並助長可組合性。

在本章中，你將學習事件驅動的架構。**事件驅動架構**（*event-driven architecture*）圍繞著事件（events）或系統中的通知（notifications）而展開。它是解耦（decouple）你源碼庫不同部分，以及擴充你系統以獲得新功能或增進效能的絕佳方式。事件驅動的架構能讓你以最小的影響輕鬆引入新的變化。首先，我想談一談事件驅動架構所提供的彈性。然後，我會涵蓋事件驅動架構的兩個獨立的變體：簡單事件（simple events）和串流事件（streaming events）。雖然它們是相似的，但你將在稍微不同的場景中使用它們。

運作原理

當你把焦點放在事件驅動的架構時，你所圍繞的中心，就是對刺激的反應。你一直在處理對刺激的反應，不管是把砂鍋從烤箱裡拿出來，還是在接到電話通知後從你的前門拿取快遞。在一個事件驅動的架構中，你架構你的程式碼來表示這個模型。你的刺激物（stimulus）是事件的**生產者**（*producer*）。這些事件的**消費者**（*consumer*）是對該刺激物的反應（reaction）。一個事件只是從生產者到消費者的一次資訊傳輸。表 18-1 顯示了一些常見的 producer–consumer 對組。

表 18-1　日常事件和它們的消費者

生產者	消費者
廚房計時器響起	廚師從烤箱中取出一個砂鍋
廚師在餐點完成後按下鈴鐺	服務員拿起餐點並上菜
鬧鐘響起	晚睡的人醒了
機場的最後一次登機通知	匆匆忙忙的一家人趕著轉機

你每次寫程式時實際上都要與生產者和消費者打交道。有回傳值的任何函式都是生產者，而使用該回傳值的任何一段程式碼都是消費者。觀察一下：

```
def complete_order(order: Order):
    package_order(order)
    notify_customer_that_order_is_done(order)
    notify_restaurant_that_order_is_done(order)
```

在此例中，complete_order 是以完成的訂單（completed order）的形式生產（*producing*）資訊。根據函式名稱，顧客和餐廳正在消費（*consuming*）一個訂單已經完成的事實。有一個直接的聯繫存在，其中生產者會通知消費者。事件驅動架構的目的是切斷這種物理依存關係。目標是使生產者和消費者脫鉤。生產者不知道消費者的情況，而消費者也不知道生產者的情況。就是這為事件驅動架構帶來了彈性。

有了這種解耦合（decoupling），要為你的系統添加什麼就變得非常容易。如果你需要新的消費者，你可以新增它們而根本不需要接觸生產者。如果你需要不同的生產者，你可以在不碰觸消費者的情況下新增它們。這種雙向的可擴充性允許你在各自獨立的情況下，對你源碼庫的多個部分進行實質性的改變。

幕後發生的事情是非常巧妙的。如圖 18-1 所示，生產者和消費者之間沒有任何依存關係，他們都依存於一個傳輸機制。傳輸機制（*transport mechanism*）只是兩段程式碼來回傳遞資料的方式。

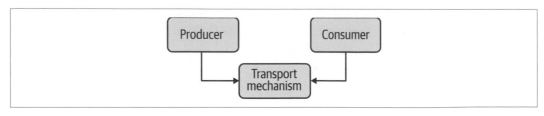

圖 18-1　生產者與消費者關係

缺點

因為生產者和消費者依存於一個傳輸機制，它們必須在訊息格式上達成一致。在大多數的事件驅動架構中，生產者和消費者都同意一個共通的識別字（identifier）和訊息格式。這確實在兩者之間創造了一個邏輯依存關係，但不是物理上的依存關係。如果任何一方以不相容的方式改變識別字或訊息格式，這種方案就會崩潰。而就跟大多數的邏輯依存關係一樣，很難透過檢視將依存關係連結在一起。請參閱第 16 章，了解關於如何減輕這些問題的更多資訊。

由於程式碼的這種分離，當事情出錯時，你的型別檢查器將不會有什麼幫助。如果一個消費者開始依存於錯誤的事件型別，型別檢查器將不會標示它。在改變生產者或消費者的型別時要格外小心，因為你將不得不更新所有其他的生產者與消費者來匹配。

事件驅動的架構會使除錯（debugging）更加困難。在除錯器（debugger）中逐步執行程式碼時，你會抵達產生事件的程式碼，但當你踏入傳輸機制時，你往往是踏入了第三方的程式碼。在最壞的情況下，實際傳輸你事件的程式碼可能是在不同的行程（process）中執行，甚至是在不同的機器上。你可能需要啟動多個除錯器（每個行程或系統一個），來正確除錯事件驅動的架構。

最後，使用事件驅動架構時，錯誤處理變得更加困難。大多數的生產者都與消費者解耦，當消費者擲出一個例外或回傳一個錯誤時，在生產者這邊進行處理有時並不容易。

作為一個思想實驗，考慮一下，如果一個生產者產生了一個事件，而有五個消費者消耗它，會發生什麼事呢？。如果第三個被通知的消費者擲出一個例外，應該發生什麼呢？其他消費者應該得到那個例外，還是應該就地停止執行呢？生產者應該得知任何錯誤情況，還是應該將錯誤吞噬掉？若是生產者收到一個例外，但不同的消費者會產生不同的例外，那會發生什麼事？所有的這些問題都沒有一個正確的解答，請諮詢你正在使用的事件驅動架構之工具，以更好地了解在這些情況下會發生什麼事。

儘管有這些缺點，事件驅動架構在你需要為你的系統提供急需的彈性的情況下是值得的。未來的維護者能以最小的衝擊替換你的生產者或消費者。他們可以引入新的生產者和消費者來創造新的功能。他們可以迅速與外部系統整合，為新的夥伴關係敞開大門。最重要的是，他們正在使用小型的、模組化的系統，這種系統很容易單獨測試，也很容易理解。

簡單事件

事件導向的架構最簡單的情況是處理簡單事件（*simple events*），例如當某些條件發生變化時，採取行動或提醒你。你的資訊生產者是發送事件的人，而你的消費者接收事件並據此採取行動。有兩種典型的實作方式：使用或不使用訊息中介者。

使用訊息中介者

一個訊息中介者（message broker）是特定的一段程式碼，作為資料的傳輸之用。生產者會將資料，也就是訊息（message），發佈到訊息中介者上的一個特定主題（*topic*）。主題只是一個唯一的識別字（unique identifier），比如說一個字串。它可以是簡單的東西，如「orders（訂單）」，或複雜的東西，如「sandwich order is finished（三明治訂單完成）」。它只是一個命名空間（namespace），將一個訊息頻道（message channel）與另一個區分開來。消費者使用相同的識別字來訂閱（*subscribe*）一個主題。然後，訊息中介者會把訊息發送給訂閱該主題的所有消費者。這種類型的系統也被稱為 *publisher/subscriber*（發佈者 / 訂閱者），或簡稱為 pub/sub。圖 18-2 顯示了一個假想的 pub/sub 架構。

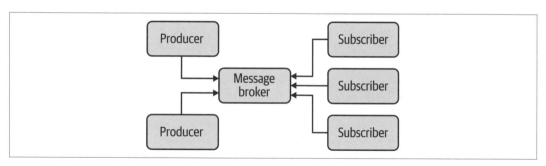

圖 18-2　一個基於訊息中介者的假想架構

在本章中，我將為餐廳的自動無人機遞送服務設計通知系統（notification system）。當顧客點的菜餚煮好時，無人機系統就開始行動，拿起訂購的餐點，並將之送到正確的地址。在這個系統中，有五種通知會發生，我在表 18-2 中把它們拆解成生產者與消費者。

表 18-2　自動無人機遞送系統的生產者和消費者

生產者	消費者
餐點已經煮好	無人機被通知去取貨
餐點已經煮好	顧客被通知餐點已經煮好
無人機在途中	通知客戶預計到達時間
無人機已送完餐	客戶被通知餐點已經到了
無人機已送完餐	餐廳接到送餐完畢的通知

我不希望這些系統中的任何一個直接知道彼此,因為處理客戶、無人機和餐廳的程式碼應該保持獨立(它們由不同的團隊維護,我希望保持低的物理依存關係)。

首先,我將定義系統中存在的主題:一頓餐點已經煮好、無人機正在路上、訂購的餐點已經送達。

在這個例子中,我將使用 PyPubSub(*https://oreil.ly/8xLj7*)這個 Python 程式庫,它是用於單行程(single-process)應用程式的 publish-subscribe API。要使用它,你需要設置程式碼來訂閱(subscribe)一個主題,並設置其他程式碼來發佈(publish)到該主題。首先,你需要安裝 pypubsub:

```
pip install pypubsub
```

然後,為了訂閱主題,你要指定主題和你想被呼叫的函式:

```
from pubsub import pub

def notify_customer_that_meal_is_done(order: Order):
    # ... 略過 ...

pub.subscribe(notify_customer_that_meal_is_done, "meal-done")
```

然後,為了發佈到這個主題,你要做以下工作。

```
from pubsub import pub

def complete_order(order: Order):
    packge_order(order)
    pub.publish("meal-done", order)
```

訂閱者與發佈者在同一個執行緒（thread）中運作，這意味著任何的阻斷式 I/O（blocking I/O），例如在一個 socket 上等候被讀取，都將阻斷發佈者。這將影響所有其他的訂閱者，應該避免。

這兩段程式碼並不知道對方，它們所依存的只是 PyPubSub 程式庫，以及商定的主題 / 訊息（topic/message）資料。這使得添加新的訂閱者變得非常容易：

```python
from pubsub import pub

def schedule_pick_up_for_meal(order: Order):
    '''Schedule a drone pick-up'''
    # ... 略過 ...

pub.subscribe(schedule_pick_up_for_meal, "meal-done")
```

你無法再得到更多的擴充性了。藉由定義存在於系統中的主題，你可以極其容易地創建新的生產者或消費者。當你的系統需要增長時，你可以透過與現有的訊息傳遞系統進行互動來擴充它。

PyPubSub 還帶有一些能幫助除錯的選項。你可以透過添加你自己的功能，例如新主題被創建或訊息被發送，以新增稽核作業。你可以為任何被擲出的訂閱者例外添加錯誤處理器（error handlers）。你也可以一次為所有主題設立訂閱者。如果你想進一步了解這些功能，或者 PyPubSub 中的任何其他功能，請查閱 PyPubSub 的說明文件（*https://pypubsub.readthedocs.io*）。

PyPubSub 是為單行程應用程式（single-process applications）而設的，你不能發佈給在其他行程或系統中執行的程式碼。其他應用程式可用來提供這種功能，例如 Kafka（*https://kafka.apache.org*）、Redis（*https://redis.io*）或 RabbitMQ（*https://www.rabbitmq.com*）。查閱這些工具的說明文件，以了解如何在 Python 中使用它們。

觀察者模式

如果你不想使用訊息中介者，你可以選擇實作 Observer Pattern（觀察者模式）[1]。在 Observer Pattern 之下，你的生產者包含一個觀察者串列（a list of *observers*），在這種情況下，它們就是消費者。Observer Pattern 不需要一個單獨的程式庫來充當訊息中介者。

為了避免直接連結生產者和消費者，你需要讓觀察者的知識保持泛用（*generic*）。換句話說，要讓任何關於觀察者的具體知識都被抽象出來。我將單純使用函式（型別注釋為 Callable）來做到這一點。下面我改寫了前面的例子以使用 Observer Pattern：

```python
def complete_order(order: Order, observers: list[Callable[Order]]):
    package_order(order)
    for observer_func in observers:
        observer(order)
```

在此例中，生產者只知道要呼叫來進行通知的一個函式串列。要添加新的觀察者，你只需要將它們添加到作為一個引數傳入的串列中。此外，由於這只是函式呼叫，你的型別檢查器將能夠檢測到生產者或其觀察者以不相容的方式改變，相較於訊息中介者典範，這有很大的好處。這也更容易除錯，因為你不需要在除錯器中逐步執行第三方的訊息中介者程式碼。

沒有類別的模式

本章的例子不是 Observer Pattern 的典型代表。這個設計模式（以及其他許多設計模式）的傳統實作是以一種非常物件導向的方式表示的，帶有類別、子類別、繼承和介面。舉例來說，原始的 Observer Pattern 在 Python 中可以用這種方式表示：

```python
from typing import Any
class Subscriber:
    def notify(data: Any):
        raise NotImplementedError()

class Publisher:
    def __init__(self):
        self.subscribers = []
```

---

1 Observer Pattern 的初次描述出現在由 Erich Gamma、Richard Helm、Ralph Johnson 與 John Vlissides 所寫的《*Design Patterns: Elements of Reusable Object-Oriented Software*》一書（Addison-Wesley Professional）中。這本書被俗稱為「四人幫（Gang of Four，GoF）」的書。

```
        def add_subscriber(self, sub: Subscriber):
            self.subscribers.append(sub)

        def notify_subscribers(self, data: Any):
            for subscriber in subscribers:
                subscriber.notify(data)
```

然後，需要發佈或訂閱的類別將繼承自適當的基礎類別。從再利用的角度來看，這是很有用的，但是當使用函式的例子要簡單得多時，引入類別就顯得笨重了。

因此，設計模式在實作它們所需的樣板（boilerplate）類別和介面之數量方面，引發了一些批評。隨著開發社群的發展，公眾對許多模式的看法已經變差了，因為它們總是與充滿類別和介面的程式碼有關，這種程式碼在 1990 年代中期和 2000 年代被描述為是「物件導向（object-oriented）」的。

然而，不要因為它們例子最初的呈現方式而拋棄許多設計模式的概念。這些模式上已經有很多的反覆修訂發生，簡化了實作。大多數的模式並不關注物件導向程式碼的狀態管理面向，而是把重點放在解耦依存關係，但對規模更大的系統設計仍然有益。

上面的 Observer Pattern 確實有一些缺點。首先，你對出現的錯誤更為敏感。如果觀察者擲出一個例外，生產者就需要能夠直接處理（或者使用一個輔助函式或類別來處理被包裹在 try…except 中的通知）。其次，生產者與觀察者之間的連結比在訊息中介者典範中更直接。在訊息中介者典範中，無論發佈者和訂閱者在源碼庫中處於什麼位置，它們都可以連結上。

相較之下，Observer Pattern 要求通知的呼叫者（在前例中，那就是 complete_order）知道觀察者的情況。如果呼叫者不直接知道觀察者的情況，那麼它的呼叫者就需要傳入觀察者。這可能在呼叫堆疊中一直持續往上，直到你到達一段直接知道觀察者的程式碼為止。如果知道觀察者的那個東西和發出通知的實際程式碼之間有很大的差距，這可能會使你的很多函式呼叫受到額外參數的污染。如果你發現自己透過多個函式來傳遞觀察者，以到達呼叫堆疊深處的生產者，可以考慮使用一個訊息中介者來代替。

如果你想更深入了解簡單事件的事件驅動架構，我推薦 Harry Percival 和 Bob Gregory 所寫的《*Architecture Patterns with Python*》（*https://oreil.ly/JPpdr*）（O'Reilly），它的第二部專門討論事件驅動的架構。

討論主題

事件驅動架構將如何增進你源碼庫中的解耦合呢？觀察者模式或訊息中介者哪種更適合你的需求呢？

串流事件

在上一節中，每個簡單事件都被表示為一個離散的事件，在某一條件被滿足時就會發生。訊息中介者和 Observer Pattern 都是處理簡單事件的好辦法。然而，有些系統要處理一連串永無止境的事件。這些事件作為連續的一系列資料流入系統，被稱為一個串流（stream）。想想上一節中描述的無人機系統。考慮來自每架無人機的所有資料。可能有位置資料、電池電量、當前速度、風力資料、天氣資料和當前攜帶的重量。這些資料將定期傳來，而你需要一種方式來處理它們。

在這些用例中，你不想建立所有的 pub/sub 或觀察者的樣板程式碼，你想要一個符合你用例的架構。你需要一個以事件為中心的程式設計模型，並定義處理每一個事件的工作流程。這進入到了反應式程式設計。

反應式程式設計（*reactive programming*）是一種圍繞事件流（streams of events）的架構風格。你將資料來源（data sources）定義為這些串流的生產者，然後將多個觀察者（observers）連接起來。每當資料發生變化時，每個觀察者都會得到通知，並為資料串流的處理定義一系列的運算。反應式程式設計風格是由 ReactiveX（*http://reactivex.io*）開始推廣的。在本節中，我將使用 ReactiveX 的 Python 實作：RxPY。

我會以 pip 安裝 RxPY：

```
pip install rx
```

接著，我需要定義一個資料串流。在 RxPY 的專業用語裡，這被稱為一個 *observable*（可觀測量）。為了舉例說明，我將使用一個寫定的 observable，但在實務中，你會從真實資料產生多個 observables。

```
import rx
# 這每一個都是在模擬流入的一個獨立的真實世界事件串流
observable = rx.of(
    LocationData(x=3, y=12, z=40),
    BatteryLevel(percent=95),
    BatteryLevel(percent=94),
    WindData(speed=15, direction=Direction.NORTH),
```

```
    # ... 略過數以百計的事件
    BatteryLevel(percent=72),
    CurrentWeight(grams=300)
)
```

這個 observable 是由無人機資料不同類型事件的一個串列所生成的。

接下來我需要定義處理每個事件要做的事。只要我有了一個 observable，觀察者就可以用類似於 pub/sub 機制的方式來訂閱它：

```
def handle_drone_data(value):
    # ... 略過無人機資料的處理 ...

observable.subscribe(handle_drone_data)
```

這看起來與普通的 pub/sub 慣用語並沒有太大區別。

真正的魔力來自於可接管線的運算子（*pipable* operators）。RxPY 允許你透過管子（*pipe*）或串鏈（chain）串起運算，以產生由過濾器（filters）、變換（transformations）和計算（calculations）所構成的一個管線（pipeline）。例如，我可以用 rx.pipe 編寫一個運算子管線（operator pipeline），以獲取無人機攜帶的平均重量：

```
import rx.operators

get_average_weight = observable.pipe(
    rx.operators.filter(lambda data: isinstance(data, CurrentWeight)),
    rx.operators.map(lambda cw: cw.grams),
    rx.operators.average()
)

# save_average_weight 會以最後的資料做些事情
# （例如儲存到資料庫、印出到螢幕上…等等）
get_average_weight.subscribe(save_average_weight)
```

同樣地，我可以撰寫一個管線串鏈，負責在無人機離開餐廳後，追蹤其最大高度（maximum altitude）：

```
get_max_altitude = observable.pipe(
    rx.operators.skip_while(is_close_to_restaurant),
    rx.operators.filter(lambda data: isinstance(data, LocationData)),
    rx.operators.map(lambda loc: loc.z),
    rx.operators.max()
)

# save_max_altitude 會以最後的資料做些事情
```

```
#  （例如儲存到資料庫、印出到螢幕上⋯等等）
get_max_altitude.subscribe(save_max_altitude)
```

 一個 *lambda 函式*（*lambda function*）就只是一個沒有名字的行內函式（inline function）。它通常用於只會用一次的函式，在你不想把函式的定義放在離它的使用太遠的地方。

這就是我們的老朋友**可組合性**（*composability*，如第 17 章所見）幫得上忙的地方了。我可以將不同的運算子組合在一起，以產生符合我用例的資料串流。RxPY 支援超過 100 個內建的運算子，以及能夠定義你自己的運算子的一個框架。你甚至可以將來自一個管線的結果組合成一個新的事件串流，讓程式的其他部分可以觀察。這種可組合性，搭配事件訂閱的解耦本質，讓你在編寫程式碼時有大量的彈性。此外，反應式程式設計鼓勵不可變性（immutability），這大大減少了錯誤的機會。你可以透過像 RxPY 這樣的反應式框架（reactive framework）掛接新的管線、將運算子組合在一起、非同步地處理資料⋯等等。

獨立除錯也變得很容易。雖然你不能輕易地用除錯器逐步執行 RxPY（你最終會進入與運算和 observables 有關的大量複雜程式碼），但你可以逐步執行你傳給運算子的函式。測試也是很容易的。因為所有的函式都設計為不可變的，你可以對它們中的任何一個進行單獨測試。你最後會得到很多小型的、單一用途的函式，而且它們很容易理解。

這類模型在以資料串流為中心的系統中表現出色，例如資料管線（data pipelines）和 ETL（「extract, transform, load」，「提取、變換、載入」）系統。它在以對 I/O 事件的反應為主的應用程式中也非常有用，如伺服器和 GUI 應用程式。如果反應式程式設計適合你的領域模型，我鼓勵你閱讀 RxPY 說明文件（*https://rxpy.readthedocs.io/en/latest*）。如果你想要更結構化的學習，我推薦影片課程 *Reactive Python for Data Science*（*https://oreil.ly/Kr9At*）或書籍《*Hands-On Reactive Programming with Python: Event-Driven Development Unraveled with RxPY*》（*https://oreil.ly/JCuf6*），由 Romain Picard 所著（O'Reilly）。

結語

事件驅動的架構是令人難以置信的強大。一個事件驅動架構能讓你把資訊的生產者和消費者分開。藉由將兩者解耦，你可以將彈性引入你的系統。你可以替換功能、單獨測試你的程式碼，或者透過引入新的生產者或消費者來擴充新的功能。

有許多方法可以構建一個事件驅動的系統。你可以選擇在你的系統中保留簡單事件（simple events）和 Observer Pattern（觀察者模式）來處理輕量化的事件。隨著你的規模擴大，你可能需要引入一個訊息中介者（message broker），例如使用 PyPubSub。如果你想跨行程或跨系統進行擴充，你甚至可能需要使用另一個程式庫作為訊息中介者。最後，當你處理事件串流時，你可以考慮反應式程式設計框架（reactive programming framework），例如 RxPY。

在下一章，我將涵蓋一種不同的架構典範：外掛架構（plug-in architectures）。外掛架構提供了與事件驅動架構類似的靈活性、可組合性和可擴充性，但所用方式完全不同。事件驅動架構關注的是事件，而外掛架構關注的則是可插拔（pluggable）的實作單元。你將看到外掛架構如何為你提供大量的選擇，以建立一個易於維護的強健源碼庫。

第十九章

可插拔的 Python

建立一個強健源碼庫的最大挑戰是預測未來。你永遠無法完全猜到未來的開發者會做什麼。最好的策略不是完美的預知，而是創造彈性，使未來的協作者能以最少的工作量掛接到你的系統中。在這一章中，我把焦點放在建立**可插拔**（*pluggable*）的程式碼。可插拔程式碼允許你定義之後才會提供的行為。你定義一個帶有**擴充點**（*extension points*）的框架，或者說是你系統中其他開發者用來擴充功能的部分。

想想一個放在廚房料理台上的立式攪拌機（stand mixer）。你可以選擇各種配件與你的攪拌器一起使用：用於攪拌麵包的鉤子（hook）、用於打蛋和奶油的攪打器（whisk）、或是用於一般用途攪拌的槳狀拌打器（flat beater）。每個配件都有特定的用途。最棒的是，你可以根據情況的需要拆裝鉤子或刀片。你不需要為每一種用途購買一整部新的攪拌機，你可以在需要時插入（*plug in*）任何你需要的東西。

這就是可插拔 Python 的目標。需要新功能時，你不需要重建整個應用程式。你可以建立擴充功能或配件，將其扣在一個堅實的基礎上。你為你的特定用例挑選你所需的功能，並將其插入到你的系統中。

在本書的大部分內容中，我一直在用各種類型的自動食品製造機作為例子說明。在這一章中，我將進行大整合，並設計一個可以將它們全部結合起來的系統。我想建立一個系統，它可以接受我談到的任何食譜並進行烹飪。我把它稱為「Ultimate Kitchen Assistant（終極廚房助手）」（如果你認為這個名字很糟糕，你現在就知道為什麼我不從事行銷工作了）。

這個 Ultimate Kitchen Assistant 包含你在廚房工作所需的所有指示和設備。它知道如何切片、切塊、油炸、煎炒、烘烤、炙燒和混合任何食材。它帶有一些預製的食譜，但真正的魔力在於客戶可以購買現成的模組來擴充其功能（如用於滿足義大利美食渴望的「Pasta-Making Module」）。

問題在於，我不想讓程式碼成為維護的累贅。有很多不同的菜餚要做，我想賦予系統一定的靈活性，但又不希望有大量的物理依存關係，使得系統變成義大利麵條程式碼（儘管我們非常鼓勵你的系統在廚房裡自己做義大利麵條！）。就像在立式攪拌機上插入一個新的配件一樣，我希望開發者可以插上不同的配件來滿足他們的用例。我甚至希望其他組織能為 Ultimate Kitchen Assistant 建立模組。我希望這個源碼庫是可擴充和可組合的。

我將用這個例子來說明插入不同 Python 構造的三種不同方式。首先，我將重點介紹如何用 Template Method Pattern（範本方法模式）來插入演算法的特定部分。然後，我將講述用 Strategy Pattern（策略模式）插入整個類別。最後，我將向你介紹一個非常實用的程式庫 stevedore，以便在更大的架構規模之下提供外掛（plug-ins）。所有的這些技術都將幫助你為未來的開發者提供他們需要的擴充性。

Template Method Pattern

Template Method Pattern（範本方法模式）是一種用於填補演算法空白的模式[1]。其思想是，你將一個演算法定義為一系列的步驟，但你強迫呼叫者覆寫其中的一些步驟，如圖 19-1 所示。

---

1 Erich Gamma、Richard Helm、Ralph E. Johnson 與 John Vlissides 所 著 的《*Design Patterns: Elements of Reusable Object-Oriented Software*》。Boston, MA: Addison-Wesley Professional, 1994。

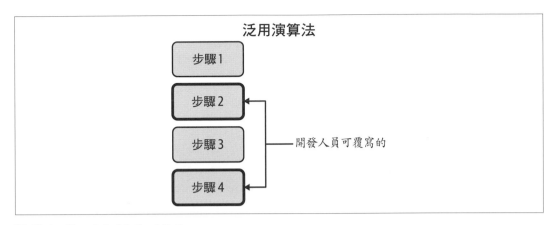

圖 19-1　Template Method Pattern

Ultimate Kitchen Assistant 的第一個專案是披薩製作模組。雖然傳統的醬汁和起司披薩很不錯，但我希望 Ultimate Kitchen Assistant 能夠更加靈活。我希望它能處理各種類似披薩的食物，從黎巴嫩的 manoush 到韓國的 bulgogi 披薩都可以。為了製作這些類似披薩的菜餚，我希望機器能夠執行一系列類似的步驟，但讓開發者調整某些運算以製作出他們風格的披薩。圖 19-2 描述了這樣一種披薩製作演算法。

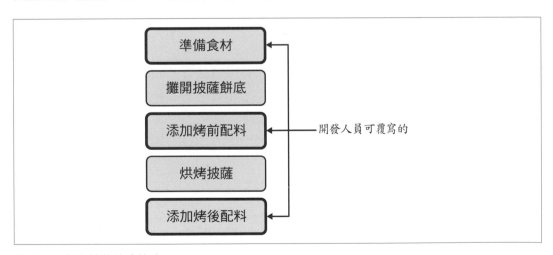

圖 19-2　製作披薩的演算法

每個披薩都會使用相同的基本步驟，但我希望能夠調整某些步驟（準備食材、添加烤前配料和添加烤後配料）。我應用 Template Method Pattern 的目標是使這些步驟可插拔。

在其最簡單的版本中，我可以將函式傳入給範本方法：

```python
@dataclass
class PizzaCreationFunctions:
    prepare_ingredients: Callable
    add_pre_bake_toppings: Callable
    add_post_bake_toppings: Callable

def create_pizza(pizza_creation_functions: PizzaCreationFunctions):
    pizza_creation_functions.prepare_ingredients()
    roll_out_pizza_base()
    pizza_creation_functions.add_pre_bake_toppings()
    bake_pizza()
    pizza_creation_functions.add_post_bake_toppings()
```

現在，如果你想要製作一個披薩，你只需要傳入你自己的函式：

```python
pizza_creation_functions = PizzaCreationFunctions(
    prepare_ingredients=mix_zaatar,
    add_pre_bake_toppings=add_meat_and_halloumi,
    add_post_bake_toppings=drizzle_olive_oil
)

create_pizza(pizza_creation_functions)
```

這對任何披薩來說都是非常方便的，無論是現在的還是將來的。隨著新的披薩製作能力上線，開發者需要將他們的新函式傳入範本方法。這些開發者可以插入披薩製作演算法的特定部分以滿足他們的需求。他們根本不需要了解他們的用例，他們可以自由地發展系統，而不必為了變更舊有程式碼（legacy code）而煩惱。假設他們想製作 bulgogi 披薩，我不需要改變 create_pizza，而只需要傳入一個新的 PizzaCreationFunctions：

```python
pizza_creation_functions = PizzaCreationFunctions(
    prepare_ingredients=cook_bulgogi,
    add_pre_bake_toppings=add_bulgogi_toppings,
    add_post_bake_toppings=garnish_with_scallions_and_sesame
)

create_pizza(pizza_creation_functions)
```

Strategy Pattern

Template Method Pattern 對於更換演算法的某些部分來說是很好的，但如果你想更換整個演算法呢？在這種情況下，存在一種非常類似的設計模式：Strategy Pattern（策略模式）。

Strategy Pattern 用來將整個演算法插入一個情境（context）中 [2]。就 Ultimate Kitchen Assistant 而言，考慮一個專門製作 Tex-Mex（一種融合了美國西南部和墨西哥北部美食的美式佳餚）的模組。用一組共通的品項就可以做出大量的菜餚，你以新的方式混合和搭配不同的成分。

舉例來說，你會在大多數的 Tex-Mex 菜單上發現以下成分：玉米、麵粉、豆子、碎牛肉、雞肉、生菜、番茄、酪梨醬、莎莎醬和起司。從這些原料，你可以製作出玉米薄餅、墨西哥捲餅、恰米強克捲、安吉拉捲、玉米餅沙拉、烤乾酪辣味玉米片、墨西哥小圓厚餅包等等，不勝枚舉。我不希望系統限制所有不同的 Tex-Mex 菜餚；我希望不同的開發者群體能夠提供製作菜餚的方式。

為了以 Strategy Pattern 做到這一點，我需要定義 Ultimate Kitchen Assistant 要做什麼和策略（strategy）要做什麼。在這種情況下，Ultimate Kitchen Assistant 應該提供與食材互動的機制，但未來的開發者可以自由運用 `TexMexStrategy` 不斷添加新的 Tex-Mex 調料。

就像任何被設計成可擴充的程式碼一樣，我需要確保我的 Ultimate Kitchen Assistant 和 Tex-Mex 模組之間的互動在前後條件上是一致的，即什麼被傳入 Tex-Mex 模組和什麼被傳出。

假設 Ultimate Kitchen Assistant 具備帶有編號的容器，可以把原料放進去。Tex-Mex 模組需要知道常見的 Tex-Mex 原料在哪個容器裡，這樣它就可以使用 Ultimate Kitchen Assistant 來實際進行準備和烹飪工作。

```
@dataclass
class TexMexIngredients:
    corn_tortilla_bin: int
    flour_tortilla_bin: int
    salsa_bin: int
    ground_beef_bin: int
    # ... 略過 ..
    shredded_cheese_bin: int

def prepare_tex_mex_dish(tex_mex_recipe_maker: Callable[TexMexIngredients]);
    tex_mex_ingredients = get_available_ingredients("Tex-Mex")
    dish = tex_mex_recipe_maker(tex_mex_ingredients)
    serve(dish)
```

2　Erich Gamma、Richard Helm、Ralph E. Johnson 與 John Vlissides 所著的《*Design Patterns: Elements of Reusable Object-Oriented Software*》。Boston, MA: Addison-Wesley Professional, 1994。

函式 prepare_tex_mex_dish 收集原料，然後委託給實際的 tex_mex_recipe_maker 來製作要供應的菜餚。這個 tex_mex_recipe_maker 是一個策略。它與 Template Method Pattern 非常相似，但你通常只會傳入單一個的函式，而不是一個群集的函式。

未來的開發者只需要編寫一個函式，在給定了原料的情況下進行實際的準備工作。他們可以這樣寫：

```
import tex_mex_module as tmm
def make_soft_taco(ingredients: TexMexIngredients) -> tmm.Dish:
    tortilla = tmm.get_ingredient_from_bin(ingredients.flour_tortilla_bin)
    beef = tmm.get_ingredient_from_bin(ingredients.ground_beef_bin)
    dish = tmm.get_plate()
    dish.lay_on_dish(tortilla)
    tmm.season(beef, tmm.CHILE_POWDER_BLEND)
    # ... 略過

prepare_tex_mex_dish(make_soft_taco)
```

如果他們決定在未來的某個時候要為不同的菜餚提供支援，他們只需編寫一個新的函式：

```
def make_chimichanga(ingredients: TexMexIngredients):
    # ... 略過
```

開發人員可以繼續隨心所欲地定義函式，只要他們想要。就跟 Template Method Pattern 一樣，他們可以插入新的功能，而且對原本程式碼的影響是最小的。

 與 Template Method 一樣，我所展示的實作與 Gang of Four 書中最初描述的有點不同。最初的實作涉及到封裝單個方法的類別和子類別。在 Python 中，直接傳遞單個函式要容易得多。

外掛架構

Strategy 和 Template Method 模式對於插入小部分功能來說是很好的：這裡一個類別或那邊一個函式。然而，同樣的模式也適用於你的架構。能夠注入類別、模組或子系統也同樣重要。有一個叫做 stevedore（*https://oreil.ly/AybtZ*）的 Python 程式庫是管理外掛（*plug-ins*）的一個非常有用的工具。

一個外掛是一段可以在執行時動態載入的程式碼。程式碼可以掃描已安裝的外掛,選擇一個合適的外掛,並將責任委託給該外掛。這是擴充性的另一種例子,開發人員可以專注於特定的外掛而不用觸及核心源碼庫。

除了可擴充性之外,外掛架構還有許多好處。

- 你可以獨立於核心部署外掛,使你在推出更新時有更多的粒度(granularity)可選。

- 第三方可以在不修改你的源碼庫的情況下編寫外掛。

- 外掛能與核心源碼庫分別發展,減少了建立緊密耦合程式碼的機會。

為了展示外掛是如何運作的,假設我想為 Ultimate Kitchen Assistant 支援一整個生態系統,其中使用者可以在主要廚房助手(main kitchen assistant)之外單獨購買和安裝模組(例如上一節的 TexMex 模組)。每個模組都提供一套食譜、特殊設備和原料的儲存區,以供 Ultimate Kitchen Assistant 作業。真正的好處是,每個模組都可以與 Ultimate Kitchen Assistant 的核心獨立開發,每個模組都是一個外掛。

在設計外掛程式時,首先要做的是確定核心和各種外掛之間的契約(contract)。問問自己,核心平台提供什麼服務,而你希望外掛提供什麼。就 Ultimate Kitchen Assistant 而言,圖 19-3 展示了我將在以下例子中使用的契約。

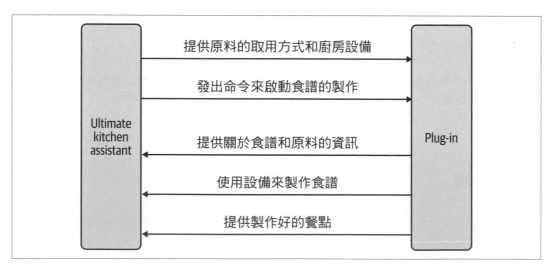

圖 19-3　核心與外掛之間的契約

我想把這個契約寫進程式碼，這樣我對外掛的期望就不會有歧義了：

```python
from abc import abstractmethod
from typing import runtime_checkable, Protocol

from ultimate_kitchen_assistant import Amount, Dish, Ingredient, Recipe

@runtime_checkable
class UltimateKitchenAssistantModule(Protocol):

    ingredients: list[Ingredient]

    @abstractmethod
    def get_recipes() -> list[Recipe]:
        raise NotImplementedError

    @abstractmethod
    def prepare_dish(inventory: dict[Ingredient, Amount],
                     recipe: Recipe) -> Dish:
        raise NotImplementedError
```

這可以定義外掛看起來的樣子。為了建立一個滿足我預期的外掛，我只需要創建一個繼承自我基礎類別的類別。

```python
class PastaModule(UltimateKitchenAssistantModule):
    def __init__(self):
        self.ingredients = ["Linguine",
                            # ... 略過 ...
                            "Spaghetti" ]

    def get_recipes(self) -> list[Recipe]:
        # ... 略過回傳所有可能的食譜 ...

    def prepare_dish(self, inventory: dict[Ingredient, Amount],
                     recipe: Recipe) -> Dish:
        # 與 Ultimate Kitchen Assistant 互動來製作食譜
        # ... 略過 ...
```

一旦你創建了外掛，你就得向 stevedore 註冊。stevedore 會將外掛與一個**命名空間**（*namespace*）相匹配，或者說是一個將外掛分組的識別字（identifier）。它透過使用 Python 的入口點（*entry points*）來這麼做，這些入口點允許 Python 在執行時發現元件[3]。

---

3 入口點與 Python 套件的互動方式可能很複雜，但那已經超出了本書的範圍。你可以在 *https://oreil.ly/ bMyJS* 上了解更多。

你在 setuptools 和 setup.py 的幫助下註冊外掛。許多 Python 套件使用 setup.py 來定義套件封裝規則，其中之一就是入口點。在 ultimate_kitchen_assistant 的 setup.py 中，我會註冊我的外掛，如下：

```python
from setuptools import setup

setup(
    name='ultimate_kitchen_assistant',
    version='1.0',
    #.... 略過 ....

    entry_points={
        'ultimate_kitchen_assistant.recipe_maker': [
            'pasta_maker = ultimate_kitchen_assistant.pasta_maker:PastaModule',
            'tex_mex = ultimate_kitchen_assistant.tex_mex:TexMexModule'
        ],
    },
)
```

 如果你在連結你的外掛時遇到問題，請查閱 entry-point-inspector（*https://oreil.ly/kbMro*）以獲得除錯幫助。

我把我的 PastaMaker 類別（在 ultimate_kitchen_assistant.pasta_maker 套件中）繫結到帶有命名空間 ultimate_kitchen_assistant.recipe_maker 的外掛。我還創建了另一個假想的外掛，叫做 TexMexModule。

一旦外掛被註冊為入口點，你就可以使用 stevedore 在執行時期動態地載入它們。舉例來說，如果我想從所有的外掛中收集所有的菜譜，我可以這樣寫：

```python
import itertools
from stevedore import extension
from ultimate_kitchen_assisstant import Recipe

def get_all_recipes() -> list[Recipe]:
    mgr = extension.ExtensionManager(
            namespace='ultimate_kitchen_assistant.recipe_maker',
            invoke_on_load=True,
        )

    def get_recipes(extension):
        return extension.obj.get_recipes()

    return list(itertools.chain(mgr.map(get_recipes)))
```

我使用 stevedore.extension.ExtensionManager 來尋找並載入命名空間 ultimate_kitchen_assistant.recipe_maker 中的所有外掛。然後，我可以將一個函式映射（或套用）到每個被找到的外掛上，以獲得它們的食譜。最後，我使用 itertools 將它們全都鏈串在一起。不管我設置了多少個外掛，我都可以用這段程式碼載入它們。

讓我們假設，有一名使用者想用麵食機（pasta maker）做一些東西，例如「Pasta with Sausage（香腸義大利麵）」。呼叫端程式碼所需做的就是尋找一個名為 pasta_maker 的外掛。我可以用 stevedore.driver.DriverManager 載入特定的外掛。

```
from stevedore import driver


def make_dish(recipe: Recipe, module_name: str) -> Dish:
    mgr = driver.DriverManager(
        namespace='ultimate_kitchen_assistant.recipe_maker',
        name=module_name,
        invoke_on_load=True,
    )

    return mgr.driver.prepare_dish(get_inventory(), recipe)
```

討論主題

你系統中哪些部分可以使用外掛架構？這對你的源碼庫有什麼好處呢？

stevedore 提供了解耦程式碼的一種很好的辦法：將程式碼分離成外掛，可以保持其彈性和可擴充性。記住，可擴充的程式之目標是限制核心系統所需的修改數量。開發人員可以獨立創建外掛程式，對其進行測試，並將其無縫整合到你的核心中。

我最喜歡 stevedore 的部分是，它實際上可以**跨**套件工作。你可以在一個完全獨立於核心的 Python 套件中編寫外掛。只要外掛使用相同的命名空間，stevedore 就可以把所有的東西編織在一起。stevedore 還有其他很多值得了解的功能，例如事件通知、透過各種方法啟用外掛，以及自動產生外掛的說明文件。如果外掛架構符合你的需求，我強烈建議你多看看 stevedore。

嚴格來說，你可以把任何類別註冊為外掛，不管它是否可以替換基礎類別。因為程式碼被 stevedore 的抽象層分離了，你的型別檢查器將無法檢測到這一點。考慮在執行時期檢查介面，以便在使用外掛之前發現任何不匹配之處。

結語

當你創建可插拔的 Python，你就賦予了你協作者分離新功能的能力，但仍然可以輕鬆地將其整合到現有的源碼庫中。開發者能以 Template Method Pattern（範本方法模式）插入部分功能到某個現有的演算法，用 Strategy Pattern（策略模式）插入整個類別或演算法，甚至是以 stevedore 插入整個子系統。當你想把你的外掛切割分散到不同的 Python 套件中時，stevedore 特別有用。

第三部到此結束，這部分是關於可擴充性的。編寫可擴充的程式碼就是堅守 Open-Closed Principle（開放封閉原則），其中你可以輕易為你的程式碼增添東西，而不需要修改現有的程式碼。事件驅動架構和外掛架構是在設計時考慮到可擴充性的絕佳例子。所有的這些架構模式都需要你意識到依存關係：物理的、邏輯的和時間的。當你找到最少化物理依存關係的方法時，你會發現你的程式碼變得可組合，並且可以隨意重新安排為新的組合。

本書的前三部分集中討論了可以使你的程式碼更加可維護、可閱讀並減少出錯機會的變化。然而，錯誤仍然有機會出現，它們是軟體開發中不可避免的一部分。為了對抗這種情況，你需要在錯誤出現在生產中之前使其容易被發現。在第四部「構建安全網」中，你將學習如何利用諸如 linters 和測試（tests）等工具來實現這一目標。

構建安全網

歡迎來到本書的第四部，這部分所關注的是，在你源碼庫周圍建置一個安全網（safety net）的重要性。想像一下，一個走鋼絲的人在高空中危險地保持平衡。無論表演者練習了多少次，總是要有一套安全預防措施，以防發生最壞的情況。走鋼絲的人可以自信地表演他們的節目，確信如果他們滑倒，總會有東西接住他們。當你的協作者在你的源碼庫中工作時，你也要為他們提供同樣的自信和信任。

即使你的程式碼完全沒有錯誤，它能保持多久？每一個變化都會引入風險。每個進入到源碼庫的新開發人員都需要時間才能完全理解源碼庫所有錯綜複雜之處。客戶會改變他們的心意，要求與他們六個月前的要求完全相反的束西。這是任何軟體的開發生命週期都必經的自然部分。

你的開發安全網是結合靜態分析（static analysis）和測試（tests）的組合。關於測試和如何寫好測試的主題已經有很多書面論述了。在接下來的章節中，我將重點討論**為什麼**要寫測試、如何決定寫哪些測試，以及如何使這些測試更有價值。我將超越簡單的單元和整合測試，談論進階測試技巧，像是接受度測試（acceptance testing）、基於特性的測試（property-based testing）和突變測試（mutation testing）。

## 第二十章

靜態分析

在談到測試之前，我首先要談一談靜態分析。靜態分析（*static analysis*）是檢查你源碼庫的一套工具，尋找潛在的錯誤或不一致的地方。它是發現常見錯誤的重要資產。事實上，你已經用過一個靜態分析工具了：mypy。mypy（和其他型別檢查器）會檢查你的源碼庫並找出型別錯誤。其他的靜態分析工具則檢查其他類型的錯誤。在這一章中，我將帶領你了解常用的靜態分析工具，用於 linting、複雜性檢查（complexity checking）和安全性掃描（security scanning）。

Linting

我將帶領你了解的第一類靜態分析工具被稱為 *linter*。Linters 會在你的源碼庫中搜索常見的程式設計錯誤和違背風格之處。它們的名字來自最初的 linter：一個名為 *lint*（棉絲）的程式，用來檢查 C 程式的常見錯誤。它將搜索「fuzzy」（起棉絮而毛茸茸的，即「模糊」）的邏輯，並試圖去除那些模糊不清之處（因此叫作 linting）。在 Python 中，你最常遇到的 linter 是 Pylint。Pylint 被用來檢查眾多的常見錯誤：

* 違反 PEP 8（*https://oreil.ly/MnCoY*）Python 風格指南（style guide）的地方

* 無法到達的程式死碼（dead code，如回傳述句後的程式碼）

* 違反存取限制的地方（例如類別的私有或受保護成員）

* 沒用到的變數和函式

* 類別中缺乏凝聚力（在方法中沒有使用 self，有太多的公開方法）

- 缺少 docstrings 形式的說明文件

- 常見的程式設計錯誤

這些錯誤類中有許多是我們以前討論過的,例如存取私有成員或一個函式需要成為自由函式(free function),而不是成員函式(如第 10 章所討論的)。像 Pylint 這樣的 linter 將與你在本書中學到的所有技術互補,如果你違反了我一直信奉的某些原則,linter 將為你抓出這些違規行為。

Pylint 在發現你程式碼中的一些常見錯誤方面也是非常便利的。考慮有開發者想要新增程式碼,將一位作者的所有烹飪書添加到一個現有的串列中:

```python
def add_authors_cookbooks(author_name: str, cookbooks: list[str] = []) -> bool:

    author = find_author(author_name)
    if author is None:
        assert False, "Author does not exist"
    else:
        for cookbook in author.get_cookbooks():
            cookbooks.append(cookbook)
        return True
```

這看似無害,但這段程式碼中有兩個問題。花幾分鐘時間,看看你是否能找到它們。

現在讓我們看看 Pylint 能做什麼。首先,我需要安裝它:

```
pip install pylint
```

然後,我將針對上面的例子執行 Pylint:

```
pylint code_examples/chapter20/lint_example.py
************* Module lint_example

code_examples/chapter20/lint_example.py:11:0: W0102:
    Dangerous default value [] as argument (dangerous-default-value)
code_examples/chapter20/lint_example.py:11:0: R1710:
    Either all return statements in a function should return an expression,
    or none of them should. (inconsistent-return-statements)
```

Pylint 在我的程式碼中發現了兩個問題(實際上它還發現了更多的問題,例如缺少說明文件字串,但就這裡討論的目的而言,我把它們省略了)。首先,有一個危險的可變預設值(mutable default value),以 [] 的形式出現。關於這種行為,以前已經有人寫了很多(*https://oreil.ly/sCQQu*),這是一種常見的陷阱,特別是對於剛接觸這個語言的人來說。

另一個錯誤更微妙一些：不是所有的分支都回傳相同的型別。「不對啊，等等！」你感歎道。「沒關係，因為我有斷言（assert）了，這會提出一個錯誤，而非穿越那個 if 述句（它會回傳 None）」。不過，雖然 assert 述句很神奇，但它們也可以被關閉。當你向 Python 傳遞 -O 旗標，它將禁用所有的 assert 述句。所以，當 -O 旗標被打開時，這個函式就會回傳 None。順便說一下，mypy 並沒有捕捉到這個錯誤，但是 Pylint 抓到了。更棒的是，Pylint 執行不到一秒就找到了這些錯誤。

你不會犯這些錯誤，或者你們總是在程式碼審查中發現這些錯誤，也都沒關係。在任何源碼庫中都有無數的開發人員在工作，而錯誤可能發生在任何地方。透過執行像 Pylint 這樣的 linter，你可以消除非常普遍的、可檢測的錯誤。關於內建檢查器的完整清單，請參閱 Pylint 說明文件（*https://oreil.ly/9HRzC*）。

將錯誤左移

DevOps 思想的一個共同信條是「將你的錯誤向左移」（即「提早發現錯誤」）。我在討論型別時提到了這一點，但它也適用於靜態分析和測試。這個想法是根據錯誤的成本來進行考量。修復一個錯誤的成本有多高？這取決於你在哪裡發現那個錯誤。在生產中被客戶發現的錯誤有昂貴的成本。開發人員必須從正常的功能開發中抽出時間，技術支援和測試人員也要參與進來，而當你不得不進行緊急部署時也會有風險存在。

處於開發週期越早的階段，解決錯誤的成本就越低。如果你能在測試期間發現錯誤，你就能避免一連串的生產成本。然而，你想更早發現這些問題，甚至是在它們進入到源碼庫之前。我在第一部分中詳細介紹了型別檢查器如何將這些錯誤進一步向左移，以便你在開發時就能發現這些錯誤。不僅僅是型別檢查器能讓你做到這一點，靜態分析工具，如 linters 和複雜性檢查器也都可以。

這些靜態分析工具是你對抗錯誤的第一道防線，甚至比測試更重要。它們不是銀彈（沒有任何東西是銀彈），但它們在早期發現問題方面是非常寶貴的。把它們加到你的持續整合管線（continuous integration pipeline）中，並在你的版本控制系統中把它們設置為提交前的掛接器（pre-commit hooks）或伺服端的掛接器（server-side hooks）。為自己節省時間和金錢，不要讓容易檢測到的錯誤進入你的源碼庫。

編寫你自己的 Pylint 外掛

當你撰寫自己的外掛時,真正的 Pylint 魔法就開始了(關於外掛架構的更多資訊,請參閱第 19 章)。Pylint 外掛可以讓你編寫你自訂的檢查器(*checkers*),或規則(*rules*)。內建的檢查器尋找常見的 Python 錯誤時,你的自訂檢查器可以尋找你問題領域(*your problem domain*)中的錯誤。

看看第 4 章中的一段程式碼:

```
ReadyToServeHotDog = NewType("ReadyToServeHotDog", HotDog)

def prepare_for_serving() -> ReadyToServeHotDog:
    # 略過準備工作
    return ReadyToServeHotDog(hotdog)
```

在第 4 章中,我提到為了讓 **NewType** 生效,你需要確保你只用*神聖*(*blessed*)的方法,或是會強制施加與該型別相關的約束的方法來建構它。當時,我的建議是使用註解來提示程式碼的讀者。然而,有了 Pylint,你可以寫一個自訂的檢查器來發現你何時違反了這個期望。

下面是這個外掛的全部內容。之後我將為你拆解分析它:

```
from typing import Optional

import astroid

from pylint.checkers import BaseChecker
from pylint.interfaces import IAstroidChecker
from pylint.lint.pylinter import PyLinter

class ServableHotDogChecker(BaseChecker):
    __implements__ = IAstroidChecker

    name = 'unverified-ready-to-serve-hotdog'
    priority = -1
    msgs = {
      'W0001': (
        'ReadyToServeHotDog created outside of hotdog.prepare_for_serving.',
        'unverified-ready-to-serve-hotdog',
        'Only create a ReadyToServeHotDog through hotdog.prepare_for_serving.'
      ),
    }

    def __init__(self, linter: Optional[PyLinter] = None):
```

```
        super(ServableHotDogChecker, self).__init__(linter)
        self._is_in_prepare_for_serving = False

    def visit_functiondef(self, node: astroid.scoped_nodes.FunctionDef):
        if (node.name == "prepare_for_serving" and
            node.parent.name =="hotdog" and
            isinstance(node.parent, astroid.scoped_nodes.Module)):

            self._is_in_prepare_for_serving = True

    def leave_functiondef(self, node: astroid.scoped_nodes.FunctionDef):
        if (node.name == "prepare_for_serving" and
            node.parent.name =="hotdog" and
            isinstance(node.parent, astroid.scoped_nodes.Module)):

            self._is_in_prepare_for_serving = False

    def visit_call(self, node: astroid.node_classes.Call):
        if node.func.name != 'ReadyToServeHotDog':
            return

        if self._is_in_prepare_for_serving:
            return

        self.add_message(
            'unverified-ready-to-serve-hotdog', node=node,
        )

def register(linter: PyLinter):
    linter.register_checker(ServableHotDogChecker(linter))
```

這個 linter 驗證了當有人創建 ReadyToServeHotDog 時，一定是在一個名為 prepare_for_serving 的函式中完成，而且該函式必須位在一個名為 hotdog 的模組中。現在假設我建立了其他的函式來創建一個可供食用的熱狗（ready-to-serve hot dog），像這樣：

```
def create_hot_dog() -> ReadyToServeHotDog:
    hot_dog = HotDog()
    return ReadyToServeHotDog(hot_dog)
```

我可以執行我自訂的 Pylint 檢查器：

```
PYTHONPATH=code_examples/chapter20 pylint --load-plugins \
    hotdog_checker code_examples/chapter20/hotdog.py
```

現在 Pylint 確認了，提供一個「無法提供（unservable）」的熱狗是一種錯誤：

```
************* Module hotdog
code_examples/chapter20/hotdog.py:13:12: W0001:
    ReadyToServeHotDog created outside of prepare_for_serving.
      (unverified-ready-to-serve-hotdog)
```

這真是太棒了。現在我可以編寫自動化的工具，檢查像 mypy 這樣的型別檢查器根本無法找尋的錯誤。不要讓你的想像力限制了你。使用 Pylint 來捕捉你能想像的任何東西：違反業務邏輯約束、時間依存關係，或自訂的風格指南。現在，讓我們來看看這個 linter 是如何運作的，以便讓你能建立出你自己的。

拆解這個外掛

我寫這個外掛時的第一件事是定義繼承自 pylint.checkers.BaseChecker 的一個類別：

```python
import astroid

from pylint.checkers import BaseChecker
from pylint.interfaces import IAstroidChecker

class ReadyToServeHotDogChecker(BaseChecker):
    __implements__ = IAstroidChecker
```

你還會注意到一些對 astroid 的參考。astroid 程式庫對於將 Python 檔剖析為抽象語法樹（abstract syntax tree，AST）非常有用。這提供了一種便利的結構化方式來與 Python 原始碼進行互動。稍後你會看到它是如何發揮作用的。

接下來，我定義了關於此外掛的詮釋資料（metadata）。這提供了一些資訊，例如外掛的名稱、顯示給使用者的訊息，以及一個識別字（unverified-ready-to-serve-hotdog），我可以在之後參考。

```python
name = 'unverified-ready-to-serve-hotdog'
priority = -1
msgs = {
  'W0001': ( # 這是我所指定的作為一個識別字的任意數字
    'ReadyToServeHotDog created outside of hotdog.prepare_for_serving.',
    'unverified-ready-to-serve-hotdog',
    'Only create a ReadyToServeHotDog through hotdog.prepare_for_serving.'
  ),
}
```

接下來，我想追蹤我位在哪個函式中，這樣我就可以知道我是否在使用 prepare_for_serving。這就是 astroid 程式庫派上用場的地方。如前所述， astroid 程式庫幫助 Pylint 檢查器從 AST 的角度思考，你不需要擔心字串的剖析（parsing）。如果你想了解更多關於 AST 和 Python 剖析的資訊，你可以查閱 astroid 的說明文件（*https://oreil.ly/JvQgU*），至於現在，你要知道的是，如果你在檢查器中定義了特定的函式，astroid 剖析程式碼時，它們就會被呼叫。每個被呼叫的函式都會接收到一個 node（節點），這個節點代表程式碼的一個特定部分，例如一個運算式（expression）或一個類別定義（class definition）。

```python
def __init__(self, linter: Optional[PyLinter] = None):
    super(ReadyToServeHotDogChecker, self).__init__(linter)
    self._is_in_prepare_for_serving = False

def visit_functiondef(self, node: astroid.scoped_nodes.FunctionDef):
    if (node.name == "prepare_for_serving" and
        node.parent.name =="hotdog" and
        isinstance(node.parent, astroid.scoped_nodes.Module)):
            self._is_in_prepare_for_serving = True

def leave_functiondef(self, node: astroid.scoped_nodes.FunctionDef):
    if (node.name == "prepare_for_serving" and
        node.parent.name =="hotdog" and
        isinstance(node.parent, astroid.scoped_nodes.Module)):

        self._is_in_prepare_for_serving = False
```

在此例中，我定義了一個建構器來保存一個成員變數以追蹤我是否位在對的函式中。我還定義了兩個函式，visit_functiondef 和 leave_functiondef。visit_functiondef 將在 astroid 剖析一個函式定義（function definition）時被呼叫，而 leave_functiondef 會在剖析器（parser）停止剖析一個函式定義時被呼叫。因此，當剖析器遇到一個函式，我會檢查那個函式是否被命名為 prepare_for_serving，而且它在一個叫作 hotdog 的模組裡面。

現在我有一個成員變數來追蹤我是否位在正確的函式中，我可以寫另一個 astroid 掛接器，以便在一個函式被呼叫時被呼叫（例如 ReadyToServeHotDog(hot_dog)）。

```python
def visit_call(self, node: astroid.node_classes.Call):
    if node.func.name != 'ReadyToServeHotDog':
        return

    if self._is_in_prepare_for_serving:
        return
```

```
        self.add_message(
            'unverified-ready-to-serve-hotdog', node=node,
        )
```

如果該函式呼叫不是 ReadyToServeHotDog，或者執行是在 prepare_serving 中，這個檢查器就會認為沒有問題，並提前回傳。如果函式呼叫是 ReadyToServeHotDog，並且不是在 prepare_serving 中執行，檢查器就會失敗，並加上一條訊息，指出 unverified-ready-to-serve-hotdog 檢查失敗。藉由添加訊息，Pylint 將此傳遞給使用者，並將其標記為檢查失敗。

最後，我需要註冊這個 linter：

```
    def register(linter: PyLinter):
        linter.register_checker(ReadyToServeHotDogChecker(linter))
```

就這樣了！透過大約 45 行的 Python 程式碼，我定義好了一個 Pylint 外掛。這是一個簡單的檢查器，但你能做到的極限僅止於你的想像力。Pylint 檢查，無論是內建的還是用戶創立的，對於發現錯誤而言都是非常寶貴的。

討論主題

你可以在你的源碼庫中建立什麼檢查器？使用這些檢查器，你可以捕捉到哪些錯誤情況？

其他的靜態分析器

當人們聽到「靜態分析（static analysis）」時，首先想到的往往是型別檢查器（typecheckers）和 linters，但還有許多其他的工具可以幫助你編寫強健的程式碼。每種工具都是個別的防線，全都疊加在一起，以保護你的源碼庫。把每個工具想像成一塊瑞士起司（Swiss cheese）[1]。每塊瑞士起司都有不同寬度或大小的孔，但當多塊起司疊在一起時，就不太可能有全部的孔都對齊的區域，讓你得以看穿堆疊。

---

1 J. Reason. "Human Error: Models and Management." *BMJ* 320, no. 7237 (2000): 768–70. *https://doi.org/10.1136/bmj.320.7237.768.*

同樣地，你用來建立安全網的每一個工具都會錯過某些錯誤。型別檢查器不會抓到常見的程式設計錯誤，linters 不會檢查安全性的違規行為，安全性檢查器不會捕捉複雜的程式碼，諸如此類。但是，當這些工具疊加在一起時，只要真的有錯誤，就更不可能會被漏掉（對於那些漏掉的錯誤，那就是你有測試的原因了）。正如 Bruce MacLennan 所說：「要有一系列的防禦措施，若有一個錯誤沒有被其中一個防禦措施發現，那麼它就可能會被另一個發現」[2]。

複雜度檢查器

本書的大部分內容都是以可讀和可維護的程式碼為中心。我已經談過了複雜的程式碼如何影響功能的開發速度。如果有一個工具能指出你的源碼庫中哪些部分的複雜性高，那就太好了。遺憾的是，複雜性是主觀的，減少複雜性並不總是能減少錯誤。然而，我可以把複雜度的測量當作一種**試探法**（*heuristic*）。試探法是指能提供一個答案，但不保證它是最佳解的一種方法。在這種情況下，問題是：「我在哪裡可以找到我程式碼中最多的錯誤？」。大多數時候，這將出現在具有高複雜性的程式碼中，但請記住，這並不是一種保證。

使用 mccabe 的循環複雜度

最流行的複雜度試探法之一是**循環複雜度**（*cyclomatic complexity*），最初是由 Thomas McCabe 所提出[3]。為了衡量程式碼的循環複雜度，你必須把你的程式碼看作是一個**控制流程圖**（*control flow graph*），或者說是反映出你程式碼可以採取的不同執行路徑的一個圖。圖 20-1 向你展示了幾個不同的例子。

---

2 Bruce MacLennan. "Principles of Programming Language Design." web.eecs.utk.edu, September 10, 1998. *https://oreil.ly/hrjdR*.

3 T.J. McCabe. "A Complexity Measure." *IEEE Transactions on Software Engineering* SE-2, no. 4 (December 1976): 308–20. *https://doi.org/10.1109/tse.1976.233837*.

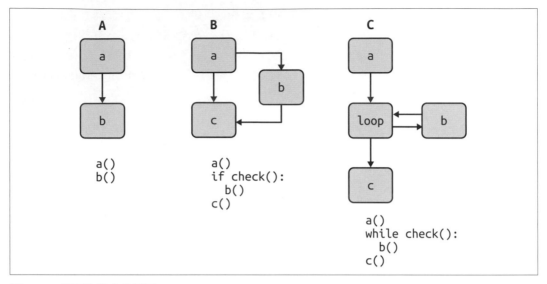

```
A           B           C

   a           a           a

   b           b           loop    b

            c              c

a()         a()         a()
b()         if check():  while check():
              b()          b()
            c()          c()
```

圖 20-1　循環複雜度的例子

圖 20-1 的 A 部分展示了一個線性的述句流（linear flow of statements），它的複雜度為 1。一個沒有 elif 述句的 if，如圖 20-1 的 B 部分所示，有兩條路徑（if 或 else/ 穿越），所以複雜度為 2。同樣地，一個 while 迴圈，如圖 20-1 中的 C 部分，有兩條獨立的路徑：迴圈繼續執行或者退出。隨著程式碼變得越來越複雜，循環複雜度的數字也會越來越高。

你可以使用 Python 中的一個靜態分析工具來測量循環複雜度，它被恰當地命名為 mccabe。

我使用 pip 安裝它：

```
pip install mccabe
```

為了測試它，我將在 mccabe 源碼庫本身上執行它，並標示循環複雜度大於或等於 5 的任何函式：

```
python -m mccabe --min 5 mccabe.py
192:4: 'PathGraphingAstVisitor._subgraph_parse' 5
273:0: 'get_code_complexity' 5
298:0: '_read' 5
315:0: 'main' 7
```

讓我們看一下 PathGraphingAstVisitor._subgraph_parse：

```python
def _subgraph_parse(self, node, pathnode, extra_blocks):
    """ 剖析 `if` 和 `for` 述句的主體和任何的 `else` 區塊 """
    loose_ends = []
    self.tail = pathnode
    self.dispatch_list(node.body)
    loose_ends.append(self.tail)
    for extra in extra_blocks:
        self.tail = pathnode
        self.dispatch_list(extra.body)
        loose_ends.append(self.tail)
    if node.orelse:
        self.tail = pathnode
        self.dispatch_list(node.orelse)
        loose_ends.append(self.tail)
    else:
        loose_ends.append(pathnode)
    if pathnode:
        bottom = PathNode("", look='point')
        for le in loose_ends:
            self.graph.connect(le, bottom)
        self.tail = bottom
```

在這個函式中，有幾件事情發生：各個條件分支、迴圈，甚至還有一個內嵌在 if 述句中的迴圈。這些路徑中的每一條都是獨立的，需要進行測試。隨著循環複雜度的增加，程式碼變得更難讀、更難推理。循環複雜度沒有一個神奇的數字存在，你需要檢查你的源碼庫，找出一個合適的限制。

空白試探法

還有一個我很喜歡的複雜度試探法，它的推理比循環複雜度更簡單：空白檢查（whitespace checking，*https://oreil.ly/i3Dpd*）。其背後的想法是這樣的：計算一個 Python 檔案中有多少層縮排（indentation）。多層的縮排就表示有內嵌的迴圈和分支，這可能是複雜程式碼的跡象。

遺憾的是，撰寫這篇文章之時，還沒有流行的工具來處理空白試探法。然而，自己寫這種檢查器是很容易的：

```python
def get_amount_of_preceding_whitespace(line: str) -> int:
    # 以 4 個空格取代 tab（並開啟 tab/spaces 論戰）
    tab_normalized_text = line.replace("\t", "    ")
```

```
        return len(tab_normalized_text) - len(tab_normalized_text.lstrip())

def get_average_whitespace(filename: str):
    with open(filename) as file_to_check:
        whitespace_count = [get_amount_of_preceding_whitespace(line)
                            for line in file_to_check
                            if line != ""]
        average = sum(whitespace_count) / len(whitespace_count) / 4
        print(f"Avg indentation level for {filename}: {average}")
```

 另一個可能的空白衡量方式是計算每個函式縮排的「面積（area）」，其中你把所有的縮排加起來，而非取平均。我把這個問題留給讀者去實作。

與循環複雜度一樣，沒有一個神奇的數字可以用來檢查空白複雜度。我鼓勵你在你的源碼庫中探索一番，以確定什麼是適當的縮排量。

安全性分析

安全性很難做好，而且幾乎沒有人會因為防止漏洞而受到讚揚。取而代之，主導新聞的似乎是漏洞攻擊本身。每個月我都會聽到另一個漏洞或資料洩漏（data leak）。這些漏洞導致的崩潰對公司來說代價龐大，無論是監管部門的罰款還是客戶群的損失都是。

每位開發人員都需要對他們的源碼庫之安全性有高度的警覺。你不希望聽到你的源碼庫是新聞中最新的大規模資料洩漏的根本原因。值得慶幸的是，有一些靜態分析工具可以防止常見的安全缺陷。

洩漏秘密

如果你想感到害怕，可以在你最喜歡的程式碼託管工具（code-hosting tool）中搜索 AWS_SECRET_KEY 這段文字，例如在 GitHub（*https://oreil.ly/FEm7D*）中。你會驚訝於有多少人提交了秘密值，例如能讓人存取 AWS 的金鑰[4]。

只要一個秘密出現在版本控制系統（version control system）中，尤其是公開託管的版本控制系統，就很難消除它的痕跡。組織被迫撤銷任何洩漏的憑證，但他們必須比成群結隊在儲存庫（repositories）中搜刮金鑰的駭客更快做到這一點。為了防止這種情況，

4　這在真實世界中是有影響的。在網際網路上快速搜尋一下，就會發現大量詳細介紹這種問題的文章，例如 *https://oreil.ly/gimse*。

請使用專門尋找機密洩漏的靜態分析工具，如 dodgy（*https://github.com/landscapeio/dodgy*）。如果你不選擇使用預製工具，至少要對你的源碼庫進行文字搜索，以確保沒有人洩漏常見的秘密資訊。

安全性漏洞檢查

檢查洩漏的憑證是一回事，但更嚴重的安全性漏洞呢？你如何發現像 SQL 注入（SQL injection）、任意程式碼執行（arbitrary code execution）或不正確配置的網路設定呢？一旦被利用，這些漏洞會對你的安全狀況造成損害。但是，就像本章中的其他問題一樣，有一個靜態分析工具可以處理這種問題：Bandit。

Bandit 會檢查常見的安全問題。你可以在 Bandit 說明文件（*https://bandit.readthedocs.io/en/latest*）中找到一個完整的清單，不過這裡有 Bandit 尋找的各種漏洞的預覽：

- Flask 處於除錯模式（debug mode），這可能導致遠端程式碼執行
- 在沒有開啟憑證驗證（certificate validation）的情況下發出 HTTPS 請求
- 有可能導致 SQL 注入的未經處理的 SQL 述句
- 脆弱的加密金鑰（cryptographic key）創建過程
- 標示影響到程式碼路徑的不受信任資料，例如不安全的 YAML 載入

Bandit 可以檢查許多不同的潛在安全缺陷。我強烈建議對你的源碼庫執行它：

```
pip install bandit
bandit -r path/to/your/code
```

Bandit 還有一個強健的外掛系統，這樣你就可以用你自己的安全性檢查來增強缺陷檢測。

雖然安全導向的靜態分析器非常有用，但不要把它們當作你唯一的防線。透過繼續施行額外的安全實務（例如進行稽核、執行滲透測試和保護你的網路）來補充這些工具的不足之處。

結語

儘早發現錯誤可以為你節省時間和金錢。你的目標是在你開發程式碼時發現錯誤。靜態分析工具是你在這一追求中的朋友。它們是發現源碼庫中任何問題的一種廉價、快速的方法。有各式各樣的靜態分析工具能滿足你的需求：linters、安全性檢查器和複雜性檢查器。每一種都有自己的用途,並提供了一層防禦。而對於這些工具無法捕捉的錯誤,你可以透過使用外掛系統來擴充靜態分析器。

雖然靜態分析器是你的第一道防線,但它們不是你的唯一防線。在本書的剩餘部分,我將專注於測試(tests)。下一章將重點討論你的測試策略(testing strategy)。我將詳細講述你需要如何組織你的測試,以及編寫測試的最佳實務做法。你會學到如何撰寫一個測試三角(testing triangle)、如何提出以測試為中心的正確問題,以及如何寫出有效的開發者測試(developer tests)。

## 第二十一章

測試策略

測試是你可以圍繞你源碼庫建立的最重要的安全網之一。做出一個變更，然後看到所有的測試都通過了，那會令人感到非常安心。然而，判斷如何以最佳的方式運用你的測試時間，會是一大挑戰。太多的測試會成為一種負擔，你花在維護測試上的時間會比交付功能的時間還要多。測試太少，你就會讓潛在性的災難進入到生產環境。

在本章中，我會要求你專注於你的測試策略。我將分析不同類型的測試以及如何選擇要寫的測試。我將重點介紹圍繞測試建構的 Python 最佳實務做法，然後我將以專屬於 Python 的一些常見測試策略作為結束。

定義你的測試策略

在你編寫測試之前，你應該決定你的測試策略（*test strategy*）是什麼。測試策略是一種計畫，用以規劃你要如何花費時間和精力來測試你的軟體以減少風險。這個策略會影響你要寫什麼類型的測試、如何撰寫，以及要花多少時間來寫（和維護）它們。每個人的測試策略都會有所不同，但它們都會有一個類似的形式：關於你系統的一個問題清單，並記錄你打算如何回答這些問題。舉例來說，如果我在寫一個卡路里計算的 app，這裡將是我測試策略的一部分：

> 我的系統是否像預期的那樣運作？
> 要寫的測試（自動化的 - 每日執行）：
>   接受度測試（Acceptance tests）：將卡路里添加到每日計數中
>   接受度測試：在每日邊界上重置卡路里
>   接受度測試：在一段時間內彙總卡路里
>   單元測試（Unit tests）：角落案例（Corner Cases）
>   單元測試：快樂路徑（Happy Path）

這個應用程式是否能被大量的用戶群所使用？
要寫的測試（自動化的 - 每週執行）：
　　　　互通性測試（Interoperability tests）：手機（Apple、Android 等）
　　　　互通性測試：平板電腦
　　　　互通性測試：智慧冰箱

很難惡意使用嗎？
要寫的測試：（由安全性工程師持續稽核）
　　　　安全測試（Security tests）：裝置互動
　　　　安全測試：網路互動
　　　　安全測試：後端漏洞掃描（自動）

... 等等 ...

 不要把你的測試策略當作一份靜態的文件，只創建一次就不再修改。開發你軟體的過程中，繼續提出你想到的問題，並討論你的策略是否需要隨著你學到更多東西而演進。

這個測試策略將決定你在編寫測試時的重點。當你開始撰寫這種計畫時，你需要做的第一件事是了解什麼是測試，以及為什麼要寫它們。

什麼是測試？

你應該了解你編寫該軟體的原因（*why*）及其內容（*what*）。回答這些問題將確立你編寫測試的目標。測試是驗證程式碼做些什麼（*what*）的一種方式，而你寫測試是為了不對它們的存在原因（*why*）產生負面影響。軟體產生價值，事情就是這樣。每一個軟體都帶有一些價值。Web apps 為普通民眾提供重要的服務。資料科學管線（data science pipelines）能夠建立預測模型，幫助我們更好地理解我們世界的模式。即使是惡意軟體也有價值：藉此進行剝削的人正在利用軟體來達成一個目標（即使那對任何受影響的人都有負面價值）。

這就是軟體所提供的東西（*what*），但為什麼（*why*）會有人要寫軟體？大多數人會回答是為了「錢」，我不想打擊這一點，但還是有其他原因存在。有時寫軟體是為了賺錢，有時是為了自我實現，有時是為了打廣告（比如為一個開源專案做出貢獻以加強簡歷）。測試是對這些系統的驗證。它們所觸及的深度，不僅止於捕捉錯誤或讓你有信心推出產品。

如果我是為了學習而撰寫一些程式碼，我的原因就純粹是為了自我實現，而價值來自於我學到了多少。如果我做錯了事情，那仍然是一個學習的機會，即使我的所有測試只是在專案結束時的手動抽查，我也能過關。然而，一個向其他開發者推銷工具的公司可能有完全不同的策略。該公司的開發人員可能會選擇編寫測試，以確保他們沒有劣化任何功能，這樣公司就不會失去客戶（會轉化為利潤的損失）。這些專案中的每一個都需要不同程度的測試。

那麼，什麼是測試呢？它是捕捉錯誤的東西嗎？它是讓你有信心推出你產品的東西嗎？是的，但真正的答案要更深入一些。測試回答關於你系統的問題。我希望你思考一下你所寫的軟體。它的用途是什麼？你想一直了解你所構建的事物的哪些方面？那些對你很重要的東西構成了你的測試策略。

當你問自己問題時，你實際上是在問自己，你覺得什麼測試有價值：

- 我的應用程式能否處理預測的負載？

- 我的程式碼是否滿足客戶的需求？

- 我的應用程式安全嗎？

- 當客戶在我的系統中輸入不良資料時會發生什麼事？

這些問題中的每一個都指出了你可能需要編寫的不同類型的測試。請看表 21-1，其中列出了常見的問題和回答那些問題所需的適當測試。

表 21-1　測試的類型和它們回答的問題

測試類型	測試所回答的問題
單元	單元（函式和類別）是否按照開發人員的預期行事？
整合	系統的獨立部分是否正確地接合在一起？
接受度	系統是否做到了終端使用者所期望的？
負荷	系統是否在巨大的負載之下保持運行無礙？
安全性	系統是否能抵禦特定的攻擊和剝削？
可用性	系統的使用是否直覺？

關於手動測試的備註

由於這是一本關於強健 Python 的書，我主要關注的是你的源碼庫和支援它的工具。這意味著我們會很大程度偏向 Python 中的自動化測試。但是，不要認為這代表手動測試應該被丟到一旁。

手動測試（*manual testing*），也就是讓人執行測試步驟而不是電腦，有它存在的必要。對電腦而言很困難的源碼庫探索方式，就很適合交由它來進行，例如驗證使用者如何與你的系統互動、檢查安全性漏洞，或執行仰賴主觀分析的其他類型的測試。

在執行手動測試比自動測試更便宜的情況下（例如昂貴的測試設備或其他限制因素），在過程中保留人力可能也是合適的。不過，在你跳到這個結論之前，要考慮到重複的成本：想清楚你要多久時間執行一次測試。在某些情況下，手動測試的成本在幾次測試執行後就會超過自動測試的成本。

請注意，表 21-1 並沒有說要確保你的軟體沒有錯誤。正如 Edsger Djikstra 所寫道：「程式測試可以用來顯示臭蟲的存在，但絕不是用來證明它們的不存在！」[1]。測試回答的是關於你軟體品質的問題。

品質（*quality*）是到處都會出現的一個模糊、定義不明確的術語。這是一個很難確定的東西，但我喜歡 Gerald Weinberg 的這句話：「品質就是某人的價值（quality is value to some person）」[2]。我愛這句話的開放性。你需要考慮到任何可能從你系統獲得一些價值的人。不僅僅是你直接的客戶，還有你客戶的客戶、你的營運團隊、你的銷售團隊、你的同事…等等。

一旦你確定了有誰接受了你系統的價值，你就得衡量有錯發生時的影響。對於每一個沒有執行的測試，你就失去了確認你是否在傳遞價值的一次機會。如果這個價值沒有被交付，影響會是什麼？對於核心業務需求，影響是相當大的。對於那些位在終端使用者關鍵路徑之外的功能，影響可能就很低。了解你帶來的衝擊，並將其與測試的成本進行權衡。

1　Edsger W. Dijkstra. "Notes on Structured Programming." Technological University Eindhoven, The Netherlands, Department of Mathematics, 1970. *https://oreil.ly/NAhWf*.

2　Gerald M. Weinberg. *Quality Software Management*. Vol. 1: *Systems Thinking*. New York, NY: Dorset House Publishing, 1992.

如果影響的成本比測試高，那就寫測試。如果成本比較低，那就跳過寫測試，把時間花在更有影響力的事情上。

測試金字塔

幾乎在所有的測試書籍中，你都一定會看到一個類似於圖 21-1 的東西：「測試金字塔（testing pyramid）」[3]。

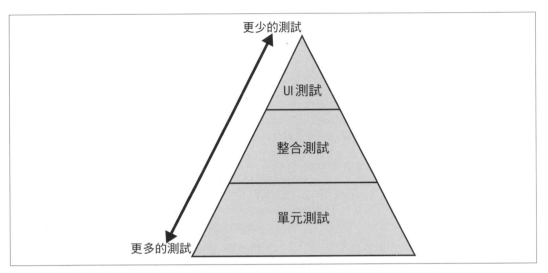

更少的測試

UI 測試

整合測試

單元測試

更多的測試

圖 21-1　測試金字塔

這背後的想法是，你會想要撰寫很多小型的、獨立的單元測試（unit tests）。從理論上講，這些測試比較便宜，應該構成測試的主體，因此它們位在金字塔底部。你有較少的整合測試（integration tests），因為那是很昂貴的，以及甚至更少的 UI 測試（UI tests），那更是昂貴。現在，自從這個金字塔誕生以來，開發人員以多種方式爭論這個測試金字塔，包括繪製線條的位置、單元測試的實用性，甚至是三角形的樣子（我甚至看過被倒置的三角形）。

事實是，那些標記是什麼或如何分類你的測試並不重要。你希望的是你的三角形看起來要像圖 21-2 那樣，它關注的是價值（value）與成本（cost）的比率。

3　這被稱為測試金字塔，由 Mike Cohn 在《*Succeeding with Agile*》（Addison-Wesley Professional）中所引進。Cohn 最初用「服務」層級的測試（"Service" level tests）來代替整合測試，但我看到後來更多修訂版本用「整合」測試作為中間層。

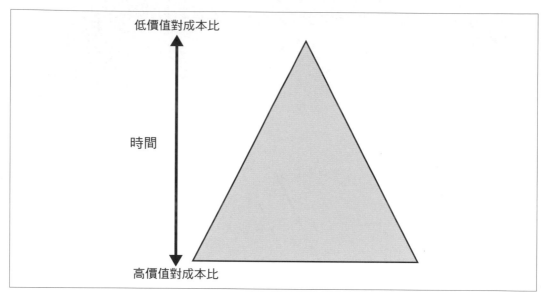

圖 21-2　注重價值對成本比率的測試金字塔

編寫大量具有高價值對成本比率（value-to-cost ratio）的測試。無論它們是單元測試還是接受度測試，都沒有關係。想辦法經常執行它們。讓測試變得快速，以便開發人員在兩次提交（commits）之間多次執行它們，以驗證事情仍在運作。將你那些價值較低、速度較慢的、或成本更昂貴的測試留到每次提交時（或至少定期）的測試。

測試越多，未知數就越少。不知道的東西越少，你的源碼庫就越強健。隨著你做出的每一個變更，你會有一個更大的安全網來檢查任何退化情況。但是，如果測試的成本變得太高，遠遠超過了任何影響的成本，那怎麼辦？如果你覺得這些測試仍然是值得的，你就得找到一種方法來降低其成本。

一個測試的成本有三方面：最初的編寫成本、執行成本，以及維護成本。測試，至少要執行一定的時間，而這確實需要花錢。然而，減少這種成本往往會變成一種最佳化（optimization）的工作，其中你會尋找平行化你測試的方式，或在開發機器上更頻繁地執行它們。你仍然需要減低最初編寫測試的成本和維護測試的持續成本。幸運的是，到目前為止，你在本書中讀到的一切都直接適用於降低這些成本。你的測試程式碼和你其他程式碼一樣，都是源碼庫的一部分，而你也需要確保它的強健。挑選對的工具，正確地組織你的測試案例（test cases），使你的測試易於閱讀和維護。

討論主題

衡量你系統中測試的成本。編寫的時間、執行的時間,或者維護的時間,
是否主導了你的成本?你能做些什麼來減少這些成本呢?

降低測試成本

當你檢視測試的價值和成本時,你就是在收集資訊,以幫助你確定測試策略的優先順
序。有些測試可能不值得執行,而有些測試將作為你想寫的第一個測試脫穎而出,幫助
你最大化價值。然而,有時你會遇到這樣的情況:有一個非常重要的測試你很想寫,但
撰寫和維護它的成本高得驚人。在這種情況下,要想辦法降低該測試的成本。你編寫和
組織測試的方式對於使測試的編寫和理解成本降低而言,至關緊要。

使用 pytest

在本章的例子中,我將使用流行的測試程式庫 pytest(*https://docs.pytest.org/en/
stable*)。有很多學習 pytest 的資源,例如 Brian Okken 所著的《*Python Testing
with pytest: Simple, Rapid, Effective, and Scalable*》(Pragmatic Bookshelf)。 在 這
裡,我將涵蓋基礎知識,以便為本章提供背景。

pytest 中的一個測試是指在一個檔案中以 test_ 為前綴的任何函式,而該檔案也
以 *test_* 為前綴。這裡有一個名為 *test_calorie_count.py* 的檔案,其中帶有單一個
測試:

```
from nutrition import get_calorie_count

def test_get_calorie_count():
    assert get_calorie_count("Bacon Cheeseburger w/ Fries") == 1200
```

測試包含斷言(assertions),或是應該為真的東西。pytest 使用內建的 assert 述
句來進行斷言。如果一個測試的斷言為假(false),就會有一個 AssertionError 被
提出,測試就失敗。如果斷言為真(true),測試就繼續執行。

如果你對引入一個程式庫的依存關係猶豫不決,Python 中的 unittest 模組有一個
內建的單元測試框架。我更喜歡 pytest,因為它有一些進階的功能(固定裝置、
外掛等),但本章的所有原則也都適用於其他測試框架。

AAA 測試

跟生產程式碼一樣，在你的測試程式碼中要注重可讀性和可維護性。盡可能清楚地傳達你的意圖。如果他們能準確看出你想要測試的內容，未來的測試讀者會感謝你的。編寫測試時，讓每個測試都遵循相同的基本模式是很有幫助的。

在測試中最常見的模式之一是 3A，或 AAA 測試模式 [4]。AAA 代表 *Arrange-Act-Assert*（安排 - 行動 - 斷言）。你把每個測試分成三個獨立的程式碼區塊，一個用來設置先決條件（安排），一個用來執行被測試的運算（行動），然後一個用來檢查任何後置條件（斷言）。你可能還聽說過第四個 A，即 *Annihilate*（殲滅），或者說你的清理程式碼（cleanup code）。我將詳細介紹這些步驟，討論如何使你的測試更容易閱讀和維護。

Arrange

arrange 的步驟是關於將系統設置為準備測試的狀態。那被稱為測試的**先決條件**（*preconditions*）。你會設置好任何的依存關係或測試資料，而那些都是測試正確執行所需要的。

考慮下面的測試：

```python
def test_calorie_calculation():

    # arrange（設置好測試執行所需的任何東西）
    add_ingredient_to_database("Ground Beef", calories_per_pound=1500)
    add_ingredient_to_database("Bacon", calories_per_pound=2400)
    add_ingredient_to_database("Cheese", calories_per_pound=1800)
    # ... 略過更多的 13 個成分（ingredients）

    set_ingredients("Bacon Cheeseburger w/ Fries",
                    ingredients=["Ground Beef", "Bacon" ... ])

    # act（被測試的東西）
    calories = get_calories("Bacon Cheeseburger w/ Fries")

    # assert（驗證程式的某些特性）
    assert calories == 1200

    # annihilate（清理配置好的任何資源）
    cleanup_database()
```

4　AAA 模式是由 Bill Wake 在 2001 年首次命名的。請看這篇部落格文章（*https://oreil.ly/gdU4T*）以了解更多資訊。

首先，我在資料庫中添加成分，並將一個成分串列與一道名為「培根起司漢堡加薯條（Bacon Cheeseburger w/ Fries）」的菜餚聯繫起來。接著，我找出漢堡中的卡路里數，與一個已知值進行核對，然後清理資料庫。

看看在我真正進入測試本身（get_calories 調用）之前就有多少的程式碼。大型的 *arrange* 區塊是一個警訊。你會有很多看起來非常相似的測試，而你希望讀者能夠一眼就知道它們的區別。

 大型的 *arrange* 區塊可能代表依存關係的複雜設置。這段程式碼的任何用戶大概都要以類似的方式來設置依存關係。退一步想想看，問問是否有更簡單的方法來處理依存關係，例如使用第三部中所描述的策略。

在前面的例子中，如果我必須在兩個不同的測試中新增 15 種成分，但是為了模擬替換，而把一種成分設定得略有不同，那麼就很難用肉眼看到測試的差異。為測試取一個詳細的名稱來表明它們的不同，會是一個很好的步驟，但那只能做到這樣了。要在保持測試的資訊含量和使其易於閱讀之間找到一個平衡。

一致的先決條件 vs. 變化的先決條件。看看你的測試，自問哪些先決條件在各組測試中都是相同的。透過一個函式抽取出這些條件，並在每個測試中重複使用該函式。看看要比較以下兩個測試變得多容易：

```python
def test_calorie_calculation_bacon_cheeseburger():
    add_base_ingredients_to_database()
    add_ingredient_to_database("Bacon", calories_per_pound=2400)

    st /etup_bacon_cheeseburger(bacon="Bacon")
    calories = get_calories("Bacon Cheeseburger w/ Fries")

    assert calories == 1200

    cleanup_database()

def test_calorie_calculation_bacon_cheeseburger_with_substitution():
    add_base_ingredients_to_database()
    add_ingredient_to_database("Turkey Bacon", calories_per_pound=1700)

    setup_bacon_cheeseburger(bacon="Turkey Bacon")
    calories = get_calories("Bacon Cheeseburger w/ Fries")

    assert calories == 1100

    cleanup_database()
```

藉由建立輔助函式（在此為 add_base_ingredients_to_database 和 setup_bacon_cheeseburger），你把測試中不重要的所有樣板程式碼（boilerplate）都取出來了，並減少它們的量，使開發人員能夠專注於測試之間的差異。

使用測試框架的功能來處理樣板程式碼。大多數的測試框架都提供了一種在測試前自動執行程式碼的方式。在內建的 unittest 模組中，你可以寫一個 setUp 函式，在每次測試前執行。在 pytest 中，你可以用固定裝置（fixtures）來完成類似的工作。

pytest 中的一個 *fixture* 是一種為測試指定初始化（initialization）和拆卸（teardown）程式碼的方式。fixtures 提供了大量實用的功能，比如定義對其他 fixtures 的依存關係（讓 pytest 控制初始化順序）和控制初始化，使得一個 fixture 在每個模組中只被初始化一次。在前面的例子中，我們可以為 test_database 使用一個 fixture：

```
import pytest

@pytest.fixture
def db_creation():
    # ...略過本地端 sqlite 資料庫的設定
    return database

@pytest.fixture
def test_database(db_creation):
    # ...略過所有成分和餐點的新增
    return database

def test_calorie_calculation_bacon_cheeseburger(test_database):
    test_database.add_ingredient("Bacon", calories_per_pound=2400)
    setup_bacon_cheeseburger(bacon="Bacon")

    calories = get_calories("Bacon Cheeseburger w/ Fries")

    assert calories == 1200

    test_database.cleanup()()
```

注意到該測試現在讓 test_database 有了一個引數。這就是 fixture 的作用：函式 test_database（以及 db_creation）將在測試之前被呼叫。fixtures 只會隨著測試數量的增加而變得更加有用。它們是可組合的，允許你將它們混合在一起並減少程式碼的重複。我一般不會用它們來抽取出單個檔案中的程式碼，但只要初始化需要在多個檔案中使用，fixtures 就是最好的辦法。

Mocking（模擬）。Python 提供了鴨子定型法（duck typing，在第 2 章中首次提到）作為其型別系統的一部分，這意味著你可以很容易地互相替換型別，只要它們維持相同的契約（如第 12 章中所討論的）。這表示你可以用一種完全不同的方式來處理複雜的依存關係：用一個簡單的模擬物件（mocked object）來代替。一個模擬（mocked）的物件是指在方法（methods）和欄位（fields）方面看起來與生產物件完全相同，但提供簡化過的資料的一種東西。

在單元測試中，模擬物件被大量使用，但你會看到它們的使用率會隨著測試粒度的上升而下降。這是因為你試著在更高層次上測試系統的更多部分，你所模擬的服務往往是測試的一部分。

舉例來說，如果在前面的例子中，資料庫的設置相當複雜，帶有多個資料表（tables）和綱目（schemas），為每個測試都設置起來可能不值得，特別是如果測試都共用一個資料庫之時。你會想要保持測試之間的獨立（我稍後會更詳細介紹這一點）。處理資料庫的類別看起來可能像這樣：

```python
class DatabaseHandler:

    def __init__(self):
        # ...略過複雜的設定

    def add_ingredient(self, ingredient):
        # ...略過複雜的查詢

    def get_calories_for_ingredient(self, ingredient):
        # ...略過複雜的查詢
```

與其原封不動使用這個類別，不如創建看起來就像一個資料庫處理器的一個模擬類別（mock class）。

```python
class MockDatabaseHandler
    def __init__(self):
        self.data = {
            "Ground Beef": 1500,
            "Bacon": 2400,
            # ...略過...
        }

    def add_ingredient(self, ingredient):
        name, calories = ingredient
        self.data[name] = calories
```

```
def get_calories_for_ingredient(self, ingredient):
    return self.data[ingredient]
```

透過模擬，我只是用一個簡單的字典來儲存我的資料。你模擬你資料的方式會隨著場景
不同而變，但如果你能找到一種方式，用模擬物件替代真實物件，你就可以大幅減低設
置的複雜度。

 有些人會使用 *monkeypatching*（*https://oreil.ly/xBFHl*），或者在執行時調換
方法來注入 mocks。適度的這樣做是 OK 的，但是如果你發現你的測試中
到處都是 monkeypatching，這就是一種反模式（antipattern）。這意味著
你在不同模組之間的物理依存關係太僵硬了，應該想辦法使你的系統更加
模組化（請參閱第三部，了解使程式碼可擴充的更多想法）。

Annihilate

技術上來說，*annihilate* 階段是你在測試中做的最後一件事，但我把它放在第二位。為什
麼呢？因為它與你的 *arrange* 步驟本質上就有連結存在。無論你在 *arrange* 中設置了什
麼，如果它可能影響其他測試，就需要被拆卸。

你希望你的測試是互相獨立的，這會使他們更容易維護。對於測試自動化作者來說，最
大的噩夢之一就是測試失敗與否，取決於它們執行的順序（特別是在你有數以千計的
測試之時）。這肯定是測試之間有微妙的依存關係的跡象。在你離開你的測試之前，清
理一下你的測試，以減少測試之間相互影響的機會。這裡有處理測試清理工作的一些
策略。

不要使用共用的資源。如果做得到，就不要讓測試之間共用任何東西。這並不總是可行
的，但它應該是你的目標。如果沒有測試共用任何資源，你就不需要清理任何東西了。
一項共用資源可能是在 Python 中的（全域變數、類別變數），也可能是在環境中的（資
料庫、檔案存取、socket 集區）。

使用情境管理器（context managers）。使用情境管理器（在第 11 章中討論過）來確保資
源總是有被清理掉。在我前面的例子中，眼神銳利的讀者可能已經注意到了一個錯誤：

```
def test_calorie_calculation_bacon_cheeseburger():
    add_base_ingredients_to_database()
    add_ingredient_to_database("Bacon", calories_per_pound=2400)
    setup_bacon_cheeseburger(bacon="Bacon")
```

```
    calories = get_calories("Bacon Cheeseburger w/ Fries")

    assert calories == 1200

    cleanup_database()
```

如果該斷言失敗，就會產生一個例外，而且 cleanup_database 永遠都不會執行。透過情境管理器強制使用會好得多：

```
def test_calorie_calculation_bacon_cheeseburger():
    with construct_test_database() as db:
        db.add_ingredient("Bacon", calories_per_pound=2400)
        setup_bacon_cheeseburger(bacon="Bacon")

        calories = get_calories("Bacon Cheeseburger w/ Fries")

        assert calories == 1200
```

把你的清理程式碼放在情境管理器中，這樣你的測試編寫者就不必主動去考慮它，因為已經為他們做好了。

使用 fixtures。如果你是使用 pytest 的 fixtures，你可以像使用情境管理器那樣使用它們。你可以從一個 fixture 產出（*yield*）值，允許你在測試結束後回到 fixture 的執行。觀察一下這個：

```
import pytest

@pytest.fixture
def db_creation():
    # ... 略過本地端 sqlite 資料庫的設定
    return database

@pytest.fixture
def test_database(db_creation):
    # ... 略過所有成分和餐點的新增
    try:
        yield database
    finally:
        database.cleanup()

def test_calorie_calculation_bacon_cheeseburger(test_database):
    test_database.add_ingredient("Bacon", calories_per_pound=2400)
    setup_bacon_cheeseburger(bacon="Bacon")
```

```
calories = get_calories("Bacon Cheeseburger w/ Fries")

assert calories == 1200
```

注意 test_database fixture 現在是如何產出資料庫的。使用這個函式的任何測試結束時
（無論它是通過還是失敗），資料庫的清理函式將一定會執行。

Act

act 階段是測試中最重要的部分。它體現了你正在測試的實際運算。在前面的例子中，
act 階段就是獲取特定菜餚的卡路里。你不會希望一個 *act* 階段超過一到兩行的程式碼。
少即是多，藉由維持這個階段的小體積，你可以減少讀者理解測試內容的時間。

有時，你想在多個測試中重複使用同一個 *act* 階段。如果你發現自己想在同一個動作上
撰寫相同的測試，但輸入資料和斷言略有不同，那就考慮將你的測試參數化。測試的參
數化（*parameterization*）是在不同參數上執行相同測試的一種方式。這能讓你寫出表格
驅動（*table-driven*）的測試，或以表格形式組織你測試資料的方式。

這裡是參數化的 get_calories 測試：

```python
@pytest.mark.parametrize(
    "extra_ingredients,dish_name,expected_calories",
    [
        (["Bacon", 2400], "Bacon Cheeseburger", 900),
        ([],   "Cobb Salad", 1000),
        ([],   "Buffalo Wings", 800),
        ([],   "Garlicky Brussels Sprouts", 200),
        ([],   "Mashed Potatoes", 400)
    ]
)
def test_calorie_calculation_bacon_cheeseburger(extra_ingredients,
                                                dish_name,
                                                expected_calories,
                                                test_database):
    for ingredient in extra_ingredients:
        test_database.add_ingredient(ingredient)

    # 假設此函式能以不同方式設定任何菜餚
    # 菜餚成分可以作為一個測試參數傳入
    setup_dish_ingredients(dish_name)

    calories = get_calories(dish_name)

    assert calories == expected_calories
```

你把你的參數定義為由元組構成的一個串列，每個測試案例一個。每個參數都會傳入到測試案例作為一個引數（argument）。pytest 會自動執行該測試，每個參數集合（parameter set）一次。

參數化測試的好處是將大量的測試案例濃縮到一個函式中。測試的讀者只需透過參數化中列出的表格來了解預期的輸入和輸出是什麼（Cobb 沙拉應該有 1,000 卡路里，馬鈴薯泥應該有 400 卡路里，諸如此類）。

參數化是分離測試資料與實際測試的一個好辦法（類似於第 17 章中討論的將政策和機制分開）。然而，要多加留意。如果你讓你的測試變得太泛用，就會更難確定它們在測試什麼。如果可以，避免使用超過三或四個參數。

Assert

在清理之前要做的最後一步是斷言（asserting）系統的某些特性為真。最好是在接近測試結尾的地方，有一個邏輯斷言存在。如果你發現自己在一個測試中塞進了太多的斷言，你要麼是在測試中有太多的動作，不然就是把太多的測試湊在一起了。當一個測試有太多的責任時，它會使維護者更難除錯軟體。如果他們做了一個改變而產生了一個失敗的測試，你會希望他們能夠迅速找到問題所在。理想情況下，他們可以根據測試名稱找到哪裡出錯了，但至少至少，他們應該要能夠打開測試，看個 20 或 30 秒，然後意識到哪裡出了問題。如果你有多個斷言，你就有多個讓測試出錯的原因，維護者需要花時間來整理它們。

這並不意味著你只應該有一個斷言（assert）述句：只要它們都參與測試同一特性，有多個斷言述句也是 OK 的。注意還要讓你的斷言簡明扼要，這樣當事情出錯時，開發者就會得到一個有說明性質的訊息。在 Python 中，你可以提供一個文字訊息來與 AssertionError 一起傳遞，以幫忙除錯。

```python
def test_calorie_calculation_bacon_cheeseburger(test_database):
    test_database.add_ingredient("Bacon", calories_per_pound=2400)
    setup_bacon_cheeseburger(bacon="Bacon")

    calories = get_calories("Bacon Cheeseburger w/ Fries")

    assert calories == 1200, "Incorrect calories for Bacon Cheeseburger w/ Fries"
```

pytest 會改寫斷言述句，這也提供了額外的一層除錯訊息。如果上述測試失敗，回傳給測試編寫者的訊息將是：

```
E        AssertionError: Incorrect calories for Bacon Cheeseburger w/ Fries
E        assert 1100 == 1200
```

對於更複雜的斷言，請建置一個斷言程式庫（assertion library），讓定義新的測試變得非常容易。這就像在你的源碼庫中建立一個詞彙表，你希望在你的測試程式碼中也能共用一組多樣化的概念。為此，我推薦使用 Hamcrest 匹配器（matchers，*http://hamcrest.org*）[5]。

Hamcrest 匹配器是撰寫斷言的一種方式，讓它們閱讀起來就類似自然語言。PyHamcrest（*https://github.com/hamcrest/PyHamcrest*）程式庫提供常見的匹配器來幫助你編寫斷言。看看它是如何使用自訂的斷言匹配器（assertion matchers）來使測試更加清晰：

```python
from hamcrest import assert_that, matches_regexp, is_, empty, equal_to
def test_all_menu_items_are_alphanumeric():
    menu = create_menu()
    for item in menu:
        assert_that(item, matches_regexp(r'[a-zA-Z0-9 ]'))

def test_getting_calories():
    dish = "Bacon Cheeseburger w/ Fries"
    calories = get_calories(dish)
    assert_that(calories, is_(equal_to(1200)))

def test_no_restaurant_found_in_non_matching_areas():
    city = "Huntsville, AL"
    restaurants = find_owned_restaurants_in(city)
    assert_that(restaurants, is_(empty()))
```

PyHamcrest 真正的強處在於，你能夠定義你自己的匹配器[6]。這裡有匹配器的一個例子，用來檢查一道餐點是否為素食：

```python
from hamcrest.core.base_matcher import BaseMatcher
from hamcrest.core.helpers.hasmethod import hasmethod

def is_vegan(ingredient: str) -> bool:
    return ingredient not in ["Beef Burger"]
```

5　Hamcrest 是「matchers」的一個易位構詞（anagram）。

6　查閱 PyHamcrest 的說明文件（*https://oreil.ly/XWjOd*）以獲得更多資訊，例如額外的匹配器或與測試框架的整合。

```
class IsVegan(BaseMatcher):

    def _matches(self, dish):
        if not hasmethod(dish, "ingredients"):
            return False
        return all(is_vegan(ingredient) for ingredient in dish.ingredients())

    def describe_to(self, description):
        description.append_text("Expected dish to be vegan")

    def describe_mismatch(self, dish, description):
        message = f"the following ingredients are not vegan: "
        message += ", ".join(ing for ing in dish.ingredients()
                                 if not is_vegan(ing))
        description.append_text(message)


def vegan():
    return IsVegan()


from hamcrest import assert_that, is_
def test_vegan_substitution():
    dish = create_dish("Hamburger and Fries")
    dish.make_vegan()
    assert_that(dish, is_(vegan()))
```

如果測試失敗，你會得到下列錯誤訊息：

```
    def test_vegan_substitution():
        dish = create_dish("Hamburger and Fries")
        dish.make_vegan()
>       assert_that(dish, is_(vegan()))
E       AssertionError:
E       Expected: Expected dish to be vegan
E            but: the following ingredients are not vegan: Beef Burger
```

討論主題

在你的測試中哪裡可以使用自訂的匹配器？討論在你的測試中共用的測試
詞彙是什麼，以及自訂匹配器如何改善可讀性。

結語

就像走鋼絲的人的安全網一樣，測試在你工作時為你帶來慰藉和信心。這不僅僅是為了發現錯誤。測試驗證你所建立的東西是按照你的期望在執行的。它們給未來的協作者留了餘地，讓他們能做出更具風險的變更，他們知道，如果他們往下掉，測試會接住他們的。你會發現，退化情況變得越來越少，你的源碼庫變得更容易在其中工作。

然而，測試不是免費的。編寫、執行和維護它們是有成本的。你需要注意如何花費你的時間和精力。在建構測試時使用眾所周知的模式來減少成本：遵循 AAA 模式，保持每個階段的小體積，並使你的測試清晰易讀。你的測試和你的源碼庫一樣重要。對待它們要有同樣的敬意，並使其強健。

在下一章中，我將重點介紹接受度測試（acceptance tests）。接受度測試與單元或整合測試的目的不同，你所用的一些模式也會有所不同。

你會學到接受度測試如何開創對話，以及它們如何確保你的源碼庫為你的客戶做了正確的事情。它們是你的源碼庫在提供價值方面的一個寶貴工具。

## 第二十二章

接受度測試

身為一名開發人員，你很容易會把焦點放在直接圍繞著你源碼庫的測試：單元測試、整合測試、UI 測試…等等。這些測試驗證程式碼正在做你想做的事情。它們是維持你源碼庫無退化情況的寶貴工具。它們也是構建客戶期望的完全錯誤的工具。

開發人員在編寫這些測試時對程式碼有充分的了解，這意味著測試是偏向於開發人員的期望，但不能保證這個測試的行為實際上是客戶想要的。

考慮下面的單元測試：

```python
def test_chili_has_correct_ingredients():
    assert make_chili().ingredients() == [
        "Ground Beef",
        "Chile Blend",
        "Onion",
        ...
        "Tomatoes",
        "Pinto Beans"
    ]
```

這個測試可能是無懈可擊的：它會通過，並且捕捉程式碼中的任何劣化情況。然而，呈交給客戶時，你可能會遇到這樣的情況：「不，我想要德州風格的 chili！你知道吧，就是沒有番茄和豆子的那種」。世界上所有的單元測試都無法挽救你免於構建出錯誤的東西。

這就是接受度測試派上用場之處。接受度測試（*acceptance testing*）檢查你是否正在構建正確的產品。單元測試和整合測試是驗證（*verification*）的一種形式，而接受度測試則是確效（*validation*，「確認有效」）。它們確認了你正在建置用戶所期望的東西。

在本章中，你會學到 Python 中的接受度測試。我將向你展示 behave 框架，它使用 Gherkin 語言以一種全新的方式來定義需求（requirements）[1]。你將學習行為驅動的開發（behavior-driven development，BDD）作為一種工具來使對話更清楚明瞭。接受度測試是構建安全網重要的一個部分，它將保護你不會構建出錯誤的東西。

行為驅動的開發

客戶期望和軟體行為之間的不匹配，歷史與軟體開發一樣悠久。這個問題源於將自然語言翻譯成程式語言。自然語言充斥著模糊性、不一致性和細微差別。程式語言是嚴謹的，電腦會完全按照你的指示去做（即使那不是你的原意）。更糟糕的是，這就像 Telephone[2] 那樣的遊戲，因為在測試寫出來之前，需求會經過幾個人（客戶、銷售、經理、測試人員）之手。

就像軟體生命週期中的所有事情一樣，這種錯誤情況的修復時間越長，成本就越高。理想情況下，你會希望在提出使用者需求的時候就發現這些問題。這就是行為驅動的開發派上用場的地方。

Gherkin 語言

行為驅動開發（*behavior-driven development*）是由 Daniel Terhorst-North（*https://oreil.ly/MnziJ*）首創的，是一種聚焦於定義系統中行為的實務做法。BDD 的重點是讓溝通變得更清楚明瞭，你與終端使用者反覆討論需求，定義出他們想要的行為。

在你撰寫任何一小段程式碼之前，你要確保你對構建所謂正確的東西，有一致的看法。定義好的一組行為將驅動（*drive*）著你會寫出什麼樣的程式碼。你與終端使用者（或他們的代理人，如業務分析師或產品經理）合作，將你的需求定義為一個規格（specification）。這些規格遵循一種形式語言（formal language），以便在其定義中引入更多的嚴謹性。最常見的需求規格語言之一就是 Gherkin。

1　Gherkin 語言是由 Aslak Hellesøy 所創建。他的妻子建議他把他的 BDD 測試工具命名為 Cucumber（即「黃瓜」，這顯然沒有特別的原因），而他想將規格語言與測試工具本身區分開來。由於 gherkin 是一種醃漬的小黃瓜，他就延續了這個主題，Gherkin 規格語言就此誕生了。

2　在 Telephone 這種遊戲中，每個人都坐在一個圓圈裡，一個人向另一個人低聲傳話。該訊息持續在圈內透過耳語傳遞，直到抵達原點為止。每個人都會對訊息是如何被扭曲的而感到好笑。

Gherkin 是遵循 *Given-When-Then*（GWT）格式的一種規格。每個需求都被組織成以下形式：

```
Feature: Name of test suite

  Scenario: A test case
    Given some precondition
    When I take some action
    Then I expect this result
```

也就是：

```
功能：測試套件名稱

  情景：一個測試案例
    給定某種先決條件
    當我採取某個行動時
    那麼我會預期這個結果
```

舉例來說，如果我想捕捉一個檢查素食替代菜的需求，我會寫成這樣：

```
功能：素食者友好菜單

  情景：可以用素食替代
    給定一份包含起司漢堡加薯條的訂單
    當我要求用素食替代品時
    那麼我會收到不含動物製品的餐點
```

另一個需求可能是某些菜餚不能做成素食：

```
  情景：不能用素食替代某些餐點
    給定一份包含肉卷（Meatloaf）的訂單
    當我要求用素食替代品時
    那麼就會有一個錯誤出現，說明該餐不能用素食替代
```

 如果 GWT 的格式感覺很熟悉，那是因為它與你在第 21 章學到的 AAA 測試的組織方式完全相同。

透過與你的終端使用者合作，以這種方式編寫你的需求，你就能從一些關鍵的原則中受益：

使用簡單的語言來撰寫

沒有必要深入研究任何程式語言或形式邏輯（formal logic）。一切都以業務人員和開發人員都能理解的形式來寫。這使得我們可以非常容易找到終端使用者真正想要的東西。

建置一個共用的詞彙表

隨著需求數量的增加，你會發現你開始在多個需求中出現相同的條款（參閱上面的「當我要求用素食替代品時」）。這將建立起你的領域語言（domain language），使所有參與者更容易理解需求。

需求是可測試的

這可能是這種需求格式的最大好處。因為你把需求寫成 GWT，你本身就是在指定一個要寫的接受度測試。透過本章中使用的 chili 例子，想像一下，如果 Gherkin 測試被指定為這樣：

情景：德州風格的 Chili
　　給定一台 Chili 製造機
　　當一個 Chili 被分送出去時
　　那麼那道菜就不包含豆子
　　而且那道菜不含番茄

這樣一來，需要寫什麼測試來作為接受度測試就更清楚了。如果 Gherkin 測試有任何模棱兩可的地方，你就能與終端使用者一起合作，找出具體的測試應該是什麼。這也可以幫忙處理傳統上模糊的需求，例如「Chili 製造機應該是快速的」。藉由專注於一個具體的測試，你最終會得到像這樣一個測試：

情景：Chili 訂單需要不到兩分鐘
給定一台 Chili 製造機
當一個 Chili 被訂購時
那麼兩分鐘內 Chili 會被分送給顧客

 這些需求規格不是消除需求中錯誤的銀彈。它們是一種緩解策略。如果你在編寫程式碼之前讓技術人員和業務人員審閱它們，你將有更好的機會發現模糊不清之處或不匹配的意圖。

一旦你開始在 Gherkin 中定義你的測試，你就可以做一些很棒的事情：你可以使你的規格變得**可執行**（*executable*）。

可執行的規格

可執行的規格（*executable specifications*）會將一組需求直接轉換為程式碼。這意味著，你的需求不僅是可測試（*testable*）的，而且它們也會是測試（*tests*）。當需求改變時，你的測試也會同時改變。這是可追溯性（*traceability*）的終極形式，或者說是將你的需求與特定的測試或程式碼聯繫起來的能力。

討論主題

你的組織是如何追蹤需求的呢？你如何追蹤這些需求與測試用例的連結呢？你如何處理需求的變化？討論一下，如果你的需求和測試是同樣的東西，你的流程將如何改變呢？

Python 模組 behave（*https://oreil.ly/VywJX*）允許你用具體的測試來支援你的 Gherkin 需求。它透過將函式與需求中的特定條款相關聯來做到這一點。

預設情況下，behave 預期你的 Gherkin 檔案放在一個叫做 *features* 的資料夾裡，而你的 Python 函式（稱為 steps，「步驟」）放在一個叫做 *features/steps* 的資料夾裡。

讓我們看看我在本章前面展示的第一個 Gherkin 需求。

功能：素食者友好菜單

情景：可以用素食替代
給定一份包含起司漢堡加薯條的訂單
當我要求用素食替代品時
那麼我會收到不含動物製品的餐點

有了 behave，我可以寫出對映這些 GWT 述句中每一條的 Python 程式碼：

```python
from behave import given, when, then

@given("an order containing a Cheeseburger with Fries")
def setup_order(ctx):
    ctx.dish = CheeseburgerWithFries()

@when("I ask for vegan substitutions")
def substitute_vegan(ctx):
    ctx.dish.substitute_vegan_ingredients()
```

```
@then("I receive the meal with no animal products")
def check_all_vegan(ctx):
    assert all(is_vegan(ing) for ing in ctx.dish.ingredients())
```

每個步驟（step）都被表示為一個裝飾器（decorator），它與 Gherkin 需求的條款相匹配。被裝飾的函式就是作為規格的一部分被執行的東西。在上面的例子中，Gherkin 需求將由以下程式碼表示（你不需要寫這個，Gherkin 會幫你寫）：

```
from behave.runner import Context
context = Context()
setup_order(context)
substitute_vegan(context)
check_all_vegan(context)
```

要執行這個，首先要安裝 behave：

```
pip install behave
```

然後，在包含你的需求和步驟的資料夾之上執行 behave：

```
behave code_examples/chapter22/features
```

你會看到下列輸出：

```
Feature: Vegan-friendly menu

  Scenario: Can substitute for vegan alternatives
    Given an order containing a Cheeseburger with Fries
    When I ask for vegan substitutions
    Then I receive the meal with no animal products

1 feature passed, 0 failed, 0 skipped
1 scenario passed, 0 failed, 0 skipped
3 steps passed, 0 failed, 0 skipped, 0 undefined
Took 0m0.000s
```

當這段程式碼在終端機（terminal）或 IDE 中執行時，所有的步驟（steps）都會顯示為綠色。若有任何一個步驟失敗了，該步驟就會變成紅色，而你會得到出錯原因的堆疊追蹤（stack trace）。

現在你可以把你的需求直接綁定到你的接受度測試。如果終端使用者改變心意，他們可以編寫一個新的測試。如果已經有新測試所需的 GWT 條款存在，這就是一種勝利，新的測試可以在沒有開發人員的幫助下編寫完成。如果該條款不存在，那也是一種勝利，因為測試失敗的當下，它就會開啟一段對話。你的終端使用者和你的業務人員不需要 Python 的知識就能理解你在測試什麼。

使用 Gherkin 規格來推動你需要建置的軟體的相關對話。behave 能讓你將接受度測試直接與這些需求連結起來，而且它們可以當作集中對話的一種方式。使用 BDD 可以防止你直接跳進去寫錯誤的程式。正如人們常說的那樣：「數週的寫程式時間，將為你節省數小時的計劃時間」[3]。

額外的 behave 功能

前面的例子有點過於簡化，但值得慶幸的是，behave 提供了一些額外的功能，使得測試的編寫更加容易。

參數化的步驟

你可能已經注意到，我有兩個非常相似的 Given（給定）步驟：

```
Given an order containing a Cheeseburger with Fries
（給定一份包含起司漢堡加薯條的訂單）
```

以及

```
Given an order containing Meatloaf
（給定一份包含肉卷的訂單）
```

在 Python 中寫兩個類似的函式來連接這個是很愚蠢的。behave 讓你參數化（parameterize）步驟，以減少編寫多個步驟的需要：

```
@given("an order containing {dish_name}")
def setup_order(ctx, dish_name):
    if dish_name == "a Cheeseburger with Fries":
        ctx.dish = CheeseburgerWithFries()
    elif dish_name == "Meatloaf":
        ctx.dish = Meatloaf()
```

---

3 雖然這句話的作者是匿名的，但我第一次看到它是在 Programming Wisdom 的 Twitter 帳號上（*https://oreil.ly/rKsVj*）。

另外，如果需要，你可以在一個函式上堆疊條款（clauses）：

```
@given("an order containing a Cheeseburger with Fries")
@given("a typical drive-thru order")
def setup_order(context):
    ctx.dish = CheeseBurgerWithFries()
```

參數化和重複使用步驟將幫助你建立用起來直覺的詞彙表，這將減少編寫 Gherkin 測試的成本。

表格驅動的需求

在第 21 章中，我提到了如何將測試參數化，使所有的先決條件和斷言都定義在一個表格（table）中，behave 提供了非常類似的東西：

```
Feature: Vegan-friendly menu

Scenario Outline: Vegan Substitutions
  Given an order containing <dish_name>,
  When I ask for vegan substitutions
  Then <result>

Examples: Vegan Substitutable
  | dish_name                | result |
  | a Cheeseburger with Fries | I receive the meal with no animal products |
  | Cobb Salad               | I receive the meal with no animal products |
  | French Fries             | I receive the meal with no animal products |
  | Lemonade                 | I receive the meal with no animal products |

Examples: Not Vegan Substitutable
  | dish_name    | result |
  | Meatloaf     | a non-vegan-substitutable error shows up |
  | Meatballs    | a non-vegan-substitutable error shows up |
  | Fried Shrimp | a non-vegan-substitutable error shows up |
```

behave 會為表格的每個條目自動執行一個測試。這是在非常類似的資料上執行相同測試的好辦法。

步驟匹配

有時，那些基本的裝飾器沒有足夠的彈性能捕捉你想要表達的東西。你可以告訴 behave 在你的裝飾器中使用正規表達式（regular expression）來剖析（parsing）。這對於使 Gherkin 規格的編寫感覺更自然是很有用的（尤其是在複雜的資料格式或古怪的語法問題上）。這裡有一個例子，允許你在指定菜餚時，在前面選擇性加上「a」或「an」（以便簡化菜餚名稱）。

```python
from behave import use_context_matcher

use_step_matcher("re")

@given("an order containing [a |an ]?(?P<dish_name>.*)")
def setup_order(ctx, dish_name):
    ctx.dish = create_dish(dish_name)
```

自訂測試生命週期

有時你需要在測試執行之前或之後執行程式碼。假設你得在所有規格設定好之前設置一個資料庫，或者告訴一個服務在測試執行之間清除其快取。就像內建的 unittest 模組中的 setUp 和 tearDown 一樣，behave 提供了一些函式，讓你在步驟（steps）、功能（features）或整個測試執行的前後掛接上函式。用這個來整合常見的設定程式碼。為了充分利用這個功能，你可以在一個名為 *environment.py* 的檔案中定義特別命名過的函式。

```python
def before_all(ctx):
    ctx.database = setup_database()

def before_feature(ctx, feature):
    ctx.database.empty_tables()

def after_all(ctx):
    ctx.database.cleanup()
```

請查閱 behave 的說明文件（*https://oreil.ly/NjEtf*），以了解更多關於控制你環境的資訊。如果你對 pytest 的 fixtures（固定裝置）比較熟悉，那可以看看 behave 的 fixtures（*https://oreil.ly/6ZZA4*），其背後的想法非常類似。

像 before_feature 和 before_scenario 這樣的函式分別會獲得傳遞給它們的功能（feature）或情景（scenario）。你可以用這些功能和情景的名稱作為輸入來為你測試的特定部分做特定的動作。

使用標記來選擇性地執行測試

behave 也提供以任意文字標記（tag）特定測試的能力。這些標記可以是你想要的任何東西：代表 work in progress（未完成）的 @wip、代表 slow running tests（執行緩慢的測試）的 @slow，或是以 @smoke 表示要在每次 check-in 時執行的幾個選定的測試，依此類推。

要在 behave 中標記一個測試，只要裝飾（decorate）你的 Gherkin 情景（scenario）就好了：

```
Feature: Vegan-friendly Menu


@smoke
@wip
Scenario: Can substitute for vegan alternatives
  Given an order containing a Cheeseburger with Fries
  When I ask for vegan substitutions
  Then I receive the meal with no animal products
```

要執行帶有特定標記的測試，你可以傳入一個 --tags 旗標給你的 behave 調用：

```
behave code_examples/chapter22 --tags=smoke
```

如果你想要排除某些測試，不要讓它們執行，就在標記的前面加上一個連字號（hyphen），如這個範例所示，其中我排除了帶有 wip 標記的測試，不讓它們執行：

```
behave code_examples/chapter22 --tags=-wip
```

產生報告

如果你沒有讓你的終端使用者或他們的代理人參與進來，使用 behave 和 BDD 來驅動你的接受度測試將不會有任何回報。要想辦法讓他們容易理解並使用 Gherkin 需求。

你可以調用 behave --steps-catalog 來獲得由所有步驟定義所構成的一個串列。

當然，你也需要一種顯示測試結果的方法，來讓你的終端使用者了解什麼是有效的，而什麼無效。behave 讓你以各種不同的方式格式化輸出（你也可以自己定義）。立即可使用的，還有從 JUnit（*https://junit.org/junit5*）創建報告的能力，那是一個為 Java 語言設計的單元測試框架。JUnit 將其測試結果寫為一個 XML 檔案，並建立了許多工具來攝取並視覺化測試結果。

為了產生 JUnit 測試報告，你可以傳入 --junit 給你的 behave 調用。然後，你可以使用 junit2html（*https://github.com/inorton/junit2html*）這個工具來獲得你所有測試案例的報告：

```
pip install junit2html
behave code_examples/chapter22/features/ --junit
# xml 檔案位於 reports 資料夾
junit2html <filename>
```

一個範例輸出顯示於圖 22-1。

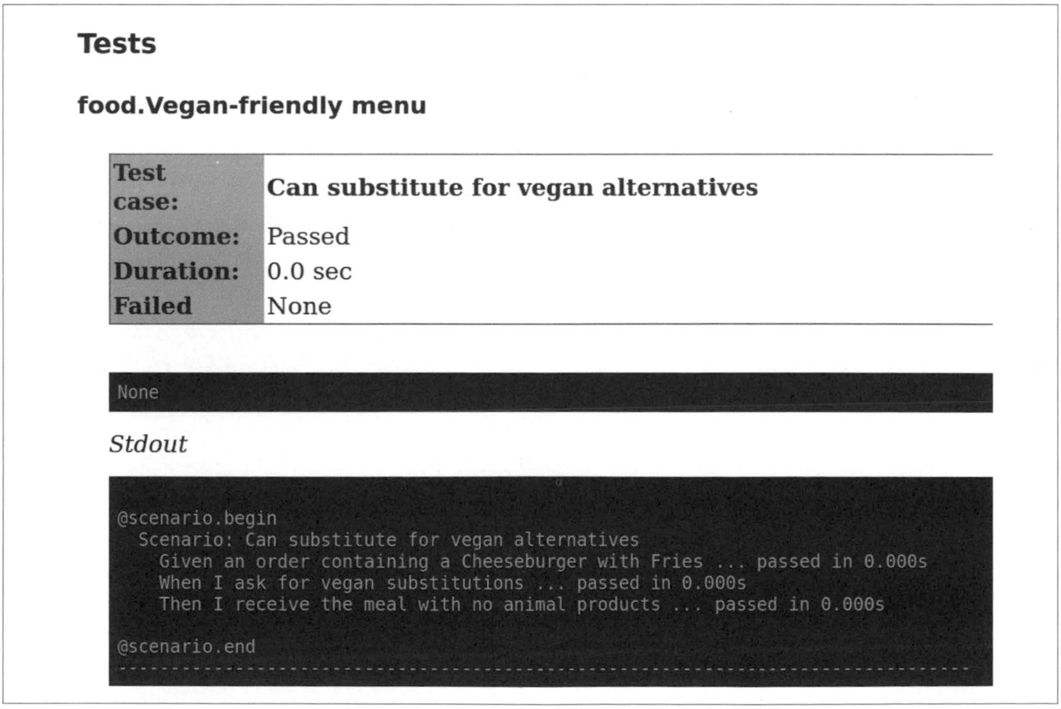

Tests

food.Vegan-friendly menu

Test case:	**Can substitute for vegan alternatives**
Outcome:	Passed
Duration:	0.0 sec
Failed	None

```
None
```

Stdout

```
@scenario.begin
  Scenario: Can substitute for vegan alternatives
    Given an order containing a Cheeseburger with Fries ... passed in 0.000s
    When I ask for vegan substitutions ... passed in 0.000s
    Then I receive the meal with no animal products ... passed in 0.000s

@scenario.end
----------------------------------------------------
```

圖 22-1　使用 junit2html 的 behave 報告範例

JUnit 的報告產生器有很多，所以請到處看看，找到一個你喜歡的，並用它來產生你測試結果的 HTML 報告。

結語

如果你的所有測試都通過了，但卻沒有提供終端使用者想要的東西，你就白費了時間和精力。構建正確的東西是很昂貴的，你要嘗試第一次就把它做對。使用 BDD 來推動關於系統需求的關鍵對話。一旦你有了需求，就使用 behave 和 Gherkin 語言來編寫接受度測試。這些接受度測試會成為你的安全網，以確保你提供的是終端使用者想要的東西。

在下一章中，你將繼續學習如何修復你安全網中的漏洞。你將學習如何以一個叫作 Hypothesis 的 Python 工具進行基於特性的測試（property-based testing）。它可以為你生成測試案例，包括你可能從未想到過的測試。知道你的測試有比以前更廣泛的涵蓋率，你就可以安心了。

## 第二十三章

基於特性的測試

我們不可能對你的源碼庫中的所有內容進行絕對的測試。你能做的最好的事情就是在你如何瞄準鎖定特定的用例方面保持聰明。你要尋找邊界案例（boundary cases）、通過程式碼的路徑，以及程式碼的任何其他有趣的特性。你的主要希望是，你沒有在你的安全網中留下任何大型漏洞。然而，你可以做得比希望更好。你可以用基於特性的測試（property-based testing）來填補那些漏洞。

在本章中，你將學習如何用一個叫作 Hypothesis（*https://oreil.ly/OejR4*）的 Python 程式庫進行基於特性的測試。你會使用 Hypothesis 為你產生測試用例，經常是以你意想不到的方式。你將學習如何追蹤失敗的測試案例，以新的方式製作輸入資料，甚至讓 Hypothesis 建立演算法組合來測試你的軟體。Hypothesis 將保護你的源碼庫免受全新的錯誤組合之影響。

使用 Hypothesis 進行基於特性的測試

基於特性的測試是生成式測試（*generative testing*）的一種形式，其中工具會為你生成測試案例。不是根據特定的輸入 / 輸出組合來編寫測試案例，你會為你的系統定義特性（*properties*）。在這種情境之下，特性是不變式（invariants，在第 10 章中討論過）的另一個名稱，對你的系統來說為真。

考慮一個菜單推薦系統，根據客戶提供的限制條件選擇菜餚，如總熱量、價格和烹飪法。在這個特定的例子中，我希望顧客能夠點一份低於特定卡路里目標的正餐。以下是我為這個函式定義的不變式：

- 顧客將收到三道菜：一道開胃菜、一道沙拉和一道主菜。

- 當所有菜餚的卡路里加在一起時，其總和低於其預定目標。

如果我把這個寫成一個專注於測試這些特性的 pytest 測試，它看起來會像下面這樣：

```python
def test_meal_recommendation_under_specific_calories():
    calories = 900
    meals = get_recommended_meal(Recommendation.BY_CALORIES, calories)
    assert len(meals) == 3
    assert is_appetizer(meals[0])
    assert is_salad(meals[1])
    assert is_main_dish(meals[2])
    assert sum(meal.calories for meal in meals) < calories
```

這與測試一個非常特定的結果形成對比：

```python
def test_meal_recommendation_under_specific_calories():
    calories = 900
    meals = get_recommended_meal(Recommendation.BY_CALORIES, calories)
    assert meals == [Meal("Spring Roll", 120),
                     Meal("Green Papaya Salad", 230),
                     Meal("Larb Chicken", 500)]
```

第二種方法是對一組非常特定的膳食進行測試，這種測試更具體，但也更脆弱。當生產程式碼發生變化時，例如引入新的菜單項目或改變推薦演算法時，它更有可能無法運作。理想的測試是只有在出現真正的錯誤時才會中斷。記住，測試不是免費的。你會想減少維護成本，而減少調整測試所需的時間是一種很好的辦法。

在這兩種情況下，我都是以一個特定的輸入進行測試：900 卡路里。為了建立一個更全面的安全網，擴大你的輸入域（input domain）來測試更多的情況會是一個好主意。在傳統的測試案例中，你透過進行**邊界值分析**（*boundary value analysis*）來挑選要寫的測試。邊界值分析是指你分析被測試的程式碼，找出不同的輸入如何影響流程的控制，或程式碼中的不同執行路徑。

舉例來說，假設 get_recommended_meal 會在卡路里限制低於 650 時提出一個錯誤。在這種情況下，邊界值就是 650，這把輸入域切分成了兩個等價類（*equivalence classes*），或具有相同特性的值集合。一個等價類是 650 以下的所有數字，另一個等價類是 650 及以上的數值。使用邊界值分析時，應該有三個測試：一個是 650 卡路里以下的卡路里，一個是正好在 650 卡路里邊界的測試，還有一個是值高於 650 卡路里的測試。在實務上，這驗證了沒有開發者搞錯關係運算子（比如寫成 <= 而不是 <）或者犯了 off-by-one（差一）的錯誤。

然而，邊界值分析只有在你能夠輕易分割你的輸入域時才有用。如果很難確定你應該在哪裡分割領域，挑選邊界值就不容易了。這就是 Hypothesis 的生成式（generative）本質。Hypothesis 會為測試案例生成輸入。它將為你找到邊界值。

你可以透過 pip 安裝 Hypothesis：

```
pip install hypothesis
```

我將修改我原本的特性測試，讓 Hypothesis 完成產生輸入資料的繁重工作。

```
from hypothesis import given
from hypothesis.strategies import integers


@given(integers())
def test_meal_recommendation_under_specific_calories(calories):
    meals = get_recommended_meal(Recommendation.BY_CALORIES, calories)
    assert len(meals) == 3
    assert is_appetizer(meals[0])
    assert is_salad(meals[1])
    assert is_main_dish(meals[2])
    assert sum(meal.calories for meal in meals) < calories
```

只需一個簡單的裝飾器，我就可以告訴 Hypothesis 為我挑選輸入。在本例中，我要求 Hypothesis 產生 integers 的不同值。Hypothesis 將多次執行這個測試，試圖找到一個違反預期特性的值。如果我以 pytest 執行這個測試，我會看到以下輸出。

```
Falsifying example: test_meal_recommendation_under_specific_calories(
    calories=0,
)
============= short test summary info =====================
FAILED code_examples/chapter23/test_basic_hypothesis.py::
    test_meal_recommendation_under_specific_calories - assert 850 < 0
```

Hypothesis 很早就在我的生產程式碼中發現了一個錯誤：這段程式碼並沒有處理零的卡路里限制。現在，對此，我想指定我應該只在一定數量的卡路里或以上的情況之下進行測試：

```
@given(integers(min_value=900))
def test_meal_recommendation_under_specific_calories(calories)
    # ... 略過 ...
```

現在，當我用 pytest 執行命令時，我想顯示一些關於 Hypothesis 的更多資訊。我會執行：

```
py.test code_examples/chapter23 --hypothesis-show-statistics
```

這會產生下列輸出：

```
code_examples/chapter23/test_basic_hypothesis.py::
    test_meal_recommendation_under_specific_calories:

  - during generate phase (0.19 seconds):
    - Typical runtimes: 0-1 ms, ~ 48% in data generation
    - 100 passing examples, 0 failing examples, 0 invalid examples

  - Stopped because settings.max_examples=100
```

Hypothesis 為我檢查了 100 個不同的值，而且我不需要提供任何具體的輸入。更好的是，Hypothesis 會在你每次執行這個測試時檢查新的值。與其一次又一次地將自己限制在相同的測試案例中，你在測試中得到了更廣泛許多的爆破半徑。考慮到所有不同開發人員和持續整合管線系統都在進行測試，你會察覺到你能多快抓住角落案例。

 你也可以透過使用 hypothesis.assume 來指定你領域的限制條件。你可以把假設寫進你的測試中，如 assume(calories > 850)，告訴 Hypothesis 跳過違反這些假設的任何測試案例。

如果我引入了一個錯誤（比如說由於某種原因，在 5,000 和 5,200 卡路里之間有事出錯），Hypothesis 在四次測試執行中捕捉到這個錯誤（測試執行的次數對你來說可能有所不同）：

```
_____ test_meal_recommendation_under_specific_calories _____

    @given(integers(min_value=900))
>   def test_meal_recommendation_under_specific_calories(calories):

code_examples/chapter23/test_basic_hypothesis.py:33:
- - - - - - - - - - - - - - - - - - - - - - - - - - - - - -

calories = 5001

    @given(integers(min_value=900))
    def test_meal_recommendation_under_specific_calories(calories):
        meals = get_recommended_meal(Recommendation.BY_CALORIES, calories)
>       assert len(meals) == 3
E       TypeError: object of type 'NoneType' has no len()

code_examples/chapter23/test_basic_hypothesis.py:35: TypeError
---------------------- Hypothesis ----------------------------
Falsifying example: test_meal_recommendation_under_specific_calories(
```

```
    calories=5001,
)
========== Hypothesis Statistics =========================
code_examples/chapter23/test_basic_hypothesis.py::
    test_meal_recommendation_under_specific_calories:

  - during reuse phase (0.00 seconds):
    - Typical runtimes: ~ 1ms, ~ 43% in data generation
    - 1 passing examples, 0 failing examples, 0 invalid examples

  - during generate phase (0.08 seconds):
    - Typical runtimes: 0-2 ms, ~ 51% in data generation
    - 26 passing examples, 1 failing examples, 0 invalid examples
    - Found 1 failing example in this phase

  - during shrink phase (0.07 seconds):
    - Typical runtimes: 0-2 ms, ~ 37% in data generation
    - 22 passing examples, 12 failing examples, 1 invalid examples
    - Tried 35 shrinks of which 11 were successful

  - Stopped because nothing left to do
```

當你發現一個錯誤，Hypothesis 會記錄失敗的錯誤，這樣它就可以在將來專門檢查該值。你還可以使用 hypothesis.example 裝飾器，確保 Hypothesis 總是有測試特定的案例：

```
@given(integers(min_value=900))
@example(5001)
def test_meal_recommendation_under_specific_calories(calories)
    # ... 略過 ...
```

Hypothesis 資料庫

Hypothesis 將在本地資料庫中儲存失敗的測試案例的範例（預設情況下，會在你執行測試的同一目錄下的名為 *.hypothesis/examples* 的資料夾中）。它被稱為**範例資料庫**（*example database*）。這用於未來的測試調用，以指導 Hypothesis 測試常見的錯誤案例。

有許多替代本地資料庫的方法。記憶體中資料庫（in-memory database）將加快你的測試速度。例如，您可以使用 Redis（*https://redis.io*）資料庫來支援 Hypothesis 範例資料庫。你甚至可以用 hypothesis.database.MultiplexedDatabase 指定多個資料庫來使用。

在一個團隊中執行 Hypothesis 時，我建議共用一個資料庫，可以透過網路上的共用儲存裝置或透過像 Redis 這樣的東西。如此一來，CI 系統就可以藉由使用資料庫來從測試失敗的共用歷史中獲益，而開發人員在本地端執行測試時可以使用失敗的 CI 結果來檢查麻煩的錯誤案例。考慮使用 `hypothesis.database.MultiplexedDatabase`，這樣開發人員就可以拉入 CI 測試失敗的結果，但在開發過程中把他們自己的本地失敗結果儲存到本地資料庫。你可以在 Hypothesis 資料庫的說明文件（*https://oreil.ly/D3cii*）中了解更多。

Hypothesis 的魔法

Hypothesis 非常善於產生能夠發現錯誤的測試案例。這看起來就像魔法，但實際上是非常聰明的技巧。在前面的例子中，你可能已經注意到，Hypothesis 在 5001 這個值上報錯。如果你執行同樣的程式碼，並為大於 5000 的值引入一個錯誤，你會發現測試在 5001 時也會報錯。如果 Hypothesis 是在測試不同的值，我們不應該都會看到稍微不同的結果嗎？

當 Hypothesis 發現一個失敗時，它會為你做一件非常好的事情：它會縮小（*shrinks*）測試用例。縮小是指 Hypothesis 會試圖找到仍然不能通過測試的最小輸入。對於 `integers()`，Hypothesis 會連續嘗試更小的數字（或處理負數時的更大的數字），直到輸入值到達零（zero）為止。Hypothesis 試圖「瞄準」（「zero in」，非刻意雙關就是了）依然會讓測試失敗的最小的值。

要了解更多關於 Hypothesis 如何產生和縮小值的資訊，值得一讀的是原始的 QuickCheck 論文（*https://oreil.ly/htavw*）。QuickCheck 是以特性為基礎的最早工具之一，儘管它涉及的是 Haskell 程式語言，但它的資訊相當豐富。大多數基於特性的測試工具，如 Hypothesis，都是 QuickCheck 提出的想法的後代。

與傳統測試的對比

基於特性的測試可以大大簡化測試的編寫流程。有好幾類的問題是你現在不需要擔心的：

更容易測試非確定性（*nondeterminism*）

非確定性是大多數傳統測試的禍根。隨機行為、創建暫存目錄，或從資料庫中檢索不同的紀錄，會使測試的編寫變得非常困難。你必須在你的測試中建立一組特定的輸出值，而為了做到這一點，你必須要是確定性（deterministic）的；否則，你的測試將不斷失敗。你經常會強制施加特定行為來試著控制非確定性，例如強迫建立相同的資料夾或為一個亂數產生器（random number generator）加上種子。

有了基於特性的測試，非確定性就是套件中的一部分。Hypothesis 會為你測試的每次執行提供不同的輸入。你不必再擔心對特定值的測試。定義特性並擁抱非確定性。你的源碼庫會因此而變得更好。

更少的脆弱性

在測試特定的輸入／輸出組合時，你會受到一系列寫定的假設之影響。你假設串列總是以相同的順序排列、字典不會添加任何鍵值與值對組（key-value pairs），以及你的依存關係永遠不會改變其行為。這些看似不相關的變化中的任何一個都可能破壞你的測試。

當測試由於與被測功能無關的原因而中斷時，這是很令人沮喪的。那些測試會因其不穩定而名聲不佳，要麼被忽視（掩蓋了真正的失敗），不然就是開發者會生活在測試需要修復的持續嘮叨中。使用基於特性的測試來增加測試的韌性。

有更高機會找到錯誤

基於特性的測試不僅僅是為了減少測試的建立及維護成本。它將增加你發現臭蟲的機會。即使你今天寫的測試涵蓋了程式碼中的每一條路徑，你仍然有可能沒有抓出所有的問題。如果你的函式會以一種回溯不相容（backward-incompatible）的方式改變（例如，現在會在一個你以前認為沒問題的值上報錯），你的運氣取決於你是否有一個針對該特定值的測試案例存在。基於特性的測試，出於生成新測試案例的本質，會在多次執行中有更好的機會發現那個錯誤。

討論主題

檢視你目前的測試案例，挑選讀起來比較複雜的測試。尋找那些需要大量輸入和輸出來充分測試功能的測試。討論基於特性的測試如何取代這些測試並簡化你的測試套件。

充分發揮 Hypothesis 的用處

到目前為止，我只觸及了 Hypothesis 的表層。一旦你真正深入基於特性的測試，你就會開始為自己開啟無數的大門。Hypothesis 開箱即帶有一些很酷的功能，可以改善你的測試體驗。

Hypothesis 的策略

在上一節中，我向你介紹了 integers() 策略。Hypothesis 的策略（strategy）定義了如何生成測試案例，以及測試用例失敗時，資料如何被縮小。Hypothesis 開箱即有大量的策略。類似傳入 integers() 到你的測試案例中，你也可以傳入 floats()、text() 或 times() 之類的東西來分別生成浮點數（floating-point numbers）、字串或 datetime.time 物件。

Hypothesis 還提供了可以將其他策略組合在一起的策略，比如建立策略的串列、元組或字典（這是可組合性的一個奇妙的例子，如第 17 章所介紹的）。舉例來說，假設我想建立一個策略，將菜餚名稱（文字）映射到卡路里（100 到 2,000 之間的數字）：

```
from hypothesis import given
from hypothesis.strategies import dictionary, integers, text

@given(dictionaries(text(), integers(min_value=100, max_value=2000)))
def test_calorie_count(ingredient_to_calorie_mapping : dict[str, int]):
    # ... snip ...
```

對於更複雜的資料，你可以使用 Hypothesis 來定義你自己的策略。你可以 map（映射）和 filter（過濾）策略，其概念與內建的 map 和 filter 函式類似。

你還可以使用 hypothesis.composite 策略裝飾器（strategy decorator）來定義你自己的策略。我想創建一個策略，為我建立三道菜，包括開胃菜、主菜和甜點。每道菜都包含一個名稱和一個卡路里數：

```
from hypothesis import given
from hypothesis.strategies import composite, integers

ThreeCourseMeal = tuple[Dish, Dish, Dish]

@composite
def three_course_meals(draw) -> ThreeCourseMeal:
    appetizer_calories = integers(min_value=100, max_value=900)
    main_dish_calories = integers(min_value=550, max_value=1800)
```

```
        dessert_calories = integers(min_value=500, max_value=1000)

        return (Dish("Appetizer", draw(appetizer_calories)),
                Dish("Main Dish", draw(main_dish_calories)),
                Dish("Dessert", draw(dessert_calories)))

@given(three_course_meals)
def test_three_course_meal_substitutions(three_course_meal: ThreeCourseMeal):
    # ... 用 three_course_meal 做些事情
```

這個例子透過定義一個名為 three_course_meals 的新複合策略來運作。我建立了三個
整數策略（integer strategies），每種類型的菜都有自己的策略，帶有自己的最小/最大
值。從這裡開始，我創建了一道新的菜餚，它有一個名稱和從策略**抽取出來**（*drawn*）
的一個值。draw 是被傳入複合策略的一個函式，你用它來從策略中選擇值。

一旦定義了自己的策略，你就可以在多個測試中重複使用它們，這樣就可以輕易為你的
系統生成新資料。要了解更多關於 Hypothesis 策略的資訊，我鼓勵你閱讀 Hypothesis 的
說明文件（*https://oreil.ly/QhhnM*）。

產生演算法

在前面的例子中，我著重於產生輸入資料以建立你的測試。然而，Hypothesis 可以更進
一步產生運算的組合（combinations of operations）。Hypothesis 稱之為**有狀態的測試**
（*stateful testing*）。

考慮一下我們的餐點推薦系統。我向你展示了如何以卡路里進行過濾，但現在我還想透
過價格、路線數量，以及與使用者的接近程度等來過濾。下面是關於此系統我想斷言的
一些特性：

- 餐點推薦系統總是回傳三個餐點選項，有可能不是所有推薦選項都符合使用者的所
  有標準。

- 所有的三個餐點選項都是唯一的。

- 餐點選項是根據最新近套用的過濾器來排序的。如果出現並列的，就使用下一個最
  新近的過濾器。

- 新的過濾器會取代同類型的舊過濾器。舉例來說，如果你將價格過濾器設為 <$20，
  然後再將其改為 <$15，則只有 <$15 會被套用。設置卡路里過濾器之類的東西，如
  <1800 卡路里，並不會影響價格過濾器。

與其撰寫一連串的測試案例，我會使用一個 hypothesis.stateful.RuleBasedStateMachine 來表示我的測試。這會讓我使用 Hypothesis 來測試整個演算法，同時在過程中檢查不變式。這有點複雜，所以我會先展示整體程式碼，之後再分段解說。

```python
from functools import reduce
from hypothesis.strategies import integers
from hypothesis.stateful import Bundle, RuleBasedStateMachine, invariant, rule

class RecommendationChecker(RuleBasedStateMachine):
    def __init__(self):
        super().__init__()
        self.recommender = MealRecommendationEngine()
        self.filters = []

    @rule(price_limit=integers(min_value=6, max_value=200))
    def filter_by_price(self, price_limit):
        self.recommender.apply_price_filter(price_limit)
        self.filters = [f for f in self.filters if f[0] != "price"]
        self.filters.append(("price", lambda m: m.price))

    @rule(calorie_limit=integers(min_value=500, max_value=2000))
    def filter_by_calories(self, calorie_limit):
        self.recommender.apply_calorie_filter(calorie_limit)
        self.filters = [f for f in self.filters if f[0] != "calorie"]
        self.filters.append(("calorie", lambda m: m.calories))

    @rule(distance_limit=integers(max_value=100))
    def filter_by_distance(self, distance_limit):
        self.recommender.apply_distance_filter(distance_limit)
        self.filters = [f for f in self.filters if f[0] != "distance"]
        self.filters.append(("distance", lambda m: m.distance))

    @invariant()
    def recommender_provides_three_unique_meals(self):
        assert len(self.recommender.get_meals()) == 3
        assert len(set(self.recommender.get_meals())) == 3

    @invariant()
    def meals_are_appropriately_ordered(self):
        meals = self.recommender.get_meals()
        ordered_meals = reduce(lambda meals, f: sorted(meals, key=f[1]),
                               self.filters,
                               meals)
        assert ordered_meals == meals


TestRecommender = RecommendationChecker.TestCase
```

這是相當多的程式碼，但它的運作方式真的很酷。所以讓我們拆解它。

首先，我會創建 hypothesis.stateful.RuleBasedStateMachine 的一個子類別：

```python
from functools import reduce
from hypothesis.strategies import integers
from hypothesis.stateful import Bundle, RuleBasedStateMachine, invariant, rule


class RecommendationChecker(RuleBasedStateMachine):
    def __init__(self):
        super().__init__()
        self.recommender = MealRecommendationEngine()
        self.filters = []
```

這個類別負責定義我想在組合中測試的離散步驟。在建構器中，我將 self.recommender 設置為一個 MealRecommendationEngine，這就是我在此場景中測試的東西。我還會追蹤作為這個類別一部分而套用的一個過濾器串列。接著，我會設定 hypothesis.stateful.rule 函式：

```python
    @rule(price_limit=integers(min_value=6, max_value=200))
    def filter_by_price(self, price_limit):
        self.recommender.apply_price_filter(price_limit)
        self.filters = [f for f in self.filters if f[0] != "price"]
        self.filters.append(("price", lambda m: m.price))

    @rule(calorie_limit=integers(min_value=500, max_value=2000))
    def filter_by_calories(self, calorie_limit):
        self.recommender.apply_calorie_filter(calorie_limit)
        self.filters = [f for f in self.filters if f[0] != "calorie"]
        self.filters.append(("calorie", lambda m: m.calories))

    @rule(distance_limit=integers(max_value=100))
    def filter_by_distance(self, distance_limit):
        self.recommender.apply_distance_filter(distance_limit)
        self.filters = [f for f in self.filters if f[0] != "distance"]
        self.filters.append(("distance", lambda m: m.distance))
```

每個規則都作為你要測試的演算法的一個步驟。Hypothesis 將使用這些規則產生測試，而非生成測試資料。在此例中，這些規則中的每一條都在推薦引擎上套用一個過濾器。我還將過濾器保存在本地端，以便之後可以檢查結果。

然後，我使用 hypothesis.stateful.invariant 裝飾器來定義斷言，每次規則改變後都應該檢查這些斷言。

```
@invariant()
def recommender_provides_three_unique_meals(self):
    assert len(self.recommender.get_meals()) == 3
    # 確保所有的餐點都是唯一的，集合（sets）會去除元素的重複
    # 所以我們應該會有三個唯一的元素
    assert len(set(self.recommender.get_meals())) == 3

@invariant()
def meals_are_appropriately_ordered(self):
    meals = self.recommender.get_meals()
    ordered_meals = reduce(lambda meals, f: sorted(meals, key=f[1]),
                           self.filters,
                           meals)
    assert ordered_meals == meals
```

我寫了兩個不變式：一個指出推薦器（recommender）總是回傳三道獨特的餐點，另一個則指出餐點會依照所選的過濾器以正確順序排列。

最後，我把來自 TestCase 的 RecommendationChecker 儲存到一個以 Test 為前綴的變數中。如此 pytest 就能發現有狀態的 Hypothesis 測試。

```
TestRecommender = RecommendationChecker.TestCase
```

只要把一切都拼湊在一起，Hypothesis 就會開始產生具有不同規則組合的測試案例。例如，在一次 Hypothesis 測試執行中（有一個故意引入的錯誤），Hypothesis 生成了以下測試。

```
state = RecommendationChecker()
state.filter_by_distance(distance_limit=0)
state.filter_by_distance(distance_limit=0)
state.filter_by_distance(distance_limit=0)
state.filter_by_calories(calorie_limit=500)
state.filter_by_distance(distance_limit=0)
state.teardown()
```

當我引入一個不同的錯誤，Hypothesis 就會產生能捕捉該錯誤的一個不同的測試案例。

```
state = RecommendationChecker()
state.filter_by_price(price_limit=6)
state.filter_by_price(price_limit=6)
state.filter_by_price(price_limit=6)
state.filter_by_price(price_limit=6)
state.filter_by_distance(distance_limit=0)
state.filter_by_price(price_limit=16)
state.teardown()
```

對於測試複雜的演算法，或是帶有的不變式非常特殊的物件而言，這是非常便利的。Hypothesis 會混合搭配不同的步驟，持續搜尋會產生錯誤的步驟順序。

討論主題

你源碼庫中哪些地方包含難以測試的、高度相互關聯的函式？編寫一些有狀態的 Hypothesis 測試作為概念證明，並討論這些測試如何在你的測試套件中建立信心。

結語

基於特性的測試並不是為了取代傳統的測試而存在的，而是為了補足它。當你的程式碼有定義明確的輸入和輸出，用寫定的先決條件和預期斷言來測試就足夠了。然而，隨著你的程式碼變得越來越複雜，你的測試也會變得越來越複雜，你會發現自己花在剖析和理解測試上的時間比你希望的還要多。

透過 Hypothesis，在 Python 中要使用基於特性的測試是很簡單的。它透過在源碼庫的整個生命週期中產生新的測試來修復安全網中的漏洞。你使用 hypothesis.strategies 來控制你測試資料如何產生的確切方式。你甚至能以 hypothesis.stateful 測試結合不同的步驟來測試演算法。Hypothesis 會讓你專注於你程式碼的特性和不變式，並且更自然地表達你的測試。

在下一章中，我會以突變測試（mutation testing）來總結本書。突變測試是填補你安全網空缺的另一種方式。突變程式碼（mutation code）不是尋找新的方法來測試你的程式碼，而是把重點放在測量你測試的效力（efficacy）。它是你武器庫中的另一個工具，幫助你進行更強健的測試。

## 第二十四章

突變測試

在以靜態分析（static analysis）和測試（tests）編織你的安全網時，你怎麼知道你有盡可能多測試？測試所有的一切是不可能的，對於要寫出什麼測試，你要明智選擇才行。把每個測試看作是你安全網中的一條獨立的繩：你有越多的測試，你的網就越寬。然而，這並不意味著你安全網本身就結構良好。一張安全網若有破損、易碎的繩，那會比完全沒有安全網更糟糕，它給人安全的假像，提供虛假的信心。

我們的目標是加強你的安全網，使它不再脆弱。你需要一種方法來確保，當你的程式碼中出現錯誤時，你的測試會確實失敗。在本章中，你將學習如何透過突變測試（mutation testing）做到這一點。你會學到如何用一個稱作 mutmut 的 Python 工具來進行突變測試。你會使用突變測試來檢視你的測試和程式碼之間的關係。最後，你會學到程式碼覆蓋率工具（code coverage tools）、如何最好地運用這些工具，以及如何整合 mutmut 與你的覆蓋率報告（coverage reports）。學習如何進行突變測試將賦予你一種方法來衡量你的測試有多少效力。

什麼是突變測試？

突變測試（*mutation testing*）是在你的原始碼中進行修改，目的是為了引入臭蟲[1]。你以這種方式所做的每個變更都稱作一個**突變體**（*mutant*）。然後你會執行你的測試套件。如果測試失敗，那會是好消息：你的測試成功地消除了突變體。然而，如果你的測試通過了，那意味著你的測試不夠強健，無法捕捉到實際的錯誤，該突變體得以生存。突變測試是一種形式的**元測試**（*meta-testing*），因為你是在測試你的測試有多好。畢竟，你的測試程式碼應該是你源碼庫中的一等公民，它也需要某種程度的測試。

考慮一個簡單的卡路里追蹤 app。用戶可以輸入一組膳食，如果那超過當天的卡路里預算，他們就會得到通知。其核心功能由以下函式實作：

```python
def check_meals_for_calorie_overage(meals: list[Meal], target: int):
    for meal in meals:
        target -= meal.calories
        if target < 0:
            display_warning(meal, WarningType.OVER_CALORIE_LIMIT)
            continue
        display_checkmark(meal)
```

下面是針對此一功能的一組測試，全都通過：

```python
def test_no_warnings_if_under_calories():
    meals = [Meal("Fish 'n' Chips", 1000)]
    check_meals_for_calorie_overage(meals, 1200)
    assert_no_warnings_displayed_on_meal("Fish 'n' Chips")
    assert_checkmark_on_meal("Fish 'n' Chips")

def test_no_exception_thrown_if_no_meals():
    check_meals_for_calorie_overage([], 1200)
    # 沒有明確的 assert，只檢查沒有例外

def test_meal_is_marked_as_over_calories():
    meals = [Meal("Fish 'n' Chips", 1000)]
    check_meals_for_calorie_overage(meals, 900)
    assert_meal_is_over_calories("Fish 'n' Chips")

def test_meal_going_over_calories_does_not_conflict_with_previous_meals():
    meals = [Meal("Fish 'n' Chips", 1000), Meal("Banana Split", 400)]
```

---

[1] 突變測試最初是在 1971 年由 Richard A. DeMillo、Richard J. Lipton 以及 Fred G. Sayward 在 "Hints on Test Data Selection: Help for the Practicing Programmer" 中所提出（*IEEE Computer*, 11(4): 34–41, April 1978）。第一個實作是在 1980 年由 Tim A. Budd 在 "Mutation Analysis of Program Test Data"（PhD thesis, Yale University, 1980）中完成的。

```
check_meals_for_calorie_overage(meals, 1200)
assert_no_warnings_displayed_on_meal("Fish 'n' Chips")
assert_checkmark_on_meal("Fish 'n' Chips")
assert_meal_is_over_calories("Banana Split")
```

作為一個思考練習，我希望你看一下這些測試（忽略這是關於突變測試的章節），並問問自己，如果你在生產環境中發現這些測試，你會有什麼意見。你有多大信心認為它們是正確的？你有多大信心認為我沒有遺漏什麼？如果程式碼發生變化，你有多大信心這些測試會捕捉到臭蟲？

本書的中心主題是，軟體總是會改變的。你需要讓你未來的協作者在這種變化中也能輕鬆地維護你的源碼庫。你要寫的測試，不僅要捕捉你所寫的錯誤，還要捕捉其他開發者在修改你的程式碼時產生的錯誤。

未來的開發者是重構方法以使用一個常見的程式庫、還是更改單一行程式碼，或者為程式碼添加更多的功能，那都不重要，你希望你的測試能夠捕捉到他們引入的任何錯誤。要進入突變測試的思維模式，你需要考慮可能對程式碼進行的所有變更，並檢查你的測試是否能捕捉到任何錯誤的改變。表 24-1 對上述程式碼進行了逐行分解，並顯示缺少該行時的測試結果。

表 24-1　移除每一行的影響

程式碼行	移除後的影響
`for meal in meals:`	測試失敗：語法錯誤，程式碼沒有迴圈
`target -= meal.calories`	測試失敗：從未顯示警告
`if target < 0`	測試失敗：所有的餐點都顯示警告
`display_warning(meal, Warning Type.OVER_CALORIE_LIMIT)`	測試失敗：沒有警告顯示
`continue`	測試通過
`display_checkmark(meal)`	測試失敗：餐點上沒顯示核取標記

請看看表 24-1 中 continue 述句的那一列。如果我刪除這一行，所有的測試都會通過。這代表出現了三種情況之一：該行不需要；該行需要，但不夠重要，不需要測試；或是我們的測試套件的覆蓋率不夠。

前兩種情況很容易處理。如果該行不需要，就刪除它。如果該行不夠重要，不需要測試（這對於諸如除錯日誌述句或版本字串來說很常見），你可以忽略該行的突變測試。但是，如果第三種情況是真的，你就缺少了測試覆寫率。你已經在你的安全網中發現了一個漏洞。

如果 continue 被從演算法中刪除，任何超過卡路里限制的膳食都會顯示一個核取標記（check mark）和一個警告。這不是理想的行為，這是一種訊號，表示我應該有一個測試來涵蓋這種情況。如果我只是添加一個斷言，指出帶有警告的餐點不會有核取標記，那麼我們的測試套件就會抓住這個突變體。

刪除程式行只是突變的一個例子。還有許多其他的突變體，可以從上面的程式碼中產生。事實上，如果我把 continue 改為 break，測試仍然會通過。仔細研究我所能想到的每一個突變是很繁瑣乏味的，所以我希望有一個自動化的工具來為我完成這個流程。進入 mutmut。

使用 mutmut 進行突變測試

mutmut（*https://pypi.org/project/mutmut*）是能為你做突變測試的一個 Python 工具。它帶有一套預先設計好的突變，可以套用到你的源碼庫，例如：

- 尋找整數字面值（integer literals），並為其加 1，以捕捉 off-by-one 的錯誤
- 透過在其中插入文字來改變字串字面值（string literals）
- 互換 break 和 continue
- 互換 True 和 False
- 否定運算式，例如將 x is None 轉換為 x is not None
- 改變運算子（operators，尤其是將 / 改為 //）。

這絕不是一個全面的清單，mutmut 還有很多巧妙的方法能突變你的程式碼。它的運作方式是進行離散的突變、為你執行你的測試套件，然後顯示哪些突變體在測試過程中倖存。

要開始作業，你需要安裝 mutmut：

```
pip install mutmut
```

然後，針對你的所有測試執行 mutmut（警告：這可能需要一些時間）。你可以對我上面的程式碼片段執行 mutmut，方法如下：

```
mutmut run --paths-to-mutate code_examples/chapter24
```

對於長時間執行的測試和大型源碼庫，你可能想拆分你的 mutmut 執行，因為它們確實需要一些時間。然而，mutmut 夠聰明，會將其進度保存在一個名為 .mutmutcache 的資料夾中，所以如果你中途退出，它將在未來的執行中，於同一位置繼續執行。

mutmut 會在執行過程中顯示一些統計資料，包括存活的突變體數量、被淘汰的突變體數量，以及哪些測試花費了可疑的長時間（比如意外引入一個無窮迴圈）。

一旦執行完成，你就能以 mutmut results 查看結果。在我的程式碼片段中，mutmut 識別出了三個倖存的突變體。它將以數字 ID 列出突變體，你可以用 mutmut show <id> 命令顯示特定的突變體。

這是在我的程式碼片段中存活下來的三個突變體：

```
mutmut show 32
--- code_examples/chapter24/calorie_tracker.py
+++ code_examples/chapter24/calorie_tracker.py
@@ -26,7 +26,7 @@
 def check_meals_for_calorie_overage(meals: list[Meal], target: int):
     for meal in meals:
         target -= meal.calories
-        if target < 0:
+        if target <= 0:
             display_warning(meal, WarningType.OVER_CALORIE_LIMIT)
             continue
         display_checkmark(meal)

mutmut show 33
--- code_examples/chapter24/calorie_tracker.py
+++ code_examples/chapter24/calorie_tracker.py
@@ -26,7 +26,7 @@
 def check_meals_for_calorie_overage(meals: list[Meal], target: int):
     for meal in meals:
         target -= meal.calories
-        if target < 0:
+        if target < 1:
             display_warning(meal, WarningType.OVER_CALORIE_LIMIT)
             continue
```

```
        display_checkmark(meal)

mutmut show 34
--- code_examples/chapter24/calorie_tracker.py
+++ code_examples/chapter24/calorie_tracker.py
@@ -28,6 +28,6 @@
        target -= meal.calories
        if target < 0:
            display_warning(meal, WarningType.OVER_CALORIE_LIMIT)
-            continue
+            break
        display_checkmark(meal)
```

在每個例子中，mutmut 都會以 *diff 記號法* 顯示結果，這是表示檔案從一個變更集（changeset）變化到另一個變更集的一種方式。在這種情況下，任何以減號「-」為前綴的程式行，就代表被 mutmut 改變的程式行。以加號「+」開頭的程式行則是 mutmut 所做的改變，這些就是你的突變體。

這些情況中的每一種都是我測試中的一個潛在的漏洞。藉由將 <= 改為 <，我發現我沒有覆蓋到一餐的卡路里與目標完全吻合的情況。藉由將 0 改為 1，我發現我沒有覆蓋到輸入域的邊界處（請參閱第 23 章關於邊界值分析的討論）。透過將 continue 改為 break，我提前停止了迴圈，並有可能錯過，沒有將後來的餐點標記為 OK。

修正突變體

一旦你找出了突變體，就該修復它們了。這樣做的最好方法之一是將突變體套用到你磁碟上的檔案。在我之前的例子中，我的突變體有編號 32、33 和 34。我可以像這樣把它們套用到我的源碼庫中：

```
mutmut apply 32
mutmut apply 33
mutmut apply 34
```

 只在透過版本控制備份的檔案上這樣做。這使得你在完成工作後可以很容易地反轉突變體，回復原始程式碼。

一旦突變體被套用到磁碟上，你的目標就是撰寫一個失敗的測試。舉例來說，我可以寫出下列內容：

```
def test_failing_mutmut():
    clear_warnings()
    meals = [Meal("Fish 'n' Chips", 1000),
             Meal("Late-Night Cookies", 300),
             Meal("Banana Split", 400)
             Meal("Tub of Cookie Dough", 1000)]

    check_meals_for_calorie_overage(meals, 1300)

    assert_no_warnings_displayed_on_meal("Fish 'n' Chips")
    assert_checkmark_on_meal("Fish 'n' Chips")
    assert_no_warnings_displayed_on_meal("Late-Night Cookies")
    assert_checkmark_on_meal("Late-Night Cookies")
    assert_meal_is_over_calories("Banana Split")
    assert_meal_is_over_calories("Tub of Cookie Dough")
```

你應該會看到這個測試失敗（即使你只套用了其中一個突變）。一旦你確信你已經抓到了所有的突變，就恢復突變體，並確保測試現在會通過。重新執行 mutmut 應該會顯示你也消除了那些突變體。

突變測試報告

mutmut 還提供了一種方法，將其結果匯出為 JUnit 報告格式。你已經在本書中看到其他工具匯出 JUnit 報告（如第 22 章）了，mutmut 也差不多：

```
mutmut junitxml > /tmp/test.xml
```

而就像在第 22 章中，我可以使用 junit2html 來為突變測試產生一個美觀的 HTML 報告，如圖 24-1 中所示。

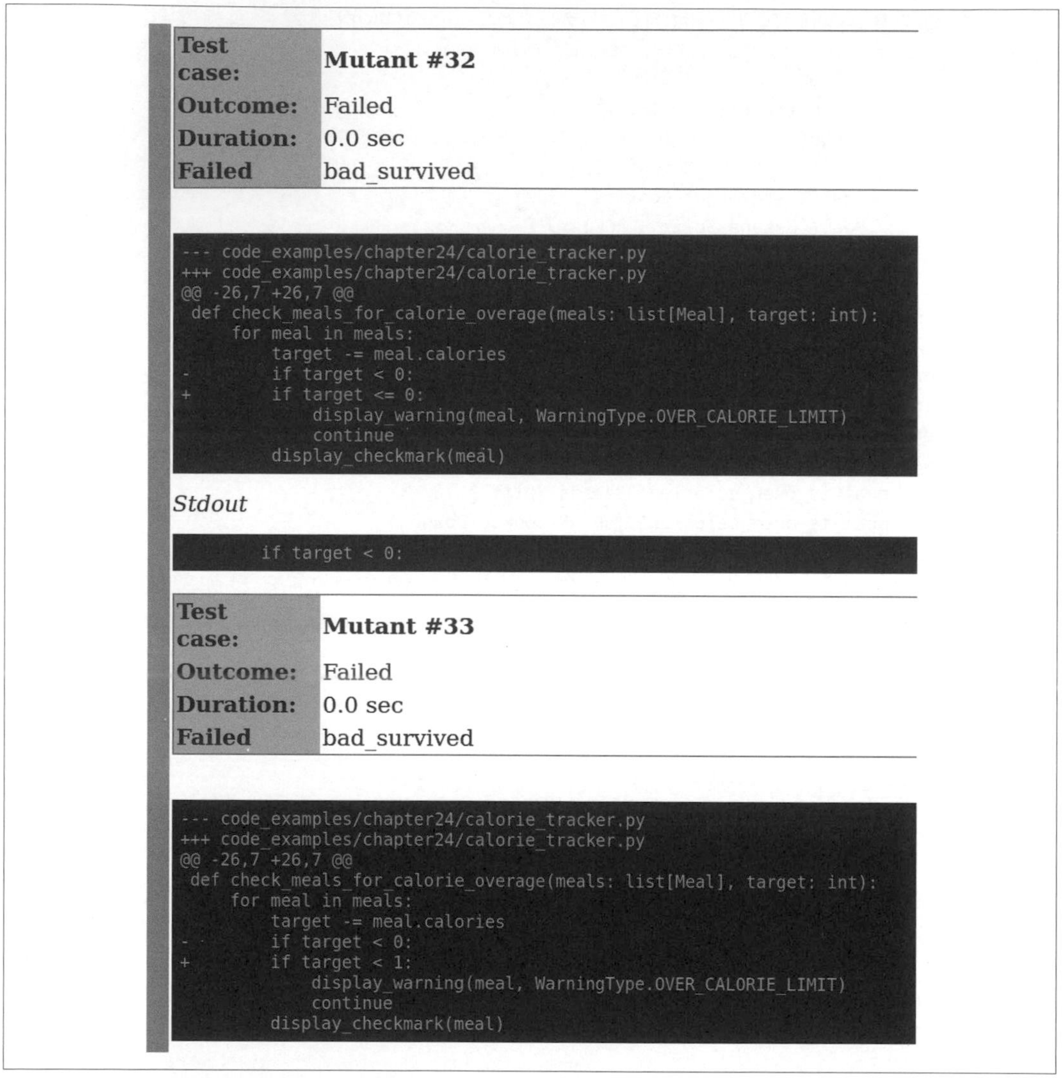

Test case:	**Mutant #32**
Outcome:	Failed
Duration:	0.0 sec
Failed	bad_survived

```
--- code_examples/chapter24/calorie_tracker.py
+++ code_examples/chapter24/calorie_tracker.py
@@ -26,7 +26,7 @@
 def check_meals_for_calorie_overage(meals: list[Meal], target: int):
     for meal in meals:
         target -= meal.calories
-        if target < 0:
+        if target <= 0:
             display_warning(meal, WarningType.OVER_CALORIE_LIMIT)
             continue
         display_checkmark(meal)
```

Stdout

```
        if target < 0:
```

Test case:	**Mutant #33**
Outcome:	Failed
Duration:	0.0 sec
Failed	bad_survived

```
--- code_examples/chapter24/calorie_tracker.py
+++ code_examples/chapter24/calorie_tracker.py
@@ -26,7 +26,7 @@
 def check_meals_for_calorie_overage(meals: list[Meal], target: int):
     for meal in meals:
         target -= meal.calories
-        if target < 0:
+        if target < 1:
             display_warning(meal, WarningType.OVER_CALORIE_LIMIT)
             continue
         display_checkmark(meal)
```

圖 24-1　使用 junit2html 的範例 mutmut 報告

採用突變測試

突變測試在今日軟體開發界並不普遍。我認為這有三個原因：

- 人們沒有意識到它和它所提供的好處。

- 源碼庫的測試還不夠成熟，無法進行有用的突變測試。

- 成本對價值比（cost-to-value ratio）太高。

本書致力於改善第一點，但第二和第三點肯定是有道理的。

如果你的源碼庫沒有一套成熟的測試，你會發現引入突變測試的價值很小。它最終會導致太高的雜訊信號比（noise-to-signal ratio）。與試圖找出所有的突變體相比，你將在改善你的測試套件中看到更多的價值。考慮在你源碼庫有成熟測試套件的較小部分執行突變測試。

突變測試確實有很高的成本，為了使突變測試是值得的，很重要的是要把接收到的價值最大化。突變測試很緩慢，因為要多次執行測試套件。在現有的源碼庫中引入突變測試也是痛苦的。最初就從全新的程式碼開始，會容易得多。

然而，既然你在讀的書是關於提高可能很複雜的源碼庫之強健性，那麼你很有可能是在一個現有的源碼庫中工作。不過，如果你想引入突變測試，希望並還是存在的。與提高強健性的任何方法一樣，訣竅是在執行突變測試時要懂得選擇。

找出那些有很多錯誤的程式碼區域。查看錯誤報告，找到顯示某個程式碼區域有問題的趨勢。也要考慮找出高變動率的程式碼區域，因為這些區域最有可能引入當前測試無法完全覆蓋的變化[2]。找出可以讓突變測試回收好幾倍成本的區域。你可以使用 mutmut 選擇性的只在這些區域上執行突變測試。

此外，mutmut 還提供了一個選項，只對源碼庫中具有行覆蓋率（*line coverage*）的部分進行突變測試。一行程式碼如果有被任何測試至少執行一次，就是測試套件的覆寫範圍（*coverage*）。其他類型的覆蓋率也存在，例如 API 覆蓋率和分支覆蓋率（branch coverage），但 mutmut 專注於行覆蓋率。mutmut 只會為你一開始就實際具備測試的程式碼產生突變體。

要產生覆蓋率，首先安裝 coverage：

```
pip install coverage
```

---

2 你可以透過測量提交次數（number of commits）最多的檔案來找到高變動率的程式碼。我用 Google 快速搜索後發現了下面這道 Git 單行指令：git rev-list --objects --all | awk '$2' | sort -k2 | uniq -cf1 | sort -rn | head。這是由 sehe 在 Stack Overflow 上對此問題所提供的回答（*https://oreil. ly/39UTx*）。

然後以 coverage 命令執行你的測試套件。對於上面的例子，我會執行：

```
coverage run -m pytest code_examples/chapter24
```

接著，你所要做的只是傳入 `--use-coverage` 旗標給你的 mutmut 執行：

```
mutmut run --paths-to-mutate code_examples/chapter24 --use-coverage
```

有了這個之後，mutmut 就會忽略任何未測試的程式碼，大幅降低雜訊量。

覆蓋率（與其他指標）的謬誤

任何時候，只要有一種衡量程式碼的方法出現，人們就會急於把這種衡量方法作為一種指標（*metric*），或者作為商業價值的代理預測指標。然而，在軟體開發的歷史上，有許多不明智的衡量標準，其中最臭名昭著的莫過於用編寫的程式碼行數作為專案進展的指標。他們的想法是，如果你能直接衡量一個人寫了多少程式碼，你就能直接衡量這個人的生產力。不幸的是，這導致開發人員玩弄系統，試圖寫出一些刻意冗長的程式碼。作為一種衡量標準，這反倒帶來了傷害，因為系統最終變得複雜而臃腫，並且由於可維護性差而導致開發速度減慢。

作為一個產業，我們已經超越了對程式碼行數的測量（我希望如此）。然而，在一個指標消失的地方，又有兩個指標出現取代了它的位置。我已經看到了其他有害的指標出現，例如修復的錯誤數量或編寫的測試數量。從表面上看，這些都是很好的事情，但當它們被當作與商業價值掛鉤的指標來審視時，問題就來了。在這每一個指標中，都有一些方法可以操作資料。你是以修復的錯誤數量來評判的嗎？那一開始就寫出更多的臭蟲吧！

不幸的是，近年來，程式碼覆蓋率也落入了同樣的陷阱。你會聽到諸如「這段程式碼應該有 100% 的行覆蓋率」或「我們應該努力達到 90% 的分支覆寫率」這樣的目標。單獨來看，這是值得稱讚的，但它並沒有預測商業價值。它忽略了你**為什麼**要把這些目標放在首位的問題。

程式碼覆蓋率是預測具備強健性與否的指標，而不是像許多人認為的那樣，是在預測品質。覆蓋率低的程式碼可能做得到，也可能做不到你所需的一切，你無法很肯定的知道答案。這是一種跡象，表明你在修改程式碼時將面臨挑戰，因為你沒有在系統那個部分的周圍建構任何安全網。你絕對應該尋找覆蓋率很低的地方，並圍繞著它們改善測試。

反過來說，這導致許多人認為高覆蓋率是強健性的預測指標，但實際上並非如此。你可以用測試覆寫每一行程式碼和每一個分支，但仍然有糟糕的可維護性。那些測試可能很脆弱，甚至根本沒有用處。

我曾經在一個剛開始採用單元測試的源碼庫中工作。我遇到了一個檔案，其內容相當於下面這樣：

```
def test_foo_can_do_something():
    foo = Thingamajiggy()
    foo.doSomething()
    assert foo is not None

def test_foo_parameterized_still_does_the_right_thing():
    foo = Thingamajiggy(y=12)
    foo.doSomethingElse(15)
    assert foo is not None
```

大約有 30 個這樣的測試，都有很好的名稱並遵循 AAA 模式（如第 21 章所述）。但它們實際上都是無用的，它們所做的只是確保沒有例外被擲出。最糟糕的是，這些測試實際上有 100% 的行覆蓋率和超過 80% 的分支覆蓋率。測試檢查沒有例外被擲出並非壞事，壞就壞在他們沒有真正測試實際的功能，儘管講的好像有做。

突變測試是你對抗程式碼覆蓋率之不良假設的最好防禦。當你有在測量你測試的有效性，那麼在消除突變體的同時，要寫出無用的、無意義的測試就變得更加困難了。突變測試提升了覆蓋率這種測量方式，使其成為強建性的一個更真確的預測指標。覆蓋率指標仍然不是商業價值的完美代表，但突變測試肯定使它們在作為強健性指標之時，更有價值。

 隨著突變測試的普及，我完全期待「消除的突變體數量」成為取代「100% 程式碼覆蓋率」的新流行指標。雖然你肯定希望有更少的突變體存活下來，但還是要注意在沒有情境脈絡之下被關聯到一個指標的任何目標，這個數字可能像其他所有的數字一樣被操作。你仍然需要一個完整的測試策略來確保你源碼庫的強健性。

結語

突變測試可能不會是你要用的第一個工具。然而，它是對你測試策略的完美補充，它能發現你安全網中的漏洞，並讓你注意到它們。有了 mutmut 這樣的自動化工具，你可以利用你現有的測試套件毫不費力地進行突變測試。突變測試幫助你改善測試套件的強健性，而這會進一步幫助你編寫出更強健的程式碼。

本書的第四部到此結束。你首先學習了靜態分析，它以較低的成本提供早期回饋。然後，你學到了測試策略，以及如何自問你希望你的測試回答什麼樣的問題。從那裡開始，你學到了三種特定類型的測試：接受度測試、基於特性的測試和突變測試。所有的這些都是增強現有測試策略的方法，在你的源碼庫周圍建立一個更密集、更強大的安全網。有了強大的安全網，你將賦予未來的開發者信心和彈性，使他們能夠根據需要發展你的系統。

這也是本書的整體總結。這是一個漫長的旅程，一路上你已經學過了各種技巧、工具和方法。你已經深入研究了 Python 的型別系統，學到編寫你自己的型別如何有利於源碼庫，並發現了如何撰寫可擴充的 Python。本書的每一部分都為你提供了基本組件（building blocks），它們將幫助你的源碼庫經得起時間的考驗。

雖然這就是本書的結尾，但這並不是 Python 中強健性故事的結束。我們這個相對年輕的行業還在持續發展和轉型，而隨著軟體繼續吞食世界，複雜系統的健康和可維護性變得更至關緊要。我預期我們理解軟體的方式會持續變化，並且將會有新的工具和技術來構建更好的系統。

永遠不要停止學習。Python 將繼續演進，增加功能並提供新的工具。其中的每一個都有可能改變你寫程式碼的方式。我無法預測 Python 或其生態系統的未來。當 Python 引進新的功能時，問問自己該功能所傳達的意圖。如果程式碼的讀者看到這個新功能，他們會假設什麼？如果那個功能沒被使用，他們會做出什麼假設？了解開發者如何與你的源碼庫互動，並且同理他們的感受，以創造出在其中開發令人愉快的系統。

此外，把你的批判性思考應用到在本書中讀到的每一個東西。問問自己：所提供的價值是什麼，實作的成本是什麼？我最不希望讀者做的是，把本書中的建議當作完全規範性的，並把它當作一把錘子，強迫源碼庫遵守「這本書上說要使用」的標準（任何在 1990 年代或 2000 年代工作的開發者，可能都記得「設計模式熱（Design Pattern Fever）」，那時你只要走個 10 步就會碰到某個 `AbstractInterfaceFactorySingleton`）。本書中的每一個概念都應該被看作是工具箱中的一個工具，我的希望是，你已經學到了足夠的背景知識，能對如何使用它們做出正確的決定。

最重要的是，記住你是一個在複雜系統上工作的人，其他的人將與你同時，或在你之後，一起在這些系統上工作。每個人都有自己的動機、自己的目標、自己的夢想。每個人都會有自己的挑戰和掙扎。錯誤會發生。我們永遠都無法將它們全部消除。取而代之，我希望你能正視這些錯誤，並透過從中學習來推動我們的領域繼續前進。我希望你們能夠協助未來以你們的工作為基礎持續發展。儘管存在著所有的那些變化、模稜兩可之處、最後期限和範圍蔓延（scope creep），以及軟體開發的所有磨難，我還是希望你能夠站在你的作品前這樣說：「我很自豪我打造了這個。這是一個優良的系統」。

感謝你花時間閱讀本書。現在去寫出經得起時間考驗的精彩程式碼吧！

索引

※ 提醒您：由於翻譯書排版的關係，部份索引名詞的對應頁碼會和實際頁碼有一頁之差。

Q

R

關於作者

Patrick Viafore 在軟體產業工作了 14 年,建置並維護了包括閃電偵測、電信通訊和作業系統等關鍵任務的軟體系統。在靜態型別語言方面的工作影響了他對動態型別語言(例如 Python)的態度,以及我們要如何使它們更安全、更強健。他也是 HSV.py 聚會的組織者,在那裡他可以觀察到常見的 Python 障礙,並且熱愛幫助初學者和專家。他的目標是使電腦科學和軟體工程的主題對開發者社群來說更加平易近人。

Patrick 目前在 Canonical 工作,開發管線(pipelines)與工具來將 Ubuntu 映像部署到公有雲供應商。他還透過他的企業 Kudzera, LLC 從事軟體諮詢和承包工作。

出版記事

本書封面上的動物是尼羅鱷(Nile crocodile,學名 *Crocodylus niloticus*),牠們生活在整個撒哈拉以南非洲(Sub-Saharan Africa)的淡水湖、河流和沼澤地附近。牠們是一種好鬥的頂級捕食者,狩獵時將自己淹沒在水中,等待伏擊任何靠近的水生或陸生動物。牠們會吃各式各樣的獵物,包括鳥類、魚類、哺乳類和其他爬蟲類動物。牠們對人類也很危險,每年都有數百起攻擊和死亡事件發生。

鱷魚有令人難以置信的強大咬合力,以及主要是緊緊扣住獵物而非撕裂肉體的圓錐形牙齒。這些特徵使牠們能夠迅速抓住獵物,甚至是大型動物,並把牠們按在水下淹死。該物種是非洲最大的鱷魚,平均約 12 到 16 英尺長,500 到 1,600 磅重(儘管雌性比雄性小約 30%)。牠們有深色的背部和斑駁的黃綠色側面,便於在水中偽裝。

尼羅鱷是社會性動物,牠們會分享曬太陽的地方,也會分享那些大到無法單獨食用的獵物。雌性鱷魚會產下 25 至 80 個蛋,並在一段時間內保護孵化出的小鱷魚(雖然幼年鱷魚為自己狩獵)。儘管母親努力的守護,據估計,由於尼羅河巨蜥、水鳥和其他鱷魚等物種的捕食,只有 10% 的蛋會孵化,而其中僅有 1% 會長到成年。

O'Reilly 封面上的許多動物都瀕臨滅絕,所有的這些動物對世界都很重要。

封面插圖是由 Karen Montgomery 所創作,基於 *Meyers Kleines Lexicon* 的黑白雕刻。

強健的 Python｜撰寫潔淨且可維護的程式碼

作　　者：Patrick Viafore
譯　　者：黃銘偉
企劃編輯：蔡彤孟
文字編輯：江雅鈴
設計裝幀：陶相騰
發 行 人：廖文良

發 行 所：碁峰資訊股份有限公司
地　　址：台北市南港區三重路 66 號 7 樓之 6
電　　話：(02)2788-2408
傳　　真：(02)8192-4433
網　　站：www.gotop.com.tw
書　　號：A695
版　　次：2022 年 03 月初版
建議售價：NT$680

國家圖書館出版品預行編目資料

強健的 Python：撰寫潔淨且可維護的程式碼 / Patrick Viafore 原
　著；黃銘偉譯. -- 初版. -- 臺北市：碁峰資訊, 2022.03
　　面；　公分
　譯自：Robust Python
　ISBN 978-626-324-101-5(平裝)
　1.CST：Python(電腦程式語言)
312.32P97　　　　　　　　　　　　　　　　111001096

讀者服務

- 感謝您購買碁峰圖書，如果您對本書的內容或表達上有不清楚的地方或其他建議，請至碁峰網站：「聯絡我們」\「圖書問題」留下您所購買之書籍及問題。(請註明購買書籍之書號及書名，以及問題頁數，以便能儘快為您處理)

　http://www.gotop.com.tw

- 售後服務僅限書籍本身內容，若是軟、硬體問題，請您直接與軟體廠商聯絡。

- 若於購買書籍後發現有破損、缺頁、裝訂錯誤之問題，請直接將書寄回更換，並註明您的姓名、連絡電話及地址，將有專人與您連絡補寄商品。